国家电网有限公司
技能人员专业培训教材

配网自动化运维

国家电网有限公司　组编

图书在版编目（CIP）数据

配网自动化运维 / 国家电网有限公司组编. —北京：中国电力出版社，2020.5（2022.9重印）
国家电网有限公司技能人员专业培训教材
ISBN 978-7-5198-4560-5

Ⅰ . ①配… Ⅱ . ①国… Ⅲ . ①配电系统–电力系统运行–技术培训–教材 Ⅳ . ①TM727

中国版本图书馆 CIP 数据核字（2020）第 061956 号

出版发行：中国电力出版社
地　　址：北京市东城区北京站西街 19 号（邮政编码 100005）
网　　址：http://www.cepp.sgcc.com.cn
责任编辑：高　芬（010-63412717）
责任校对：黄　蓓　马　宁
装帧设计：郝晓燕　赵姗姗
责任印制：石　雷

印　　刷：三河市百盛印装有限公司
版　　次：2020 年 5 月第一版
印　　次：2022 年 9 月北京第四次印刷
开　　本：710 毫米×980 毫米　16 开本
印　　张：23.75
字　　数：460 千字
印　　数：3701—4200 册
定　　价：72.00 元

本书编委会

前　言

　　为贯彻落实国家终身职业技能培训要求，全面加强国家电网有限公司新时代高技能人才队伍建设工作，有效提升技能人员岗位能力培训工作的针对性、有效性和规范性，加快建设一支纪律严明、素质优良、技艺精湛的高技能人才队伍，为建设具有中国特色国际领先的能源互联网企业提供强有力人才支撑，国家电网有限公司人力资源部组织公司系统技术技能专家，在《国家电网公司生产技能人员职业能力培训专用教材》（2010年版）基础上，结合新理论、新技术、新方法、新设备，采用模块化结构，修编完成覆盖输电、变电、配电、营销、调度等50余个专业的培训教材。

　　本套专业培训教材是以各岗位小类的岗位能力培训规范为指导，以国家、行业及公司发布的法律法规、规章制度、规程规范、技术标准等为依据，以岗位能力提升、贴近工作实际为目的，以模块化教材为特点，语言简练、通俗易懂，专业术语完整准确，适用于培训教学、员工自学、资源开发等，也可作为相关大专院校教学参考书。

　　本书为《配网自动化运维》分册，由吕培强、陈辉、张淮宁、戴宁、陆小磊、杨川、姜杨、洪波、曹爱民、战杰、张之明、曹晖编写。在出版过程中，参与编写和审定的专家们以高度的责任感和严谨的作风，几易其稿，多次修订才最终定稿。在本套培训教材即将出版之际，谨向所有参与和支持本书籍出版的专家表示衷心的感谢！

　　由于编写人员水平有限，书中难免有错误和不足之处，敬请广大读者批评指正。

目 录

第二部分 主站/子站的维护与调试

第三部分 配网自动化系统异常处理能力

第四部分　配网馈线自动化故障处理能力

第七部分　综合配网自动化技术标准和相关规程

第一部分

配电终端的检测与维护

第一章

终端设备巡视与维护

配电自动化终端的运行维护应纳入各单位的运行管理和考核体系，明确各相关运维岗位的职责。应定期对配电自动化终端设备进行巡视、检查、测试和记录，配合定期校核系统的遥测总准确度，检查遥信、遥控的正确性以及通信通道工作状态。各单位应配置配电终端运行维护人员，负责配电终端的巡视检查、故障处理、运行日志记录、信息定期核对等工作。

▲ 模块 1　箱体的清洁与检查（Z18E1001 Ⅰ）

【模块描述】本模块介绍了箱体的清洁与检查技术要求，通过图解示意、要点归纳巡检记录及质量标准范本，现场标志、防尘、防潮、防污、防小动物及防护等级，现场标志设置等，掌握箱体的清洁与检查相关工作要求。

【正文】

配电终端（remote terminal unit of distribution automation system）是安装于中压配电网现场的各种远方监测、控制单元的总称，主要包括配电开关监控终端（feeder terminal unit，FTU，即馈线终端）、配电变压器监测终端（transformer terminal unit，TTU，即配变终端）、开关站和公用及用户配电所的监控终端（distribution terminal unit，DTU，即站所终端）等。

一、配电终端的现场应用

1. 应用对象和类型

（1）配电终端应用对象主要有开关站、配电室、环网柜、箱式变电站、柱上开关、配电变压器、配电线路等。

（2）根据应用的对象及功能，配电终端可分为馈线终端（FTU）、站所终端（DTU）、配变终端（TTU）和具备通信功能的故障指示器等。

（3）配电终端功能还可通过远动装置（remote terminal unit，RTU）、综合自动化装置或重合闸控制器等装置实现。

2. 基本要求

（1）配电终端应根据不同的应用对象选择相应的类型。

（2）配电终端应采用模块化设计，具备扩展性。

（3）配电终端应具备运行信息采集、事件记录、对时、远程维护和自诊断、数据存储、通信等功能。

（4）除配变终端外，其他终端应能判断线路相间和单相等故障。

（5）支持以太网或标准串行接口，与配电主站/子站之间的通信宜采用符合 DL/T 634《远动设备及系统》标准的 101、104 通信规约和 CDT 通信协议。

二、机箱的配置要求

（1）终端机箱应采用工业机箱。

（2）终端的机械机构应能防护灰尘、潮湿、盐污、动物；户内安装机箱防护等级不低于 IP20 级要求；户外安装机箱防护等级不低于 IP54 级要求。

（3）箱体外配蚀刻持久明晰的铭牌或标志，标示内容包含（配网自动化测控终端）型号、名称、装置电源、操作电源、额定电压、额定电流、产品编号、制造日期及制造厂名等。

（4）操作面板：

1）箱体操作面板功能应满足技术协议要求。

2）配电终端箱体内正面具有操作面板，面板上安装远方/就地选择开关以及一次断路器、负荷开关位置指示灯。

三、箱体的检查和清洁项目

1. 外观一般检查试验

（1）目测检查配电终端在显著部位有无设置持久明晰的铭牌或标志，标志应包含产品型号、名称、制造厂名称和商标、出厂日期及编号。

（2）目测检查配电终端有无明显的凹凸痕、划伤、裂缝和毛刺，镀层不应脱落，标牌文字、符号应清晰、耐久。

（3）目测检查配电终端是否具有独立的保护接地端子，并与外壳牢固连接。用游标卡尺测量接地螺栓的直径应不小于 6mm。

（4）箱体下方应预留各种测量控制线缆进线空间，便于接线。

2. 箱体的检查和清洁项目（见表 1-1-1）

表 1-1-1　　　　　　　　　　箱体的检查和清洁项目

检查和清洁内容/项目	结论	备注
1. 屏体类型		

续表

检查和清洁内容/项目	结论	备注
2. 屏体外部铭牌		
3. 屏体编号		
4. 屏体前后门（采用带静电纱的网孔门）		
5. 屏内端子（均采用凤凰端子，遥控端子带隔离）		
6. 屏内及屏门均有安全接地端子		
7. 屏内灯泡		
8. 屏内风扇		
9. 屏门内侧有图纸放置位置		
10. 屏内设备与图纸相符		
11. 航空插头（连接件）		
12. ……		
13. 其他		

注 运行现场常见组屏式"三遥"站所终端箱体、遮蔽卧式"三遥"站所终端箱体，如使用防误插的航空插头，可根据现场箱体增加或补充检查子项目。

【思考与练习】

1. 简述配电终端的现场应用对象和类型。
2. 简述配电终端机箱的配置要求。
3. 以现场箱体为例说明其检查和清洁的主要项目。

▲ 模块 2　控缆布线、标识检查与维护（Z18E1002 Ⅰ）

【模块描述】 本模块包含控缆布线、标识检查与维护安全技术措施。通过要点归纳、图表举例各插件、元器件、设备、端子排布置及可扩充性特点等，掌握控缆布线、标识检查与维护安全技术措施。

【正文】

配电设备新建与改造前，应考虑配电终端所需的安装位置、电源、端子及接口等。配电终端应具备可靠的供电方式，如配置电压互感器等，且容量满足配电终端运行以及开关操作等需求。配电站（所）应配置专用后备电源，确保在主电源失电情况下后备电源能够维持配电终端运行一定时间及至少一次的开关分合闸操作。

一、基本要求

（1）装置（包括继电器、控制开关、控制回路开关及其他独立设备）应有标签，以便清楚地识别。

（2）机箱的布线设计应便于扩展。各设备、插件、元器件应排列整齐，层次分明，便于运行、调试、维修和拆装，并留有足够的空间，具备可扩充性。

（3）电池的安装结构要求维护更换方便，不需要工具即可拆卸。

（4）配电终端的端子排定义须采用印刷字体并贴于箱门内侧。

（5）配电终端应有良好的接地处理，接地螺栓直径不小于 6mm，并与大地牢固连接。箱体内要求配置接地铜排，内部设备接地线须汇总至接地铜排上再引接至箱体接地，箱体应备有一耐腐蚀接地端子（不可涂漆），可方便地接到所安装场所的接地网上。

（6）具有盲插和防误插功能的航空插头。

二、主要检查与维护项目

1. 端子排

（1）配电终端电源及信号接线均经由其箱体内的端子排来转接。

（2）端子排内交流电源及直流电源应为独立端子板，并在设计中考虑避免两者误接的可能。

（3）遥信、遥测、遥控端子须按路数设置独立端子板，每回路端子板有明确标识。

（4）提供的试验插件及试验插头应满足技术协议等相关规定，以便对各套装置的输入和输出回路进行隔离或能通入电流、电压进行试验。

（5）电流回路端子接入导线截面不小于 $2.5mm^2$，控制、信号、电压回路端子接入导线截面不小于 $1.5mm^2$，保证牢固可靠。

（6）电流互感器及电压互感器的二次回路应分别有且只有一个接地点。

（7）机箱中的内部接线应采用耐热、耐潮和阻燃的具有足够强度的绝缘铜线。

（8）所有端子板均有清晰接线编码标示。

2. 二次电缆接线维护（见图 1-2-1）

（1）材料规格、型号符合设计要求。

（2）电缆外观完好无损，铠装无锈蚀、无机械损伤、无明显皱折和扭曲现象。橡套及塑料电缆外皮及绝缘层无老化及裂纹。

（3）电缆布置宽度应适应芯线固定及与端子排的连接。

3. 二次电缆终端维护（见图 1-2-2）

电缆终端制作时缠绕应密实牢固。单层布置的电缆终端高度应一致；多层布置的电缆终端高度宜一致，或从里往外逐层降低，降低高度应统一。

图 1-2-1 二次电缆接线维护工艺规范

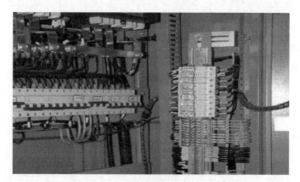

图 1-2-2 二次电缆终端维护工艺规范

4. 芯线整理、布置

（1）在电缆头维护结束后，接线前应进行芯线的整理工作。

1）将每根电缆的芯线单独分开，将每根芯线拉直。

2）每根电缆的芯线宜单独成束绑扎。

（2）网格式接线方式，适用于全部单股硬线的形式，电缆芯线扎带绑扎应间距一致、适中。

（3）整体绑扎接线方式，适用于以单股硬线为主，底部电缆进线宽阔形式，线束的绑扎应间距一致、横平竖直，在分线束引出位置和线束的拐弯处应有绑扎措施。

（4）槽板接线方式，适用于以多股软线为主形式，在芯线接线位置的同一高度将芯线引出线槽，接入端子。

（5）航空插头接线方式，适用于盲插和防误插的形式，具备耐振动，抗冲击，接触电阻小，连接可靠，工作可靠，操作方便等功能。

5. 二次电缆固定维护（见图 1-2-3）

在电缆头制作和芯线整理后，应按照电缆的接线顺序再次进行固定，然后挂设标识牌。要求高低一致、间距一致、尺寸一致，保证标识牌挂设整齐牢固。

图 1-2-3 二次电缆固定维护工艺规范

三、缺陷分类

1. 自动化装置

（1）严重缺陷：

1）电压或电流回路故障引起相间短路。

2）交直流电源异常。

3）指示灯信号异常。

4）通信异常，无法上传数据。

5）装置故障引起遥测、遥信信息异常。

（2）一般缺陷：设备表面有污秽，外壳破损。

2. 辅助设施

（1）严重缺陷：端子排接线部分接触不良。

（2）一般缺陷：

1）标识不清晰。

2）电缆进出口未封堵或封堵物脱落。

3）柜门无法正常关闭。

4）设备无可靠接地。

3. 二次保护装置

（1）二次回路危急缺陷：

1）开路。

2）短路。

3）断线。

（2）二次回路严重缺陷：

1）通信中断。

2）端子排松动、接触不良。

（3）保护装置危急缺陷：

1）装置黑屏。

2）频繁重启。

3）交直流电源异常。

（4）保护装置严重缺陷：

1）不能复归。

2）对时不准。

3）操作面板损坏。

4）指示灯信号异常。

5）各自投装置故障。

6）显示异常。

（5）保护装置一般缺陷：

1）设备无可靠接地。

2）标识不清晰。

3）各自投功能不完善。

（6）直流装置危急缺陷：直流接地，对地绝缘电阻<10MΩ。

（7）直流装置严重缺陷：

1）交流电源故障、失电。

2）蓄电池容量不足。

3）直流电源箱、直流屏指示灯信号异常。

4）蓄电池鼓肚、渗液。

5）蓄电池电压异常。

6）蓄电池浮充电流异常。

7）10MΩ≤对地绝缘电阻<100MΩ。

8）充电模块故障。

9）装置黑屏、花屏。

（8）直流装置一般缺陷：

1）蓄电池桩头有锈蚀现象。

2）柜门无法关闭，影响直流系统运行。

四、现场维护与检验

配电终端投运前或投运后，在现场依据相关技术规范对配电终端的一项或多项性能进行测量、检查、试验的技术操作。现场检验包括交接检验和后续检验。根据配电自动化系统或配电终端运行工况，可安排进行配电终端现场维护与检验。

1. 检测条件

（1）检测系统。配电终端的检测系统由测试计算机、三相标准表、程控三相功率源、直流标准表、直流信号源、状态量模拟器、控制执行指示器、被测样品等构成。

（2）气候环境条件。除静电放电抗扰度试验相对湿度应在30%~60%外，其他各项试验均在以下大气条件下进行，即：

1）温度：+15~+35℃。

2）相对湿度：25%~75%。

3）大气压力：86~108kPa。

在每一项目的试验期间，大气环境条件应相对稳定。

2. 电源条件

试验时电源条件为：

（1）频率：50Hz，允许偏差−2%~+1%。

（2）电压：220V，允许偏差±5%。

在每一项目的试验期间，电源条件应相对稳定。

3. 测量仪表准确度等级要求

所有标准表的基本误差应不大于被测量准确度等级的1/4，推荐标准表的基本误差应不大于被测量准确度等级的1/10。标准仪表应有一定的标度分辨率，使所取得的数值等于或高于被测量准确度等级的1/5。

4. 检测方法

（1）仪器、仪表要求及配置：

1）配电终端检验所使用的仪器、仪表必须经过检验合格。

2）至少配备多功能电压表、电流表、钳形电流表、万用表、综合测试仪、三相功率源及独立的试验电源等设备。

（2）现场检验前准备工作：

1）现场检验前，应详细了解配电终端及相关设备的运行情况，据此制订在检验工作过程中确保系统安全稳定运行的技术措施。

2）应配备与配电终端实际工作情况相符的图纸、上次检验的记录、标准化作业指导书、合格的仪器仪表、备品备件、工具和连接导线等，熟悉系统图纸，了解相关参数定义，核对主站信息。

3）进行现场检验时，不允许把规定有接地端的测试仪表直接接入直流电源回路中，以防止发生直流电源接地的现象。

4）对新安装配电终端的交接检验，应了解配电终端的接线情况及投入运行方案；检查配电终端的接线原理图、二次回路安装图、电缆敷设图、电缆编号图、电流互感器端子箱图、配电终端技术说明书、电流互感器的出厂试验报告等，确保资料齐全、正确；根据设计图纸，在现场核对配电终端的安装和接线是否正确。

5）检查核对电流互感器的变比值是否与现场实际情况符合。

6）检验现场应提供安全可靠的独立试验电源，禁止从运行设备上接取试验电源。

7）确认配电终端和通信设备室内的所有金属结构及设备外壳均应连接于等电位地网，配电终端和配电终端屏柜下部接地铜排已可靠接地。

8）检查通信信道是否处于良好状态。

9）检查配电终端的状态信号是否与主站显示相对应，检查主站的控制对象和现场实际开关是否相符。

10）确认配电终端的各种控制参数、告警信息、状态信息是否正确、完整。

11）按相关安全生产管理规定办理工作许可手续。

（3）通信检验方法步骤：

1）与上级主站通信。主站发召唤遥信、遥测和遥控命令后，配电终端应正确响应，主站应显示遥信状态、召测到遥测数据，配电终端应正确执行遥控操作。

2）校时。主站发校时命令，配电终端显示的时钟应与主站时钟一致。

（4）状态量采集。将配电终端的状态量输入端连接到实际开关信号回路，主站显示的各开关的开、合状态应与实际开关的开、合状态一一对应。

（5）模拟量采集。通过程控三相功率源向配电终端输出电压、电流，主站显示的电压、电流、有功功率、无功功率、功率因数的准确度等级应满足 Q/GDW 514 的要求。

配电终端的电压、电流输入端口直接连接到二次 TV/TA 回路时，主站显示的电压、电流值应与实际电压、电流值一致。

（6）控制功能。就地向配电终端发开/合控制命令，控制执行指示应与选择的控制对象一致，选择/返校过程正确，实际开关应正确执行合闸/跳闸。

主站向配电终端发开/合控制命令，控制执行指示应与选择的控制对象一致，选择/返校过程正确，实际开关应正确执行合闸/跳闸。

（7）维护功能：

1）当地参数设置。配电终端应能当地设置限值、整定值等参数。

2）远方参数设置。主站通过通信设备向配电终端发限值、整定值等参数后，配电终端的限值、整定值等参数应与主站设置值一致。

3）远程程序下载。主站通过通信设备将新版本程序下发，配电终端程序的版本应与新版本一致。

（8）当地功能。配电终端在进行上述试验时，运行、通信、遥信等状态指示应正确。

（9）其他功能：

1）馈线故障检测和记录。配电终端设置好故障电流整定值后，用三相功率源输出大于故障电流整定值的模拟故障电流，配电终端应产生相应的事件记录，并将该事件记录立即上报给主站，主站应有正确的故障告警显示和相应的事件记录。

2）事件顺序记录。状态量变位后，主站应能收到配电终端产生的事件顺序记录。

3）三相不平衡告警及记录。用三相程控功率源向配电终端输出三相不平衡电流，配电终端应产生相应的三相不平衡告警及记录，主站召测后应显示告警状态、发生时间及相应的三相不平衡电流值。

（10）装置投运：

1）检查二次接线是否正确。

2）现场工作结束后，工作人员应检查试验记录有无漏试项目，核对控制参数、告警信息、状态信息是否与预定值相符，试验数据、试验结论是否完整正确，将配电终端恢复到正常工作状态。

3）拆除在检验时使用的试验设备、仪表及一切连接线，消扫现场，所有被拆动的或临时接入的连接线应全部恢复到试验前状态，所有信号装置应全部复归。

4）清除试验过程中的故障记录、告警记录等所有信息。

5）做好相关记录，说明运行注意事项，保存所有资料。

6）上述检验合格方可投入运行。

五、主要维护与检测记录

1. 远方设置维护与检测记录

（1）设置定值及其他参数。

（2）当地、远方操作设置。

（3）时间设置、远方对时。

2. 配电终端维护与检测记录

（1）具备蓄电池的自动充放电维护功能。

（2）具备就地维护功能和维护的记录。

（3）后备电源装置供电时间、停电后操作开关次数符合技术规范的要求。

3. 配电终端检查维护项目

以馈线终端主控单元（见图 1-2-4）和开闭所配电终端（见图 1-2-5）为例，分项说明配电终端检查维护项目（见表 1-2-1）。

图 1-2-4　馈线终端主控单元　　　　图 1-2-5　开闭所配电终端

表 1-2-1　　　　　　　　　　配电终端检查维护项目

检查维护项目	结论	备注
1. DTU 设备		
屏内 DTU 数量		
DTU 遥测容量（V/I/P/Q）		
DTU 遥信容量		
DTU 遥控容量		
2. DTU 设备运行指示灯		
DTU I/O 板指示灯		
DTU 电源卡指示灯		
DTU 与 Charge 通信指示灯		
3. 电源设备		
屏内充电器数量		
48V 电源模块数量		
屏内电池组数量（12V×4/40AH，免维密封式安装）		

检查维护项目	结论	备注
4. 维护工艺		
屏体接地（接地电阻<0.5Ω，实测）		
所有设备均接地		
设备安装工艺（布设整齐、标识齐全清晰）		
缆线施工工艺（布设整齐、标识齐全清晰）		
5. 其他		

【思考与练习】

1. 简述配电终端所涉端子排主要检查与维护项目。

2. 简述配电终端所涉芯线整理、布置主要检查与维护项目。

3. 以现场 DTU 为例说明主要维护与检测记录过程。

▲ 模块 3 终端设备接地检查与测试（Z18E1003Ⅰ）

【模块描述】本模块介绍了终端设备接地检查与测试的要点和方法。通过要点分析、案例介绍接地处理工作步骤，掌握设备接地检查与测试方法和要求。

【正文】

一、防雷接地一般技术要求

（1）终端按安装形式有分壁挂式和柜式。采用壁挂式安装时，墙体应牢靠、无腐蚀或渗漏等情况；采用柜式安装时，型钢基础应稳固、接地良好；箱（柜）内各部件应固定牢固。

（2）箱体和终端设备接地应良好，应配置接地铜排，内部设备的接地须汇总至接地铜排并连接到接地网上。

（3）如有 TV 设备，保护接地应牢固。

二、终端设备接地检查与检测

1. 终端设备接地布置

（1）在各个支架和设备位置处，应将接地支线引出地面。所有电气设备底脚螺丝、构架、电缆支架和预埋铁件等均应可靠接地。各设备接地引出线应与主接地网可靠连接。

（2）接地引线应按规定涂以标识。

1）接地引上线应涂以不同的标识，便于接线人员区分主接地网和避雷网。

2）支架及支架预埋件焊接要求同管沟预埋。

3）接地线引出建筑物内的外墙处应设置接地标志。室内接地线距地面高度不小于 0.3m，距墙面距离不小于 10mm。接地引上线与设备连接点应不少于 2 个。

2. 接地体维护工艺

（1）引上接地体与设备连接采用螺栓搭接，搭接面要求紧密，不得留有缝隙。

（2）设备接地测量、预制应能使引上接地体横平竖直、工艺美观。

（3）要求两点接地的设备，两根引上接地体应与不同网格的接地网或接地干线相连。

（4）每个电气设备的接地应以单独的接地引下线与接地网相连，不得在一个接地引上线上串接几个电气设备。

（5）接地电阻值应符合设计要求。

3. 接地标识维护工艺（见图 1-3-1）

（1）接地体黄绿漆的间隔宽度一致，顺序一致。

（2）明敷接地垂直段离地面 1.5m 范围内采用黄绿漆标识。

图 1-3-1　接地标识维护工艺

【思考与练习】

1. 简述现场配电终端设备接地布置的规范要求。

2. 简述接地体维护工艺要求。

3. 简述接地标识维护工艺要求。

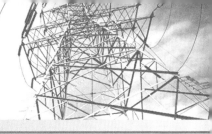

第二章

终端设备测试与异常处理

▲ 模块1 遥测信息采集功能的调试与检修（Z18E2001Ⅱ）

【模块描述】本模块介绍了常用的交/直流遥测信息采集的模式、装置遥测外回路的接法、调试项目及注意事项。通过原理讲解、调试流程和实例介绍，掌握调试前的准备工作及相关安全和技术措施、遥测信息的调试项目及其操作方法。

【正文】

一、测控装置遥测采集的原理

1. 遥测信息采集实现过程

遥测量可通过装置内的高隔离（AC 2000V）、高精度（0.2级）TA/TV将强交流电信号（5A/100V）不失真地转变为内部弱电信号。经简单的抗混迭处理后进入A/D芯片进行模数变换。TA/TV输出的直流电压信号和直流电流信号，都能反映被测量的大小。

2. 遥测输入电路

（1）输入保护和滤波电路。输入保护和滤波电路由RC低通网络构成，它可以用来滤除输入直流信号中的纹波和其他干扰。电阻也起到一定的防护作用，当采集装置发生故障时，不致造成变送器输出短路而影响其他装置工作。

（2）电子开关。在遥测输入回路中，采用多路模拟电子开关。

（3）缓冲放大器。因采样芯片的输入阻抗较低，当输入电压为双极性且范围−5～+5V时，其输入阻抗为5kΩ左右。由于输入滤波回路和模拟电子开关均有一定的电阻，若将模拟电子开关输出直接接到采样芯片，则因变送器内阻，传输线的内阻，滤波回路及模拟电子开关的电阻上所产生降压而影响遥测转化精度。为此，在模拟电子开关与采样芯片之间接入一个缓冲放大器。缓冲放大器采用运算放大器构成的电压跟随器，它具有极高的输入阻抗和极小的输出阻抗。由于输出阻抗极高，几乎不从信号源（变送器输出端）吸收电流，因而在变送器内阻，模拟电子开关电阻等上降压可以忽略不计。因此，缓冲放大器将提高遥测转换精度。

（4）电平变换电路。电平变换电路将 COMS 电平转变为驱动电路采用的 TTL 电平。

（5）模数转化器及其接口电路。采样芯片工作在双极性信号输入状态时，其输入信号范围是−5～+5V，且为 12（16）位数字输出。当输入为+5V 时输出满码（即 FFFH）；当输入为 0V 时输出为 800H；当输入为−5V 时输出为 0H。

二、测控装置遥测采集功能调试工作流程及注意事项

1. 断开遥测二次回路

（1）断开遥测电压回路：

1）操作步骤：从电压引入端断开电缆连接或断开电压保险，将电缆头用绝缘胶布裹好，并做好记号。

2）注意事项：防止电压回路短路或接地；防止错断电缆。

（2）断开遥测电流回路：

1）操作步骤：从电流引入端封好回路后，断开电流连接片。

2）注意事项：防止电流回路开路。

2. 标准源架设

（1）标准源自身接线连接：

1）操作步骤：电源连接在专用插座上；电压按相序连接；电流按相序及极性连接，并注意电流的进出方向。

2）注意事项：防止人身触电；防止交流电源回路短路或接地。

（2）标准源与终端装置连接：

1）操作步骤：电压连接于电压端子的内侧；电流连接于电流端子的内侧；连接并检查无误后，打开标准源电源，按说明书要求，预热标准源，并进行标准源自校，准备检测。

2）注意事项：防止标准源电压回路短路或接地；防止标准源电流回路开路。

3. 遥测数据记录

终端遥测数据显示及标准源数据记录（V_X、V_I）。

（1）操作步骤：在该站的人机对话界面选择"现场监视"查看实时信息，显示实时数据一次值，查看并记录数据。

（2）注意事项：防止误记、漏记遥测数据；标准源数据与终端的数据应同时记录。

4. 遥测精度计算

利用维护软件读数与标准源读数计算遥测准确度 E（即装置误差），要求在±1.5%内。准确度按式（2-1-1）计算

$$E = \frac{V_\mathrm{X} - V_\mathrm{I}}{A_\mathrm{p}} \times 100\% \qquad (2\text{-}1\text{-}1)$$

式中 V_X——软件显示值；

V_I——标准表显示值；

A_p——基准值。

三、测控装置遥测采集功能调试的安全和技术措施

1. 工作票

工作票中，应该含有测控装置、二次回路、通信电缆、监控中心的具体工作信息。

2. 安全和技术措施

应该做好防止触及其他间隔或小室设备、防止产生误数据、防止进行误操作等的安全措施。

3. 危险点分析及控制

在对电流互感器、电压互感器二次回路进行接线时，要严格按照设计的要求进行接线，注意其接线方式，要注意相关反措要求的执行，严禁电流回路开路、电压回路短路。在施工时必须按照图纸进行施工，严格执行有关规程、技术规范、反措要求。

（1）主要的危险点：① 带电拔插通信板件；② 通信调试或维护产生误数据；③ 通信调试或维护导致其他数据不刷新；④ 参数调试或维护导致影响其他的通信参数；⑤ 通信电缆接触到强电；⑥ 信号实验走错到遥控端子；⑦ 通信设备维护影响到其他共用此设备的通信。

（2）主要控制手段：① 避免带电拔插通信板件；② 避免直接接触板件管脚，导致静电或电容器放电引起的板件损坏；③ 调试前，把相应可能影响到的数据进行闭锁处理；④ 依据图纸在正确的端子上进行相应的实验；⑤ 设备断电前检查是否有相关的共用设备。

四、某测控装置遥测采集回路说明

（一）直流遥测采集

NSD500V-AIM 模件用于采集站内的直流模拟信号，如主变压器温度、室温、直流母线电压等经过变送器后输出的 0～5V 或 0～20mA（或 4～20mA）的信号。NSD500V-AIM 模件上 E1～E8 中的某一跳线柱跳上，表示该通道采集的是 0～20mA 电流信号，断开表示该通道采集的是 0～5V 电压信号。

NSD500V-AIM 模件采用 CAN 网与 NSD500V-CPU 模件通信，在板地址拨码用以确定模件在 CAN 网络上的地址，拨码开关拨到"ON"表示"1"，"OFF"表示"0"。NSD500V-AIM 模件可任意安装在机箱槽位上，其地址取决于在机箱上的位置。第一个 IO 槽位地址为"1"，依次递增。

NSD500V-AIM 模件通过采用继电器隔离等抗干扰措施，以提高采集信号的可靠性。

NSD500V-AIM 接线示意图见图 2-1-1。

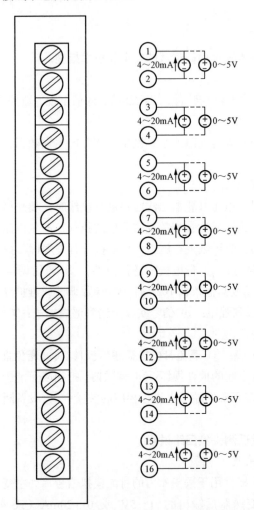

图 2-1-1 NSD500V-AIM 接线示意图

（二）交流采集回路

NSD500V-DLM 模件用于采集站内一条线路的交流信号，以及断路器的控制（可自动检同期、无压）、电动刀闸或其他对象的控制，如变压器分接开关、风机组及保护装置远方复归等。

NSD500V–DLM 模件通过采用变压器隔离、光电隔离等抗干扰措施，以提高采集信号及输出控制的可靠性。

NSD500V–DLM 接线示意图见图 2–1–2。

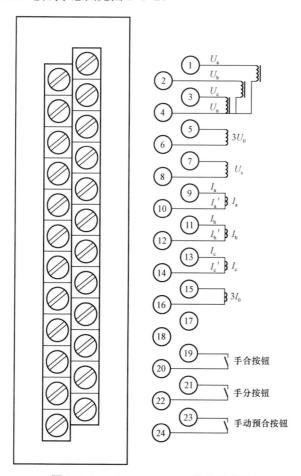

图 2–1–2　NSD500V–DLM 接线示意图

五、某测控装置遥测采集功能调试检修实例介绍

某测控装置设备遥测采集功能调试检修包括准备工作、装置的调试项目及其操作步骤、方法和要求。

1. 仪器、仪表及工器具的准备

笔记本电脑(Windows XP 或 Windows 2000 操作系统，串口及以太网接口)，RS–232 串口线及以太网直通网络线，组态软件，三相电力标准（功率）源，GPS 对时装置，数字万用表。

2. 通电前检查

（1）设计图纸检查。

1）平面图：检查装置中设备（开关、装置、温度变送器等）型号及其位置是否与图纸一一对应。

2）电源端子图：装置背视端子图，检查端子是否需要连接，顺序的排列及其数量。

（2）外观检查。检查装置在运输和安装后是否完好，模件安装是否紧固。

（3）通电前电源检查。检查电源是否存在短路现象；检查机柜是否可靠接地；检查测控装置工作电源是否过电压或欠电压，正常要求输入电压范围 AC 176～264V 或 DC 85～242V。

3. 通电检查

一切检查正常后，打开装置电源，等待 30s 后，检查装置是否运行正常。

装置运行正常时，面板上"VCC"指示灯亮；"控制使能，合，分"指示灯灭；"装置运行"灯亮，"远方/当地""连锁/解锁"指示灯状态与它们的把手位置一致；"网卡 1 通信故障，网卡 2 通信故障，模件故障，装置配置错，装置电源故障"指示灯灭，但在测试装置前由于网卡没接通，通常"网卡 1 通信故障，网卡 2 通信故障"灯是亮的。LCD 上会显示主菜单（显示实时数据，显示记录，显示装置状态字，显示配置表，用户自定义画面及时钟）。

4. 装置调试

测试系统主要功能及性能指标。测试结果记入表 2-1-1。

表 2-1-1　实时数据 YC 量测试记录表测控装置（U=57.74V，I=1A，ϕ=30°）

序号	遥测名称	理论值	测量值	精　度	数据到画面响应时间（s）	正确性
1	AB 相电压					
2	BC 相电压					
3	CA 相电压					
4	A 相电流					
5	B 相电流					
6	C 相电流					
7	有功功率					
8	无功功率					

验收意见：

结论：　通过□　　不通过□

备注：

【思考与练习】

1. 遥测采集实现过程的原理是什么？
2. 遥测输入电路由哪几部分组成？各自的作用是什么？
3. 测控装置进行遥测采集功能调试检修的流程是什么？

▲ 模块 2 遥测信息异常处理（Z18E2002 Ⅱ）

【模块描述】本模块介绍了测控装置常见的遥测信息异常及简单的原因分析。通过要点分析、案例介绍、界面图形示意，掌握测控装置遥测信息异常的基本处理方法。

【正文】

测控装置遥测信息异常主要是指测控装置显示的电压、电流、有功功率、无功功率、功率因数、温度等遥测数据的异常。

一、测控装置遥测信息的异常及处理

1. 电压异常的处理

（1）电压外部回路问题的处理。判断电压异常是否属于外部回路的问题，可以将电压的外部接线解开，用万用表直接测量即可。

（2）内部回路问题的处理（包含端子排）。检查装置内部回路的问题的时候，首先要了解电压回路的流程，从端子排到空气开关，再到装置背板。

1）端子排的检查：查看端子排内外部接线是否正确，是否有松动，是否压到电缆表皮，有没有接触不良情况。

2）空气开关：现在的电压回路设计和早期的略有不同，每一路电压进入屏柜后并不是直接接入测控装置，而是经过一个空气开关，然后再引入测控装置。空气开关断开的时候，装置上的电压是采集不到的。

3）线路的检查：空气开关把内部线路分成了两段。一段是从端子排到空气开关的上端，另一段是空气开关的下端到测控装置的背板。断开电压的外部回路，将这两段内部线路分别用万用表测量一下通断，判断是否线路上有问题。

（3）遥测模件问题的处理。当电压采集不正确时，做好安全措施（将电压空气开关断开，电流在端子排短接），更换遥测模件。因每个模件都有不同的地址，所以更换模件时，需将设置地址的拨码开关，与旧板上的地址设置一致。

（4）CPU 模件问题的处理。遥测模件采集到的数据最终送到 CPU 模件进行处理，测控装置上遥测异常也可能是因为 CPU 模件的问题导致。如果电压回路和遥测模件没有问题可更换 CPU 模件。

2. 电流异常的处理

（1）外部回路问题的处理。判断电流异常是否属于外部回路的问题时，可以用钳形电流表直接测量即可。

（2）内部回路问题的处理（包含端子排）。检查装置内部回路的问题的时候，首先要了解电流回路的流程，从端子排直接到装置背板。

1）端子排的检查：查看端子排内外部接线是否正确，是否有松动，是否压到电缆表皮，有没有接触不良情况。

2）线路的检查：在端子排把 TA 外部回路短接，从端子排到装置背部端子用万用表测量一下通断，判断是否线路上有问题。

（3）遥测模件问题的处理。遥测模件问题的处理同电压异常的处理。

（4）CPU 模件问题的处理。CPU 模件问题的处理同电压异常的处理。

3. 有功功率、无功功率、功率因数异常的处理

在监控系统中，有功功率、无功功率、功率因数的采样是根据电压、电流采样计算出来的，所以不存在接线的问题。如果电压和电流采样不正确，首先处理电压、电流采样问题。如果电压电流采样正确，而有功功率、无功功率、功率因数异常，则有以下几种情况。

（1）电压、电流相序问题。电压、电流相序的异常，单从电压、电流数值上无法判断，当有功功率、无功功率、功率因数显示出异常状况时，需要检查外部接线是否有相序错误的情况。

（2）CPU 模件计算问题。装置内的有功功率、无功功率、功率因数计算由 CPU 模件处理，如果接线没有问题，最有可能的就是 CPU 模件故障，可以更换 CPU 模件。

4. 频率的处理

频率是在采集电压的同时采集的，如果电压不正常，频率则显示出异常。所以处理频率异常问题和处理电压异常一样。如果电压没有问题，可以更换 CPU 模件。

5. 直流量异常的处理

根据直流采样的过程分析，直流量异常情况分以下几点：

（1）外部回路问题的处理。如果输入是 0～5V 电压，可以解开外部端子排，用万用表测量电压；如果输入是 0～20mA 电流，可以用钳形电流表直接测量。

（2）内部回路问题的处理（包含端子排）。检查装置内部回路的问题的时候，首先要了解直流采样的流程，从端子排直接到装置背板。

1）端子排的检查：查看端子排内外部接线是否正确，是否有松动，是否压到电缆

表皮，有没有接触不良情况。

2）线路的检查：断开直流采样的外部回路，从端子排到装置背部端子用万用表测量一下通断，判断是否线路上有问题。

（3）温度变送器问题的处理。直流采样采集的是主变压器的油温值，在实际现场中，很多主变压器的油温都是用电阻值上送的，到了测控装置后，经过温度变送器转换成 0～5V。这时需要测量电阻值的大小，如果电阻值的大小与实际温度的对照关系不一致，则需检查温度电阻回路。否则，更换温度变送器。常见温度和温度电阻的对照关系见表 2-2-1。

表 2-2-1　　　　　　　　　　常见温度和温度电阻的对照关系

温度（℃）	Cu50（Ω）	Pt100（Ω）	温度（℃）	Cu50（Ω）	Pt100（Ω）
0	50.0	100.0	60	62.84	123.24
10	52.14	103.9	70	65.98	127.07
20	54.28	107.79	80	67.12	130.89
30	56.42	111.67	90	69.26	134.7
40	58.56	115.54	100	71.4	138.5
50	60.70	119.40			

（4）直流采样模件问题的处理。当直流 0～5V 电压或 0～20mA 电流回路、温度电阻回路、温度变送器没有问题时，可以更换直流采样模件。

6. 组态软件设置引起的遥测异常及处理

测控装置组态内有遥测系数可设置，如果系数不对会影响到遥测的数值，为此，当遥测问题经过以上方法仍未得到解决的时候，可以查看遥测参数来确定问题。

当修改并下装遥测参数时，须注意下装过程中装置不能断电。将装置脱离交换机，直接用笔记本连接下装，防止误把参数下装到运行的其他设备中。

下面以实例介绍设置遥测参数处理遥测异常的方法。

二、案例

某公司测控装置的组态软件设置遥测参数实例。

（1）打开组态软件，见图 2-2-1。

（2）点击操作装置，设置装置 IP 地址，申请原来 CPU 模件的参数（见图 2-2-2）。

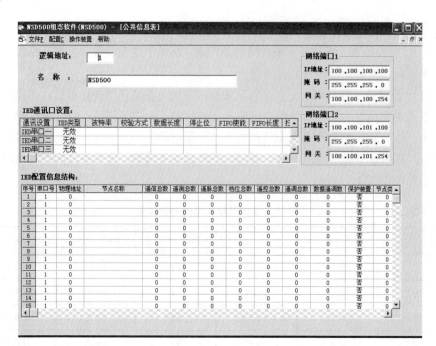

图 2-2-1 组态软件

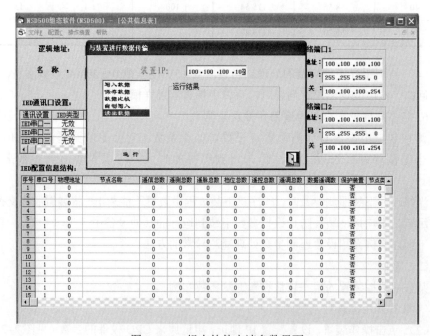

图 2-2-2 组态软件申请参数界面

（3）点击配置→模块配置，打开模块配置，见图2-2-3。

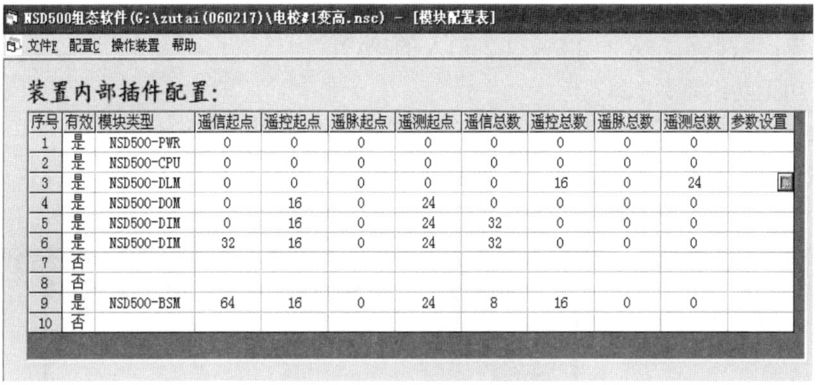

序号	有效	模块类型	通信起点	遥控起点	遥脉起点	遥测起点	通信总数	遥控总数	遥脉总数	遥测总数	参数设置
1	是	NSD500-PWR	0	0	0	0	0	0	0	0	
2	是	NSD500-CPU	0	0	0	0	0	0	0	0	
3	是	NSD500-DLM	0	0	0	0	0	16	0	24	
4	是	NSD500-DOM	0	16	0	24	0	0	0	0	
5	是	NSD500-DIM	0	16	0	24	32	0	0	0	
6	是	NSD500-DIM	32	16	0	24	32	0	0	0	
7	否										
8	否										
9	是	NSD500-BSM	64	16	0	24		16	0	0	
10	否										

图 2-2-3　测控装置模块配置

（4）点击遥测插件的参数设置，见图2-2-4，检查遥测系数是否设置正确。

装置内部插件配置：

序号	有效	模块类型	遥信起点	遥控起点	遥脉起点	遥测起点	遥信总数	遥控总数	遥脉总数	遥测总数	参数设置
1	是	NSD500-PWR	0	0	0	0	0	0	0	0	
2	是	NSD500-CPU	0	0	0	0	0	0	0	0	
3	是	NSD500-DLM	0	0	0	0	0	16	0	24	
4	是	NSD500-DOM	0	16	0	24	0	0	0	0	
5	是	NSD500-DIM	0	16	0	24	32	0	0	0	
6	是	NSD500-DIM	32	16	0	24	32	0	0	0	
7	否										
8	否										
9	是	NSD500-BSM	64	16	0	24	8	16	0	0	
10	否										

插件定值配置：

位置	含义	数值	位置	含义	数值
0	Ue1(0.01V)	5774	12	无效	0
1	Ue2(0.01V)	5774	13	无效	0
2	Ue3(0.01V)	5774	14	无效	0
3	Ue4(0.01V)	5774	15	无效	0
4	Df/dt(0.01Hz/s)	50	16	无效	0
5	df(0.01Hz)	50	17	无效	0
6	dU(0.01V)	1000	18	无效	0
7	Qs(0.01.)	3000	19	无效	0
8	Tdq(1ms)	200	20	无效	0
9	相角补偿使能	0	21	无效	0
10	相角补偿时钟数	0	22	无效	0
11	无压退出	0	23	无效	0

测量量系数配置：

序号	比例系数	比例系数小数位数	偏移量	偏移量小数位数
0	1000	2	5000	0
1	2046	3	0	0
2	12000	2	0	0
3	12000	2	0	0
4	12000	2	0	0
5	1200	1	0	0
6	1200	1	0	0
7	1200	1	0	0
8	6000	3	0	0
9	6000	3	0	0
10	6000	3	0	0

图 2-2-4　测控装置模块配置遥测参数配置

遥测系数设置如下：

频率：系数 10，偏移 50；

功率因数：系数 2.046；

电压：系数 120；

电流：系数 6（5A 的 TA），1.2（1A 的 TA）；

有功无功：系数 1247。

如有不正确的遥测系数需要修改、保存并下装到装置中。

（5）点击文件→保存，将文件保存成"*.nsc"文件，见图 2-2-5。

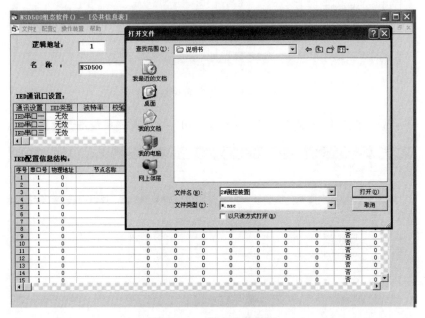

图 2-2-5　保存参数界面

（6）点击操作装置，设置装置 IP 地址，把参数下装到新的 CPU 模件中，见图 2-2-6。

（7）断电重启测控装置。

三、注意事项（安全措施）

（1）防止 TA 二次侧开路。短接电流回路时，应用短接线或短接片，短接应妥善可靠，严禁用导线缠绕。

（2）防止 TV 二次侧短路及接地。

（3）更换 CPU 模件前，应将本装置遥控压板退出，装置稳定运行一段时间之后（推荐是 10min），确定没有任何问题后再由运行人员恢复压板。

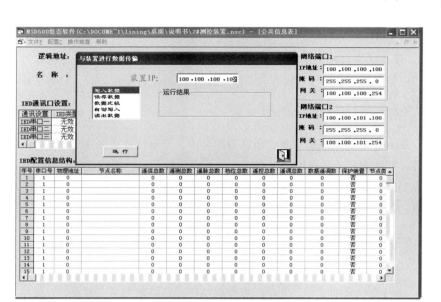

图 2-2-6　下装参数界面

【思考与练习】

1. 处理测控装置遥测信息异常的注意事项有哪些？

2. 测控装置遥测信息主要有哪些异常情况？

◢ 模块 3　遥信采集功能的调试与检修（Z18E2003Ⅱ）

【模块描述】本模块包含测控装置遥信信息采集的原理、调试工作流程及注意事项。通过原理讲解、调试流程和实例介绍，掌握调试前的准备工作、相关安全和技术措施、装置的调试项目及其操作步骤、方法和要求。

【正文】

一、测控装置遥信信息采集原理

遥信信息通常由电力设备的辅助接点提供，辅助接点的开合直接反映出该设备的工作状态。提供给远动装置的辅助接点大多为无源接点，即空节点，这种接点无论是在"分"状态还是"合"状态下，接点两端均无电位差。断路器和隔离开关提供的就是这一类辅助接点。另一类辅助接点则是有源接点，有源接点在"开"状态时两端有一个直流电压，是由系统蓄电池提供的 110V 或 220V 直流电压。

遥信信息用来传送断路器、隔离开关的位置状态；传送继电保护、自动装置的动作状态；系统中设备的运行状态信号（如终端，通道设备的运行和故障信号等）。

这些位置状态、动作状态和运行状态都只取两种状态值。如开关位置只取"分"或"合"，设备状态只取"运行"或"停止"。因此，一个遥信对象正好可以对应与计算机中二进制码的一位，"0"状态与"1"状态。支持双位遥信处理，对非法状态可做可疑标识。

　　1. 遥信信息及其来源

　　（1）断路器状态信息的采集。断路器的合闸、分闸位置状态决定着电力线路的接通和断开，断路器状态是电网调度自动化的重要遥信信息。断路器的位置信号通过其辅助触点 DL 引出，DL 触点是在断路器的操动机构中与断路器的传动轴联动的，所以，DL 触点位置与断路器位置一一对应。

　　（2）继电保护动作状态的采集。采集继电保护动作的状态信息，就是采集继电器的触点状态信息，并记录动作时间，对调度员处理故障及事后的事故分析有很重要的意义。

　　（3）事故总信号的采集。发电厂或变电站任一断路器发生事故跳闸，就将启动事故总信号。事故总信号用以区别正常操作与事故跳闸，对调度员监视系统运行十分重要。

　　（4）其他信号的采集。当配电站室采用无人值班的方式运行后，还要增加大门开关状态等遥信信息。

　　2. 遥信采集电路

　　由上述分析可见，断路器位置状态、继电保护动作信号及事故总信号，最终都可以转化为辅助触点或信号继电器触点的位置信号，因此只要将触点位置采集进测控装置就完成了遥信信息的采集。

　　当合闸线圈通电时，断路器闭合，辅助触点断开；当跳闸线圈通电时，断路器断开，辅助触点闭合。辅助触点为常闭触点，若直接提供给远动装置，则是无源触点。通常情况下，二次系统都要给远动提供相应的空触点，但有时无空触点提供给远动使用时，则需在保护回路中提取有源触点。

　　不论无源还是有源触点，由于来自强电系统，直接进入远动装置将会干扰甚至损害远动设备，因此必须加入信号隔离措施。通常采用继电器和光电耦合器作为遥信信息的隔离器件，采用继电器隔离，当断路器断开时，其辅助触点闭合使继电器 K 动作，其动合触点 K 闭合，输出的遥信信息 YX 为低电平"0"状态。反之，当断路器闭合时，其辅助触点 QF 断开，使继电器 K 释放，产生高电平"1"状态的遥信信息 YX。同样，采用光耦合器也有相似的过程。当断路器断开时，辅助触点闭合使发光二极管发光，光敏三极管导通，集电极输出低电平"0"状态。当断路器闭合时，辅助触点断开使发光二极管中无电流通过，光敏三极管截止，集电极输出高电平"1"状态。

当遥信信号源连通（短路）时，输出 YX 为高电平；当遥信信号源悬空或带有直流电压时，YX 为低电平。

目前在遥信对象状态的采集方面也有采用双触点遥信的处理方法。双触点遥信就是一个遥信量由两个状态信号表示，一个来自开关的合闸接点，另一个来自开关的跳闸接点。因此双触点遥信采用二进制代码的两位来表示。"10"和"01"为有效代码，分别表示合闸与跳闸；"11"和"00"为无效代码。这种处理方法可以提高遥信信号源的可靠性和准确性。

3. 遥信输入的几种形式

（1）采用定时扫查方式的遥信输入。如在某微机保护装置中，采用定时扫查的方式读入 128 个遥信状态信息，其遥信输入电路由三个部分组成：

1）遥信信息采集电路。

2）多路选择开关。

3）并行接口电路。

多路选择开关的作用是实现多路输入切换输出功能，如 74150，它是 16 选 1 数据选择器，实现多路输入切换输出功能，71450 有 16 个数字量输入端，1 个数字量输出端 DO，有 4 个地址选择输入端（A、B、C、D）。当 4 位地址输入后，与地址相对应的输入数据反相后输出端 DO 输出。由于模型机采集 128 个遥信状态，而每个 74150 只能输入 16 个遥信，所以，共使用 8 个 74150 输入 128 个遥信，8255A 用作遥信输入量与 CPU 的接口。

在扫查开始时，8 个 74150 分别将各自的 DI0 送入 8255A 的 A 口，CPU 可读取 8 个遥信信息，选择地址 1，又可输入 8 个遥信信息。128 个遥信全部输入一遍，即实现对遥信码的一次扫查。

通信定时扫查工作在实时时钟中断服务程序中进行，每 5ms 执行一次。每当发现有遥信变位，就更新遥信数据区，按规定插入传送遥信信息。同时，记录遥信变位时间，以便完成事件顺序记录信息的发送。

（2）中断触发扫查方式的遥信输入。采用定时扫查方式输入遥信信息，扫查频率高，占 CPU 时间长。电力系统正常运行，很少发生遥信变位，在此期间，CPU 每次读到相同的遥信状态。采用中断式输入遥信时，每当检查到遥信变位，才向 CPU 发中断请求。CPU 响应中断，有的放矢地读入新的遥信状态。

二、测控装置遥信信息采集功能调试工作流程及注意事项

对于运行中测控装置的遥信信息采集功能调试一般应完成以下几个步骤：

（1）做好工作前的准备工作，包括图纸资料、仪器、仪表及工器具的准备。

（2）做好设备调试的安全和技术措施。

（3）开工前按照要求通知调度和监控相关工作人员，或把相应可能影响到的数据进行闭锁处理，防止误信息造成对电网运行的影响。

（4）核对图纸，确认遥信信息表中的遥信点与设备端子的对应位置。

（5）遥信变位测试，核对遥信动作及 SOE 情况，记录动作时间。

（6）如发生误动，应检查遥信信息表中的遥信点与设备端子的对应位置是否正确。

（7）如发生拒动，则需要进一步检查测控装置本身或现场遥信采集电源是否正常。

（8）完成单个测控装置遥信信息采集功能调试后，可同时在多个测控装置同时发送成批遥信，从而测试系统的数据处理能力。

（9）装置调试结论进行记录整理。

三、测控装置遥信信息采集功能调试的安全和技术措施

1. 工作票

工作票中，应该含有测控装置、相关二次回路、通信电缆、监控中心的具体工作信息。

2. 安全和技术措施

应该做好防止触及其他间隔或小室设备、防止产生误数据、防止进行误操作等的安全措施。

3. 危险点分析及控制

检查现场开关量采集信号电源是 DC 110V 还是 DC 220V，测控装置所配开关量采集模件是否一致。如检查正常，打开开关量采集信号电源。

在计算机监控系统和测控装置上检查开关量信号状态是否正确、SOE 事件是否正确。测控装置菜单中可显示本装置所有开入状态。

（1）主要的危险点：带电拔插通信板件；通信调试或维护产生误数据；通信调试或维护导致其他数据不刷新；参数调试或维护导致影响其他的通信参数；通信电缆接触到强电；信号实验走错到遥控端子；通信设备维护影响到其他共用此设备的通信。

（2）主要控制手段：避免带电拔插通信板件；避免直接接触板件管脚，导致静电或电容器放电引起的板件损坏；调试前，把相应可能影响到的数据进行闭锁处理；依据图纸在正确的端子上进行相应的实验；设备断电前检查是否有相关的共用设备。

四、某测控装置遥信信息采集功能调试检修实例介绍

某测控装置设备遥信信息采集功能调试检修包括准备工作、装置的调试项目及其操作步骤、方法和要求。

1. 仪器、仪表及工器具的准备

笔记本电脑（Windows XP 或 Windows 2000 操作系统，串口及以太网接口），RS–232 串口线及以太网直通网络线，组态软件，GPS 对时装置，数字万用表。

2. 通电前检查

（1）设计图纸检查。

1）平面图：检查装置中设备（开关，装置，温度变送器等）型号及其位置是否与图纸一一对应；

2）电源端子图：装置背视端子图，检查端子是否需要连接，顺序的排列及其数量。

（2）外观检查。检查装置在运输和安装后是否完好，模件安装是否紧固。

（3）通电前电源检查：检查电源是否存在短路现象；检查机柜是否可靠接地；检查测控装置工作电源是否过电压或欠电压。正常要求输入电压范围 AC 176～264V 或 DC 85～242V。

3. 通电检查

一切检查正常后，打开装置电源，等待 30s 左右，检查装置是否运行正常。

装置运行正常时，面板上"VCC"指示灯亮；"控制使能，合，分"指示灯灭；"装置运行"灯亮，"远方/当地""连锁/解锁"指示灯状态与他们的把手位置一致；"网卡 1 通信故障，网卡 2 通信故障，模件故障，装置配置错，装置电源故障"指示灯灭，但在测试装置前由于网卡没接通，通常"网卡 1 通信故障，网卡 2 通信故障"灯是亮的。LCD 上会显示主菜单（显示实时数据，显示记录，显示装置状态字，显示配置表，用户自定义画面及时钟）。

4. 装置调试

（1）遥信变位测试。依次测试每个开入信号，当接入信号时，相应开入数据值为"1"；撤掉信号时，值变为"0"。测试结果记入遥信变位测试记录表（见表 2–3–1）。

表 2–3–1　　　　　　　　　　遥信变位测试记录表

序号	遥信名称	监控后台报警信息	遥信正确性	SOE 情况	遥信动作反应时间
1					
2					
3					
4					
5					

（2）雪崩试验：任选几个测控装置，同时发送成批遥信。测试结果记入雪崩试验测试记录表（见表 2–3–2）。

表 2–3–2　　　　　　　　　　　　雪崩试验测试记录表

序号	遥信总个数	测 控 装 置	后台报警个数	正 确 性
1				
2				
3				

验收意见：

结论：通过□　　　不通过□

【思考与练习】

1. 遥信信息及其来源有哪些？

2. 测控装置进行遥信采集功能调试与检修的流程是什么？

◢ 模块 4　遥信信息异常处理（Z18E2004Ⅱ）

【模块描述】本模块介绍了测控装置常见的遥信信息异常及简单的原因分析。通过实例介绍、界面图形示意，掌握测控装置遥信信息异常的基本处理方法。

【正文】

测控装置遥信信息异常主要是指测控装置显示的断路器、隔离开关等遥信状态异常及信号异常抖动等。

一、测控装置遥信信息的异常及处理

1. 信号状态错误的处理

根据信号采集的过程分析，信号状态错误的情况分以下几点。

（1）外部回路问题的处理。判断信号状态异常是否属于外部回路的问题，可以将遥信的外部接线从端子排上解开，用万用表直接对地测量，带正电压的信号状态为 1，带负电压的信号状态为 0。如果信号状态与实际不符，则检查遥信采集回路，含断路器、隔离开关辅助接点或信号继电器接点是否正常。

（2）内部回路问题的处理（包含端子排）。

1）端子排的检查：查看端子排内外部接线是否正确，是否有松动，是否压到电缆表皮，有没有接触不良情况。

2）空气断路器检查：每个装置的遥信电源是独立的，遥信公共端经过空气断路器后方才进入测控装置。遥信空气断路器断开的时候，装置上的遥信均为 0，是采集不

到信号的。

3）线路的检查：断开遥信信号的外部回路，用万用表测量一下遥信内部回路的通断，判断是否线路上有问题。

（3）遥信模件问题的处理。当遥信模件故障时，需要断开装置电源，更换遥信模件。因每个模件都有不同的地址，所以更换模件时，需将设置地址的拨码开关，与旧板上的地址设置一致。

（4）遥信电源问题的处理。遥信电源如果没有了会导致装置上所有遥信均为 0 状态，此时应更换遥信电源。

2. 信号异常抖动的处理

由于配电终端现场环境比较复杂，遥信信号有可能出现瞬间抖动的现象，如果不加以去除，会造成系统的误遥信。测控装置一般都使用软件设置防抖时间来去除抖动信号。

下面以实例介绍设置防抖时间处理信号异常抖动的方法。

二、案例

某公司测控装置的组态软件设置遥信防抖时间参数实例。

（1）打开组态软件，见图 2-4-1。

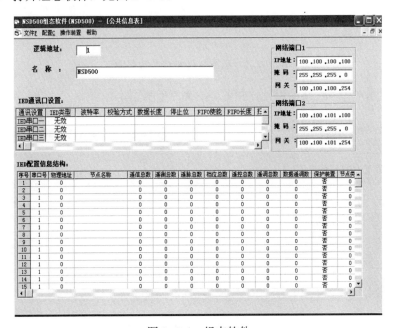

图 2-4-1　组态软件

（2）点击操作装置，设置装置 IP 地址，申请原来 CPU 模件的参数（见图 2-4-2）。

图 2-4-2 组态软件申请参数界面

（3）点击配置→模块配置，打开模块配置，见图 2-4-3。

装置内部插件配置：

序号	有效	模块类型	通信起点	遥控起点	遥脉起点	遥测起点	通信总数	遥控总数	遥脉总数	遥测总数	参数设置
1	是	NSD500-PWR	0	0	0	0	0	0	0	0	
2	是	NSD500-CPU	0	0	0	0	0	0	0	0	
3	是	NSD500-DLM	0	0	0	0	16	0		24	▣
4	是	NSD500-DOM	0	16	0	24	0	0	0	0	
5	是	NSD500-DIM	0	16	0	24	32	0	0	0	
6	是	NSD500-DIM	32	16	0	24	32	0	0	0	
7	否										
8	否										
9	是	NSD500-BSM	64	16	0	24	8	16	0	0	
10	否										

图 2-4-3 测控装置模块配置

（4）点击遥信模件的参数设置，见图2-4-4，设置遥信防抖参数。

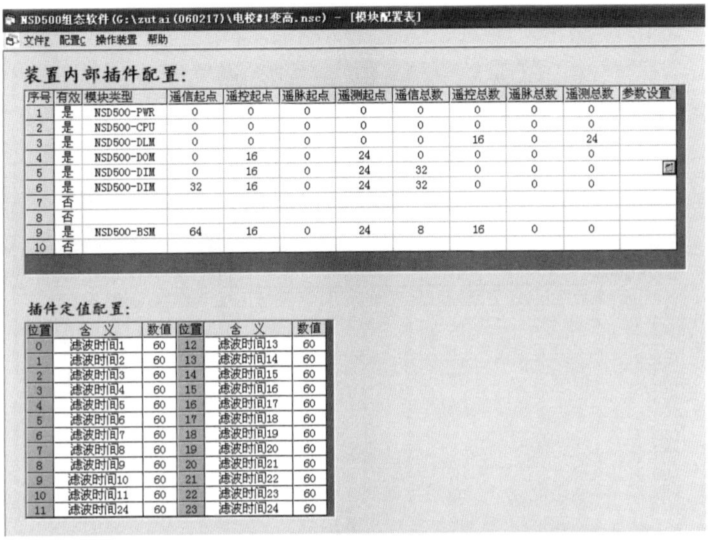

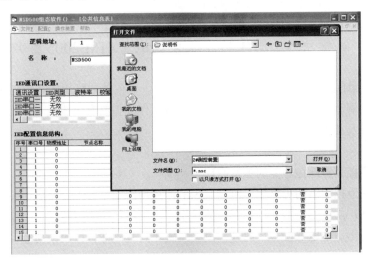

图2-4-4 测控装置模块配置遥信参数配置

遥信防抖参数设置如下：

滤波时间1～23分别对应前23个遥信的去抖时间，单位为ms。从24～32一共9个遥信共用一个遥信防抖参数，即滤波时间24。

（5）点击文件→保存，将文件保存成"*.nsc文件"，见图2-4-5。

图2-4-5 组态软件保存参数界面

（6）点击操作装置，设置装置IP地址，把参数下装到新的CPU模件中，见图2-4-6。

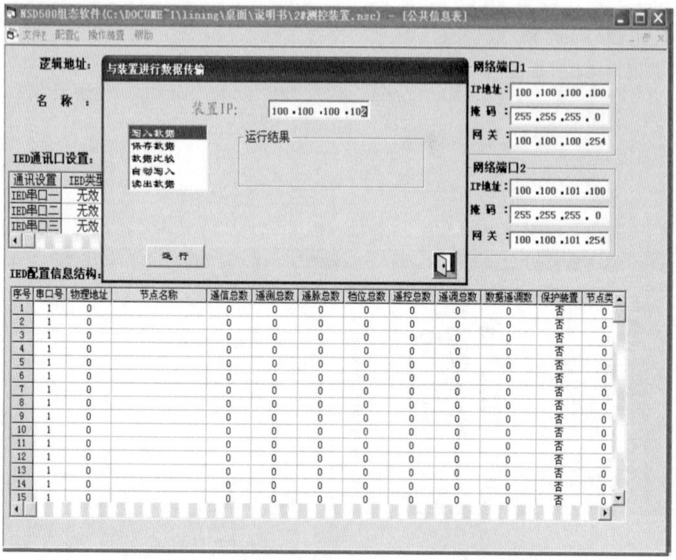

图2-4-6　组态软件下装参数界面

（7）断电重启测控装置。

【思考与练习】

1. 结合现场案例分析信号状态错误的处理。

2. 测控装置遥信信息主要有哪些异常情况？

▲ 模块5　遥控功能联合调试（Z18E2005Ⅱ）

【模块描述】本模块介绍了遥控功能的原理、遥控外回路接线、调试项目及注意事项。通过调试流程介绍，掌握调试前的准备工作及相关安全和技术措施、遥控功能的调试项目及其操作方法。

【正文】

一、测控装置遥控功能的基本原理

为保证遥控输出的可靠性，每一对象的遥控均由三个继电器完成，并增加了一闭锁控制电路，由控制电路来控制遥控的输出。对象操作严格按照选择、返校、执行三步骤，实现出口继电器校验。此外，测控装置还具有硬件自检闭锁功能，以防止硬件损坏导致误出口。

二、遥控功能联合调试的安全和技术措施

1. 工作票

工作票中，应该含有测控装置、相关二次回路、通信电缆、监控中心的具体工作信息。传动工作中应填写遥控传动记录，内容包括时间、地点、操作人、监护人、开关名称、动作情况等内容。

2. 安全和技术措施

应该做好防止触及其他间隔或小室设备、防止产生误数据、防止进行误操作等的安全措施。

3. 危险点分析及控制

（1）检查遥控点号设置是否正确，分站采集的开关量是否正确，可以采用查看测控装置菜单、原始报文的方式进行核对。核对所有测控装置的遥控点号是否按照上级下达的内容设置，是否有重复的点号，备用装置遥控点号默认值是否合适。

（2）执行遥控操作测控装置的远方/就地把手（或压板）应在"远方"位置，其他装置应在"就地"位置。

（3）主要的危险点：带电拔插通信板件；通信调试或维护产生误数据；通信调试或维护导致其他数据不刷新；参数调试或维护导致影响其他的通信参数；通信电缆接触到强电；信号实验走错到遥控端子；通信设备维护影响到其他共用此设备的通信。

（4）主要控制手段：避免带电拔插通信板件；避免直接接触板件管脚，导致静电或电容器放电引起的板件损坏；调试前，把相应可能影响到的数据进行闭锁处理；依据图纸在正确的端子上进行相应的实验；如果装置有遥控回路，做好闭锁措施，防止误操作；通信设备断电前检查是否有相关的共用设备。

三、遥控功能的联合调试方法

（一）手控操作

1. 遥控联调时先执行手控操作的作用

由于遥控联调牵涉环节比较多，使用逐步调试的方法将联调拆分成容易实现的几个简单步骤，有利于提高联调工作效率。在遥控联调时先执行手控操作，保证测控装置以及遥控回路没有问题，之后就可以专心检查当地后台、调度后台方面的影响遥控联调的环节有无问题。

2. 准备工作

（1）将测控装置的远方/就地把手（或压板）打在"就地"位置。

（2）确认本次遥控操作对应的遥控压板是否已经处于"退出"位置。

（3）如本测控装置具有联锁组态功能且本次遥控操作需要验证联锁组态功能的正确性，请将"解除闭锁"压板打在"退出"位置，并仔细检查联锁逻辑文本中的联锁逻辑规则图是否正确，确认本步遥控操作是否符合联锁逻辑所要求的条件。

如果本测控装置不具备联锁组态功能，或本次遥控操作不希望使用联锁组态功能，直接将"解除闭锁"压板打在"投入"位置。

（4）断路器检同期合闸的情况下，请检查测控装置的同期条件是否满足，并检查测控装置的同期设置是否正确。

3. 手控操作的方法

在测控装置液晶菜单中，选择"手控操作"进入手控操作菜单第一步，显示菜单如下：

```
手控操作：
第一步：对象选择
遥控 1
遥控 2
遥控 3
遥控 4
遥控 5
遥控 6
遥控 7
遥控 8
```

选择一个遥控对象后，按"确定"按钮进入第二步，显示菜单如下：

```
手控操作：
第二步：操作选择
分闸操作
合闸操作
取消
```

将光标移到相应位置，按"确定"按钮。选择操作成功后进入第三步，显示菜单如下：

```
手控操作：
第三步：执行确认
执行
取消
```

可选择下发执行命令或者取消本次操作，移动光标选择相应命令，按"确定"按钮执行。

（二）在监控后台执行遥控操作

（1）保证在测控装置上执行手控操作正常。

（2）将测控装置的远方/就地把手（或压板）打在"远方"位置。

（3）检查当地后台数据库、画面有关本次遥控操作的相关内容正确。

（4）如果是在已经有部分已投运设备的配电站所做遥控联调工作，在客观条件允许并得到相关管理部门许可的情况下，做好安全措施，办理允许本测控装置在当地后台遥控的工作票。

（5）在当地后台执行遥控操作，操作人、监护人不能是同一人，操作人必须是具有操作权限的当值运行人员，监护人必须是具有监护权限的当值运行人员。

（三）调度中心远方执行遥控操作

调度中心远方执行遥控操作与在监控后台执行遥控操作的方法类似。但在传动时应与调度中心取得密切联系，分别将被控制开关执行由"分"到"合"和"分"到"合"到"分"操作。传动工作中应填写遥控传动记录。

传动工作中如发现遥控功能失效，可先检查通道情况，然后通过远动主机检查报文接收和发送情况，验证报文内容是否正确。

四、某测控装置遥控回路的接线

RCS-9705C 遥控板上的遥控回路接线见图 2-5-1。图中的 RCS-9705C 安装在屏内 1n 位置的，因此其对应的端子排编号为 1YK 的。1YK1～1YK52 为端子排编号。

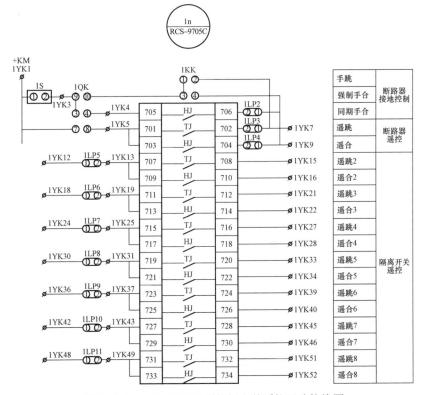

图 2-5-1　RCS-9705C 遥控板上的遥控回路接线图

由于第一路遥控在现场常用于控制断路器，故第一路遥控回路比较特殊，具体表现为：

（1）第一路遥控合、分遥控分别有独立的遥控压板。

当遥跳压板 1LP3 投入时第一路遥控才能遥控分闸，如果 1LP3 压板退出，则第一路遥控分闸将不能出口。

当遥合压板 1LP4 投入时第一路遥控才能遥控合闸，如果 1LP4 压板退出，则第一路遥控合闸将不能出口。

而第二路到第八路遥控分别均只有 1 个遥控压板，以第二路遥控为例，其对应的遥控压板为 1LP5，这个遥控压板投入时第二路遥控才能合闸、分闸，退出时第二路遥控将既不能合闸又不能分闸。

（2）第一路操作需要考虑到测控屏上的电气锁 1S、1KK 操作把手和 1QK 操作把手。

1KK 操作把手含义见图 2-5-2。1QK 操作把手含义见图 2-5-3。

运行方式 \ 接点		3-4 7-8 11-12	1-2 5-6 9-10
合闸	↗	×	—
就地	↑	—	—
跳闸	↘	—	×

图 2-5-2 1KK 操作把手含义图

运行方式 \ 接点		1-2 3-4	5-6 7-8	9-10 11-12
同期手合	↗	×	—	—
远控	↑	—	×	—
强制手动	↘	—	—	×

图 2-5-3 1QK 操作把手含义图

进行第一路手跳操作时，需要操作把手 1KK 打到"跳闸"位置才能成功。

第一路操作成功的条件见表 2-5-1。

表 2-5-1　　　　　　　　　　　　第一路操作成功的条件

操作名	能成功操作的条件序号	能成功操作的条件内容
遥合	1	1QK 打到"远控"位置
	2	第一路遥控的遥合压板 1LP4 在合位
遥跳	1	1QK 打到"远控"位置
	2	第一路遥控的遥跳压板 1LP3 在合位
同期手合	1	使用电脑钥匙打开第一路操作的测控屏上的电气锁 1S,或直接短接 1S,使之导通
	2	1QK 打到"同期手合"位置
	3	第一路操作的同期手合压板 1LP2 投上
强制手合	1	使用电脑钥匙打开第一路操作的测控屏上的就地五防锁 1S,或直接短接 1S,使之导通
	2	1QK 打到"强制手动"位置
	3	操作把手 1KK 打到"合闸"位置
手跳	1	使用电脑钥匙打开第一路操作的测控屏上的就地五防锁 1S,或直接短接 1S,使之导通
	2	1QK 打到"强制手动"位置
	3	操作把手 1KK 打到"跳闸"位置

五、遥控功能的检测及报告查询

1. 遥控功能的检测

遥控调试时,可使用万用表的欧姆档来检测遥控节点的闭合情况。如果执行控制命令时,电阻突然降为 0Ω 左右,表明正在遥控的该路遥控结点已经闭合,遥控成功。如果电阻没有变化,则表明测控装置没有向外输出遥控信号。

2. 报告查询

操作报告记录装置操作的情况,屏幕显示如下:

```
遥控 3
日期:2008 年 10 月 21 日
时间:13h28min11s
毫秒:775
状态:9998 　合执行
序号:6
```

按"↑"或"←"按钮可选择"上一个"记录,按"↓"或"→"按钮可选择"下一个"记录,若要查看最新的一条记录,请按"确认"按钮。装置可记录的操作记录数目共 256 条，采用循环式指针记录方式，只记录最新的 256 条信息。

【思考与练习】

1. 遥控功能联合调试时，遥控联调时执行手控操作的作用是什么？

2. 遥控功能联合调试时，在监控后台执行遥控操作的作用是什么？

模块 6　遥控信息异常处理（Z18E2006Ⅱ）

【模块描述】本模块介绍了测控装置常见的遥控信息异常及简单的原因分析。通过要点讲解、实例介绍，掌握测控装置遥控信息异常的基本处理方法。

【正文】

在配网自动化系统中，遥控是监控系统的一个重要组成部分，断路器、隔离开关、档位都可以成为遥控对象。遥控执行示意图见图 2-6-1，首先是调度/后台机下发遥控选择命令，接着装置上送遥控返校，然后调度/后台机下发遥控执行，最后装置通过遥信，把遥控结果送到调度/后台机，遥控结束。

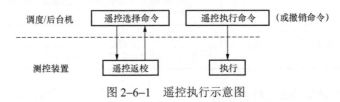

图 2-6-1　遥控执行示意图

测控装置遥控信息异常主要是指测控装置对遥控选择、遥控返校、遥控执行等命令的处理异常。

一、测控装置遥控信息的异常及处理

1. 遥控选择失败的处理

遥控选择是遥控过程的第一步，是由调度/后台机往测控装置发"选择"报文，如果报文下发到装置后，装置无任何反应，说明遥控选择失败了，通常有以下几种可能。

（1）总控/后台与测控装置通信中断。

1）当通信方式是 RS-485 或现场总线时，检查通信线缆是否有接触不好或开路现象，若有则更换通信线缆或将其接触可靠。若线缆没有问题，则检查总控/后台和测控装置通信参数是否正确，若正确问题就在总控/后台与测控装置的通信插件，需更换。

2）当通信方式是网络时，将交换机上连接通信中断装置的网线接到另一个指示灯正常的网口。如果通信恢复了，则是交换机端口问题，否则，是装置网卡出了故障。

（2）测控装置处于就地位置。测控装置面板上有"远方/就地"切换开关，用于控制方式的选择。"远方/就地"切换打到"远方"时可进行调度遥控、站级后台遥控；打到"就地"时只可在监控单元就地操作。当"远方/就地"切换打到"就地"时，会出现遥控选择失败的现象，将其打到"远方"即可。

（3）CPU 模件故障。关闭装置电源，更换 CPU 模件。

2．遥控返校失败的处理

一个正常的遥控过程中，在遥控选择成功后，是测控装置遥控返校。总体来说遥控返校失败的原因有以下几种情况。

（1）遥控模件故障。遥控模件故障会导致 CPU 不能检测遥控继电器的状态，从而发生遥控返校失败。可关闭装置电源，更换遥控模件。

（2）装置"五防"逻辑闭锁。测控装置内部可以设置"五防"规则，用于间隔层的"五防"闭锁。当操作条件不满足设置的"五防"规则时，遥控返校会失败，从而不能继续遥控操作。测控装置面板上一般有"联锁/解锁"切换开关，用于控制方式的选择。"联锁/解锁"切换打到"联锁"位置进行逻辑闭锁检查；打到"解锁"则不进行逻辑闭锁检查。逻辑闭锁规则在组态软件内设置。

（3）操作间隔时间的闭锁。每个测控装置的第一路遥控通常用于断路器的控制输出，为了避免断路器短时间内被连续操作分合，测控装置设置了操作间隔时间闭锁，时间一般为 30s。当断路器被遥控操作分/合后，30s 内，禁止再次分/合，防止断路器被连续操作。这 30s 内，遥控返校状态为失败，从而不能继续遥控操作。

3．遥控执行失败的处理

（1）遥控执行继电器无输出。可关闭装置电源，更换遥控模件。

（2）遥控执行继电器动作但端子排无输出。检查遥控回路接线是否正确，其中遥控公共端至端子排中间串入一个接点——遥控出口压板，除了检查接线是否通畅外，还需要检查对应压板是否合上。

（3）遥控端子排有输出但无遥信信号返回。可以将该遥信的外部接线从端子排上解开，用万用表直接对地测量，带正电压的信号状态为 1，带负电压的信号状态为 0。如果信号状态与实际不符，则需变电二次工作人员检查遥信采集回路，含断路器、隔离开关辅助接点或信号继电器接点是否正常。如果信号状态与实际相符，则查看端子排内外部接线是否正确，是否有松动，是否压到电缆表皮，有没有接触不良情况。

下面以实例介绍测控装置遥控失败异常现象的处理方法。

二、案例

某公司测控装置在后台执行某 1 路遥控时发现遥控失败的处理实例。

（1）在测控装置上执行"手控操作"，发现还是操作失败。

（2）在测控屏以外的外回路进行操作发现操作成功，证明一次设备没有问题。

（3）检查测控屏遥控压板时，发现压板上的出厂标签被现场施工单位的调试人员使用新标签覆盖了，将新标签拆除，发现新标签和该遥控压板的实际用途相比，正好错位了 1 路，新标签标为"遥控 2"的，其实是"遥控 3"的遥控压板。因此实际上在进行第二路遥控时，调试人员投上的"遥控 2"的压板，实际上是"遥控 3"压板，真正的"遥控 2"压板并未投上，因此导致了遥控失败。更换正确的标签，投入该路压板后，遥控执行成功。

三、注意事项（安全措施）

工作前应将本装置遥控出口压板退出，工作结束后再由运行人员恢复压板。

【思考与练习】

1. 处理测控装置遥控信息异常的注意事项有哪些？
2. 简述测控装置遥控选择失败的常见原因及处理原则。

▲ 模块 7 测控装置系统功能及通信接口异常处理（Z18E2007Ⅱ）

【模块描述】本模块介绍了测控装置常见的系统功能异常、通信接口异常及简单的原因分析。通过要点分析、实例介绍，掌握测控装置系统功能及通信接口异常的基本处理方法。

【正文】

测控装置是以变电站内一条线路或一台主变压器为监控对象的智能监控设备。它既采集本间隔的实时信号，又可与本间隔内的其他智能设备（如保护装置）通信，同时通过双以太网接口直接上网与站级计算机系统相连，构成面向对象的分布式变电站计算机监控系统。

测控装置统功能及通信接口异常主要是指测控装置运行、通信、I/O 模件、装置配置等功能的异常。

一、装置系统功能及通信接口异常及处理

（一）异常现象

无论是内部的系统功能异常还是外部的以太网通信接口异常，在测控装置的面板上均有告警灯显示。

（1）装置运行：装置正常运行的时候，灯亮。
（2）网卡 1 通信故障：A 网故障的时候，灯亮。
（3）网卡 2 通信故障：B 网故障的时候，灯亮。
（4）I/O 模件故障：装置内部 I/O 模件故障的时候，灯亮。

（5）装置配置错误：装置参数配置错误的时候，灯亮。

（6）装置电源故障：装置电源故障的时候，灯亮。

（二）故障处理

1. 网卡 1/2 通信故障

（1）检查网线是否松动、接错。

（2）检查装置 IP 地址是否设置错误。

（3）更换 CPU 模块。

2. I/O 模件故障

首先检查模件地址没有设置错误，如果地址正确，需要更换相应的 I/O 模件。

3. 装置配置错

检查装置 I/O 模件配置是否错误。如有错误，根据现场实际 I/O 模件进行重新配置。

4. 装置电源故障

用万用表测量电源各组输出电压，如果某组电压异常，则需要更换装置电源模件。

下面以实例介绍测控装置系统功能及通信接口异常的处理方法。

二、案例

某公司测控装置网卡 1 通信故障的处理实例。

（1）检查测控装置网卡 1 的网线连接是否可靠。轻轻插拔网卡 1 的网线以及网卡 1 的网线对应的交换机上的网线，看是否由网线接触不良引起的，但故障依旧存在。

（2）确认系统参数设置是否正确。在测控装置液晶菜单"参数设置"的"监控参数"一栏中检查表 2-7-1 所列的参数设置是否正确。

表 2-7-1　　　　　　　　　　　　参　数　设　置

参　　数	设置的内容
装置地址	和后台设置的此装置地址需要保持一致。范围是 0～65534
IP1 子网高位地址	198
IP1 子网低位地址	120
IP2 子网高位地址	198
IP2 子网低位地址	121
掩码地址 3 位	255
掩码地址 2 位	255
掩码地址 1 位	0
掩码地址 0 位	0

发现 IP1 子网低位地址为 130，将其改为 120 并保存后，重启测控装置，"运行"灯亮，"网卡 1 通信故障"灯灭，此时再检查本测控装置通信已经恢复正常。

三、注意事项（安全措施）

（1）更换电源模件时要断开装置电源。

（2）更换遥测模件时，注意把外部回路的电压端子断开，电流端子短接。

（3）更换 CPU 模件前，应将本装置遥控压板退出，装置稳定运行一段时间（推荐 10min）确定没有任何问题后，再由运行人员恢复压板。

【思考与练习】

1. 测控装置的作用是什么？

2. 通过现场案例，比较通信接口异常状态及处理的差异性。

▲ 模块 8 三遥功能正确性验证及分析（Z18E2008Ⅱ）

【模块描述】本模块介绍了遥测、遥信、遥控功能的检测及功能分析，包含"三遥"功能的具体测试与分析。通过要点介绍和分析，掌握测控装置基本"三遥"功能的错误分析及解决方法。

【正文】

电力系统由若干个发电厂、变电站、输配电线路组成。为了保证电力系统安全、可靠、经济地运行，调度中心必须及时地掌握系统的运行情况，监视系统的运行参数，对系统中的断路器进行操作，对系统的有功功率、无功功率进行调节。因此，各厂、站端远动终端设备需要向调度端发送各断路器位置、运行情况等各种信息，接收调度端发来的命令，对各断路器和主变压器进行相应的操作或有关参数的调整。所有这些功能的实现，都必须依靠远动终端设备的基本功能，即遥测、遥信和遥控。所以，遥测精度是否符合要求，遥信动作是否准确、响应时间能否满足要求，遥控功能是否可靠，所有这些功能要求是检验厂、站端远动终端设备工作是否正常的根本指标。

发展配网自动化系统，首先要保障实现远动系统的基本功能，只有主站（子站）、终端设备工作稳定可靠，才能在此基础上逐步发展和完善配网自动化系统的功能。针对无人值班配电站室，对配电终端设备的功能指标及设备的稳定性提出了更高的要求。

一、遥测功能的检测及分析

1. 技术指标

DL/T 5003—2005《电力系统调度自动化设计技术规程》中对远动终端遥测精度技术指标为 0.2 级。DL/T 5002—2005《地区电网调度自动化设计技术规程》中规定交流采样精度宜为 0.2 级，变送器的精度宜为 0.2～0.5 级。

2. 检验装置的要求

（1）交流采样远动终端测量单元的检验采用虚负荷法，其检验装置应为可以模拟输出单相、三相交流电压、电流、功率（相位、频率）的标准功率源或高稳定度功率源配以数字多功能表，检验装置的基本误差限应不超过表 2-8-1 的规定，其实验标准差（以测量上限的百分数表示）应不超过表 2-8-2 的规定。

表 2-8-1　　　　　　　　　　检验装置的基本误差限

被检测量单元的准确度等级	0.1	0.2	0.5
现场检验装置的准确度等级指数	0.03	0.05	0.1
现场检验装置的基本误差限（%）	±0.03	±0.05	±0.1
现场校验仪或数字多功能表的等级	0.03	0.05	0.1

表 2-8-2　　　　　　　　　　检验装置允许的实验标准差

检验装置的类别	检验装置的等级指数		
	0.03	0.05	0.1
	允许的试验标准差 S（%）		
校验电流、电压、频率、功率因数的检验装置	0.006	0.01	0.02
校验有功（无功）交流采样遥测单元的装置 $\cos\varphi$（$\sin\varphi$）=1 和 0.5（感性）	0.006	0.01	0.02

（2）测量单元的现场比对测试采用实负荷法，选用在 15～30℃ 范围内保证其准确度指标或温度系数优于 0.002%/℃（以 20℃ 或 23℃ 为基准）的可以测量交流电压、电流、功率（相位、频率）的现场校验仪（或数字多功能表）为标准，其基本误差限应不超过表 2-8-1 的规定。

（3）现场校验仪和试验端子之间的连接导线应有良好的绝缘，中间不允许有接头，防止工作中松脱；并应有明显的极性和相别标志，防止电压互感器二次短路、电流互感器二次开路，以确保人身和设备安全。

3. 实负荷法现场检验

实负荷现场检验法就是将现场校验仪（或多功能标准表）的电流回路与被检交流采样远动终端测量单元的电流回路串联，电压回路与被检交流采样远动终端测量单元的电压回路并联，在电网实际电压、电流、功率因数和频率下，将标准表的测量值与被检测量单元的测量值进行比较，计算出被检测量单元在实际运行点的误差。

（1）检验内容。运行点电压、电流、有功功率、无功功率，频率的误差。有特殊要求的还需进行功率因数的误差测量。

（2）检验方法。将现场校验仪（或多功能标准表）接入被测回路，读取实际运行点时的电压、电流、功率、频率、功率因数等值，与被检测量单元显示值进行比较，计算这一点的误差。考虑到电网的波动，可读取二至三次的值进行平均，误差限应在±1.0%以内。

（3）误差计算方法。

$$\gamma=(A_x-A_oK_iK_u)/AF\times100\%$$

式中　A_x——被测量显示值；

　　　A_o——标准表显示值；

　　　K_i——电流互感器变比；

　　　K_u——电压互感器变比；

　　　AF——被测参数的整定值。

4. 检测及分析

（1）根据检测结果，分析现场装置测量精度。

（2）与调度主站进行数据核对，分析转换系数是否正确，测点对应是否正确。

（3）根据运行情况，分析"死区"设定是否满足要求。

5. 检测结果记录

实负荷/虚负荷检验记录格式分别见表2-8-3和表2-8-4。

表2-8-3　　　　　　　　　　实负荷检验记录格式

遥测量	标准表值（二次值）	标准表换算值（一次值）	测量单元显示值	平均引用误差（%）

表2-8-4　　　　　　　　　　虚负荷检验记录格式

检验项目	被测量输入值	功率因数	标准表示值	测量单元显示值	引用误差（%）

二、遥信功能的检测及分析

配网系统发生故障后，运行人员从遥信动作中能及时了解开关和继电保护的状态改变情况。为了分析系统故障，不仅需要知道断路器和保护的状态，还应掌握其动作的先后顺序及确切的时间。在终端处理遥信变位时，把发生的事件（断路器或保护动作就是一种事件）按先后顺序将有关的内容记录下来，并附加相应的精确时间（可精确到毫秒）标识，然后通过特定信息帧传送到主站，这就是事件顺序记录。因此，对于遥信功能指标分析，要分析事件顺序记录分辨率和遥信变位传送时间两个指标。

1. 技术指标

根据 DL/T 5003—2005《电力系统调度自动化设计技术规程》和 DL/T 5002—2005《地区电网调度自动化设计技术规程》中的规定，远动终端设备遥信变化传送时间不大于 3s，事件顺序记录分辨率不大于 2ms，事件顺序记录站间分辨率应小于 10ms。

2. 遥信动作功能的检测方法

（1）将脉冲信号模拟器的两路输出信号至测控装置的任意两路遥信输入端，对两路脉冲信号设置一定的时间延迟，如 2、5、10ms。

（2）启动脉冲模拟器工作，这时在显示屏上显示出遥信名称、状态及动作时间。

（3）重复上述试验不少于 5 次。

3. 检测及分析

（1）根据测试结果，可以分析站内事件顺序记录分辨率和遥信动作情况，其中开关动作应正确，站内分辨率应满足事件顺序记录站内分辨率的要求。结合遥信记录时间与事件顺序记录时间，可分析遥信变化传送时间范围值。

（2）与调度主站进行数据核对，分析测点对应是否正确。

三、遥控功能的检测及分析

（1）遥控功能的检测方法主要就是采用实际传动的办法。传动时应与主站系统取得联系，分别将被控制开关执行由"分"到"合"和"合"到"分"操作，遥控、遥调命令传送时间不大于 4s。

（2）传动工作中应填写遥控传动记录，内容包括时间、地点、操作人、监护人、开关名称、动作情况等内容。

（3）传动工作中如发现遥控功能失效，可先检查通道情况。站端可采用当地后台执行遥控进行实验。如排除通道原因，可对站端设备进行检查。

（4）遥控失败原因：

1）遥控点号设置是否正确，可以采用查看原始报文的方式进行核对。

2）主站下发报文是否正确，如果分站采集的开关位置不正确，也会造成遥控操作失败。

3）远方调度遥控操作时，相应测控装置的远方/就地把手（或压板）应在"远方"位置。

4）确认相应测控装置的"置检修状态"压板不在"投入"位置，当"置检修状态"压板在"投入"位置时，该装置不能接收当地后台、调度后台的遥控命令，但测控装置手控操作仍能成功。

5）测控装置通信不正常也会导致遥控失败。

6）遥控操作对应的遥控压板如果处于"退出"位置，将导致遥控信号不能出口，遥控失败。

7）测控装置本身发生故障时也会导致遥控失败。

8）如果是执行断路器遥控，有的断路器遥控需要检同期，在做断路器检同期合闸的情况下，如果测控装置的同期条件不满足，或测控装置的同期设置不正确都有可能导致遥控合闸失败。

9）如本测控装置具有联锁组态功能且"解除闭锁"压板在"退出"位置，如果不满足联锁组态中联锁逻辑规则图的闭锁条件，则遥控也将失败。

【思考与练习】

1. 怎样对装置遥测精度进行实负荷法现场检验？

2. 遥信动作功能的检测方法是什么？

3. 遥控失败原因有哪些？

▲ 模块 9　带通信功能故障指示器的检测及定位处理（Z18E2009Ⅱ）

【模块描述】本模块介绍了带通信功能故障指示器、有线及无线数据传输终端，主站与实时监控软件系统应用，包括故障信息收集、显示、报警、储存、查询及打印功能。通过模拟线路发生单相接地、相间短路等典型故障，实时监控主站，分析研判，掌握故障快速定位、及时处理等检测手段及方法步骤。

【正文】

带通信型功能故障指示器的基本任务为：故障判断和数据传输。故障判断包括短路故障的判断和接地故障的判断，通过对获取的线路电压、电流信息进行采样、计算、分析，进行线路故障的逻辑判断。如数据传输则将故障信号通过微功率无线等方式，传输给相应的通信终端，通信终端一般再通过 GPRS 的方式把信息转发给主站。

一、检查与检测要求

带通信功能故障指示器具有数据采集、计算分析、输出报警指示、数据无线传输的功能，以及低功耗、高可靠性等特点。

1．外观与结构

（1）外观应整洁美观、无损伤或机械形变。

（2）外形及安装尺寸、元件的焊接、装配应符合产品图样及有关标准的要求。

（3）外壳应用足够的机械强度，以承受使用或搬运中可能遇到的机械力。

（4）架空线型终端应使安装结构合理、安装方便、牢固。

（5）架空线型终端其紧固结构应有合适的紧固度。

（6）架空型远程测控数据终端应该能够适应严酷的户外运行环境，达到长期免维护的水平。

（7）远程测控数据终端机柜的机械结构应能防卫灰尘、潮湿、盐污、虫和动物，高温和低温，外箱采用防腐蚀金属材料。

2．功能

（1）遥信线路安装点的故障信号。

（2）遥测线路的正常负荷电流和故障突变电流。

（3）采集管理远程测控数据终端电源电压和充电电压。

（4）可远程升级程序。

（5）可接收并执行本地或主站的对时命令。

3．通信要求

（1）终端维护接口，具有 RS–485、RS–232 通信接口。

（2）终端与主站通信，通信方式采用 GPRS，支持公司专网 SIM 卡。

（3）要求实时在线：设备加电自动上线、掉电恢复后自动重拨。

4．硬件平台

（1）要求采用不低于 32 位微处理器系列芯片。

（2）所有元器件全部采用不低于工业级要求。

5．软件平台

（1）终端应用程序应基于（嵌入式）实时多任务操作系统软件平台进行开发，用以保证终端进行故障识别、终端通信、数据计算处理等复杂功能要求。

（2）终端应具备程序死锁自恢复（WATCH　DOG 看门狗）功能。

6．数据处理能力

（1）能够对终端和指示器进行参数设置，选择遥测变化数据。

（2）能够采用主动或召唤方式上报。

（3）远程测控数据终端应具备存储一个月数据。

（4）遥测越限、过电流、接地等故障信息以状态量上报。

（5）记录电流等数据的极值。

（6）数据能够接入配电自动化主站，终端在线率应大于 98%。采用 104 通信规约。

7. 动态功耗

远程测控数据终端整机动态功耗不大于 0.5W。

8. 使用寿命

使用寿命不低于 5 年。

9. 供电能力

（1）架空型远程测控数据终端采用太阳能和大容量后备电源相配合的供电方式；电池的寿命不少于 6 年。

（2）后备电源选用长寿命免维护大容量磷酸铁锂电池，对出现连续 40 天阴雨天气，仍然能够维持正常通信。

10. 防护等级

远程测控数据终端防护等级不低于 IP54。

二、查找与定位处理

正确查找电缆故障点是配电网安全运行的一个重要课题，配置带通信功能故障指示器是提高供电可靠性的重要技术保障措施。

1. 故障指示器

（1）故障指示器要对配电线路、电缆（简称线路）进行故障判断，首先要对线路电流进行采样，通过钳形结构的电流互感器，将线路上的大电流转换成适合单片机采集的微小电流，经过整流后，再由单片机内部的 ADC 进行模数转换，将电流模拟量数据转换成数字数据，供 CPU 计算、分析。

（2）当发生短路或接地故障后，故障指示器除进行相应的本地报警指示外，还应具备通过无线通信形式输出故障数据信息的功能。故障指示器的无线通信具有功率低、距离短、通信字节少的特点。

（3）故障指示器安装于线路上，一般是户外安装，不具备供电设备，因此通过电流互感器取电是比较好的方式。线路电流超过 15A 时，故障指示器完全可以从线路上取电；当线路电流较小，不能提供足够的电能供故障指示器运行时，由后备电池供电，因此故障指示器的供电电源采用电流互感器供电与备用电池相结合的供电设计。

2. 报警指示

当线路发生短路故障时，故障线路段对应相线上的故障指示器应检测到短路故障，并发出短路故障报警指示，本地报警指示包括机械翻牌和闪烁发光，因此故障指示器的报警指示采用告警灯与翻牌器相结合的设计。

线路故障可以分为短路故障和接地故障，故障指示器的报警指示可以用闪灯的方式区分这两种故障。短路故障时，故障指示器本地翻牌，报警灯以每 3s1 次的频率闪烁；接地故障时，报警灯以每 3s2 次的频率闪烁。

三、基于 GPRS 通信故障指示器应用

基于 GPRS 通信故障指示器应用在配网自动化中主要是通过配网调控中心实现的，主要由故障指示器、数据采集装置、信息处理单元及配网故障定位分析软件组成。系统总体结构见图 2-9-1，检测节点通过 GPRS 通信方式将报警信息发送到移动内部网络，再经 APN 专线传送到监控中心服务器，通过安装在中心服务器上的故障自动定位分析软件，就可以自动定位找出故障区段。

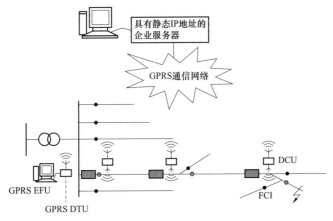

图 2-9-1 系统总体结构

FCI—Digital Fault Current Indicator，数字化的故障指示器；DCU—Data Collecting Unit，数据采集器（内置低功耗 GPRS DTU），可选电动开关储能和遥控功能；GPRS DTU—GPRS Data Terminal Uint，GPRS，通信终端；EFU—Earth Fault Line Select Unit，接地选线装置

【思考与练习】

1. 带通信功能故障指示器检查与检测主要包括哪些内容？
2. 带通信功能故障指示器在现场主要实现哪些功能？
3. 举例说明基于 GPRS 通信故障指示器的应用特点。

◢ 模块 10 继电保护的整定（Z18E2010Ⅲ）

【模块描述】本模块介绍继电保护的整定原则和整定计算。通过要点讲解、计算方法介绍，熟知继电保护定值的整定及时限间的配合关系。

【正文】

继电保护整定计算是继电保护运行技术的重要组成部分，也是继电保护装置在运行中保证其正确动作的重要环节，由于继电保护整定计算不当，造成继电保护拒动或误动而导致电网事故扩大，其后果是非常严重的，有可能造成电气设备的重大损坏，甚至能引起电网瓦解，造成大面积停电事故。

一、继电保护整定的基本原则

电力系统继电保护必须满足可靠性、速动性、选择性及灵敏性的基本要求。可靠性由继电保护装置的合理配置、本身的技术性能和质量以及正常的运行维护来保证；速动性由配置的全线速动保护、相间和接地故障的速断保护以及电流速断保护取得保证；通过继电保护运行整定，实现选择性和灵敏性要求，并处理运行中对快速切除故障的特殊要求。

1. 继电保护的可靠性

（1）任何电力设备都不允许在无继电保护的状态下运行；所以运行设备都必须由两套交、直流输入和输出回路相互独立，并分别控制不同断路器的继电保护装置进行保护。

（2）一般采用近后备保护方式；而当断路器拒动时，启动断路器失灵保护，断开与故障元件所接入母线相连的所有其他连接电源的断路器。有条件时可采用远后备保护方式。

（3）对配置两套全线速动保护的线路，无论何种情况，至少应保证有一套全线速动保护投运。

（4）电力系统的母线差动是其主保护，变压器或线路后备保护是其后备保护。如果没有母线差动保护，则必须由对母线故障有灵敏度的变压器后备保护或线路后备保护充任母线的主保护及后备保护。

2. 继电保护的速动性

（1）下一级电压母线配出线路的故障切除时间，应满足上一级电压电网继电保护部门按系统稳定要求和继电保护整定配合需要提出的整定限额要求；下一级电压电网应按照上一级电压电网规定的整定限额要求进行整定，必要时，为保证电网安全和重要用户供电，可设置适当的解列点，以便缩短故障切除时间。

（2）手动合闸和自动重合于母线或线路时，应有确定的速动保护快速动作切除故障。合闸时短时投入的专业保护应予整定。

（3）继电保护在满足选择性的条件下，应尽量加快动作时间和缩短时间极差。

3. 继电保护的灵敏性

（1）对于纵联保护，在被保护范围末端发生金属性故障时，应有足够的灵敏度。

（2）相间故障保护最末一段（如距离Ⅲ段）的动作灵敏度，应按躲过最大负荷电流整定。

（3）接地故障保护最末一段（如零序电流Ⅳ段），应以适应下述短路点接地电阻值的接地故障为整定条件，零序电流保护最末一段的动作电流定值应不大于300A。当线路末端发生高电阻接地故障时，允许有两侧线路继电保护装置纵序动作切除故障。

（4）在同一套保护装置中，闭锁、启动、方向判别和选相等辅助元件的动作灵敏度，应大于所控制的测量、判别等主要元件的动作灵敏度。

（5）采用远后备保护方式时，上一级线路或变压器的后备保护整定值，应保证当下一级线路末端故障或变压器对侧母线故障时有足够灵敏度。

4. 继电保护的选择性

（1）全线瞬时动作的保护或保护的速断段的整定值，应保证在被保护范围外部故障时可靠不动作。

（2）上、下级（包括同级和上一级及下一级电力系统）继电保护之间的整定，应遵循逐级配合的原则，满足选择性的要求，即当下一级线路或元件故障时，故障线路或元件的继电保护整定值必须在灵敏度动作时间上均与上一级线路或元件的继电保护整定值相互配合，以保证电网发生故障时有选择性地切除故障。

（3）当线路保护装置拒动时，只允许相邻上一级的线路保护越级动作，切除故障；当断路器拒动（只考虑一相断路器拒动），且断路器失灵保护动作时，应保留一组母线运行（双母线接线）或允许多失去一个元件（3/2 断路器接线）。为此，接地故障保护第Ⅱ段的动作时间应比断路器拒动时的全部故障切除时间多 0.25~0.3s；对相间距离保护第Ⅱ段，则无此要求。

（4）在某些运行方式下，允许适当地牺牲部分选择性，如对终端供电变压器、串联供电线路、预定的解列线路等情况。

（5）线路保护范围伸出相邻变压器其他侧母线时，可按下列顺序优先的方式考虑保护动作时间的配合：

1）与变压器同电压侧指向变压器的后备保护的动作时间配合。

2）与变压器其他侧后备保护跳该侧总断路器动作时间配合。

（6）当下一级电压电网的线路保护范围伸出相邻变压器上一级电压其他侧母线时，还可按下列顺序优先的方式考虑保护动作时间的配合：

1）与其他侧出线后备保护段的动作时间配合。

2）与其他侧出线有规程规定的保护段动作时间配合。

二、继电保护的整定计算

（一）线路保护整定计算规定

输配电线路按"加强主保护，简化后备保护"的原则配置和整定，加强主保护是指全线速动保护的双重化配置，同时，要求每一套全线速动保护的功能完整，对全线路内发生的各种类型故障，均能快速动作切除故障。简化后备保护是指在全线速动保护双重化配置，同时每一套全线速动保护功能完整的条件下，带延时的相间和接地Ⅱ、Ⅲ段保护（包括相间和接地距离保护、零序电流保护），允许与相邻线路和变压器的主保护配合，从而简化动作时间的配合整定。如双重化配置的主保护均有完善的距离后备保护，则可以不使用零序电流Ⅰ、Ⅱ段保护，仅保留用于切除经不大于 100～300Ω 电阻接地故障的一段定时限或反时限零序电流保护。

1. 零序电流保护

（1）取消零序电流保护Ⅰ段。

（2）零序电流保护Ⅱ段定值按大方式下线路末段有一倍灵敏度整定，时间除终端线路系统侧为 0.5s 外，其他均为 1s。

（3）零序电流保护Ⅲ段定值按规程要求的不大于 300A、时间按全网同一时间 4s 整定。

（4）零序电流保护Ⅳ段定值（最末一段）应不大于 300A，按与相邻线路在非全相运行中不退出工作的零序电流Ⅲ段或Ⅳ段配合整定。动作时间宜大于单相重合闸周期加两个时间级差以上。

2. 接地距离保护

（1）接地距离保护Ⅰ段定值按可靠躲过本线路对侧母线接地故障整定。

（2）接地距离保护Ⅱ段定值按规程要求应保证本线路末端发生金属性故障有足够灵敏度整定，并与相邻线路接地距离Ⅰ段配合。时间与零序电流保护Ⅱ段时间相同即除终端线路系统侧为 0.5s 外，其他均为 1s。

（3）接地距离保护Ⅲ段定值与相间距离保护Ⅲ段定值相同，时间与零序电流保护Ⅲ段时间相同即全网均为 4s。

（二）变压器保护整定计算规定

1. 变压器差动保护

差动保护的动作电流按躲过变压器空投时和外部故障切除后电压恢复时变压器产生的励磁涌流计算，同时应躲过电流互感器二次回路断线。

2. 过负荷保护

过负荷保护动作于信号，保护的动作时间与变压器允许的过负荷时间相配合，同时大于变压器后备保护的最长动作时间（通常可大 2 个时间阶段）。

3. 非电量保护

温度保护、释压保护按变压器容量、冷却方式及制造厂家所提供的有关参数并结合规程区别整定，动作时间按变压器运行规程的规定整定。

【思考与练习】

1. 继电保护整定的基本原则是什么？
2. 继电保护定值运行的基本要求是什么？
3. 零序电流保护 Ⅰ、Ⅱ、Ⅲ 段如何整定？

▲ 模块 11 继电保护之间的配合关系（Z18E2011Ⅲ）

【模块描述】本模块介绍继电保护之间的配合关系。通过对后备保护与主保护间配合的详细讲解，熟悉继电保护的配合要求及定值配合。

【正文】

每一套保护都有预先严格划定的保护范围，只有在保护范围内发生故障，该保护才动作。保护范围划分的基本原则是任一个元件故障都能可靠地被切除并且造成的停电范围最小，或对系统正常运行的影响最小。一般借助于断路器实现保护范围的划分。

为了确保故障元件能够从电力系统中被切除，一般每个重要元件配备两套保护：一套为主保护；另一套为后备保护。

一、继电保护之间的配合关系及配合原则

电力系统中，线路纵联保护（纵联零序方向、纵联距离）、光纤差动保护是线路的主保护，阶段式距离和零序保护作为本线路及相邻元件的后备保护。变压器纵联差动保护是变压器的电气量主保护，变压器高、中压侧配置的相间和接地保护作为本变压器及相邻元件的后备保护。母线差动保护是母线的主保护，变压器或线路的后备保护是母线后备保护。

系统中母线、线路、变压器等设备发生故障，必须由它的两套主保护动作切除，全部 330kV 设备后备保护采用近后备方式，即当故障元件的一套继电保护装置或跳闸回路因故拒动不能切除故障时，由另一套继电保护装置通过另一组跳闸回路来切除。当断路器拒动时由断路器失灵保护动作断开与故障元件相连的断路器从而切除故障。

在主保护双重化条件下，后备保护允许与主保护不完全配合，简化整定计算及运行管理。为此要求线路保护装置要在安全可靠的前提下，做到快速、灵敏、准确。

二、后备保护与主保护之间的配合

（一）线路保护

1. 定值配合

（1）主保护不需与其他保护配合。

（2）后备保护：

1）距离保护（包括相间距离和接地距离保护）。距离Ⅰ段的定值，按可靠躲过本线路末端相间故障整定，一般为本线路阻抗的70%整定。距离Ⅱ段定值，按本线路末端发生金属性相间故障有足够灵敏度整定，并与相邻线路相间距离Ⅰ段配合，若配合有困难时，则按与相邻线路纵联保护配合整定。距离Ⅲ段定值按可靠躲过本线路的最大事故过负荷电流对应的最小阻抗整定值，并与相邻线路距离Ⅱ段配合，若配合有困难，可与线路相间距离Ⅲ段配合整定。

2）零序保护。Ⅱ段与相邻线路纵联保护配合整定，躲过相邻线路末端故障，若无法满足配合关系，则可与相邻线路在非全相运行过程中不退出工作的零序过电流Ⅱ段配合整定。Ⅲ段与相邻线路在非全相运行中不退出工作的零序过电流Ⅱ段定值配合整定，若配合有困难，可与相邻线路零序过电流Ⅲ段定值配合整定。Ⅳ段应不大于300A，保证经高阻接地故障灵敏度，并按与相邻线路在非全相运行中不退出工作的零序过电流Ⅲ段或Ⅳ段配合整定。

2. 时限配合

（1）主保护瞬时动作，不需要与其他保护有时限配合关系。

（2）后备保护：

1）距离保护（包括相间距离和接地距离保护）。Ⅱ段距离保护以 $t_{Ⅱ}=t'_{Ⅱ}$（$t'_{Ⅰ}$）$+t_{时限}$跳本侧线路断路器，$t'_{Ⅱ}$（$t'_{Ⅰ}$）为相邻距离Ⅱ、Ⅰ段动作时间。Ⅲ段距离保护以 $t_{Ⅲ}=t'_{Ⅲ}$（$t'_{Ⅱ}$）$+t_{时限}$跳本侧线路断路器，$t'_{Ⅲ}$（$t'_{Ⅱ}$）为相邻距离Ⅲ、Ⅱ段动作时间。

2）零序电流保护。Ⅱ段零序过流保护以 $t_{Ⅱ}=t'_{Ⅱ}$（$t'_{Ⅰ}$）$+t_{时限}$跳本侧线路断路器，$t'_{Ⅱ}$（$t'_{Ⅰ}$）为相邻零序过流Ⅱ、Ⅰ段动作时间。Ⅲ段零序过流保护以 $t_{Ⅲ}=t'_{Ⅲ}$（$t'_{Ⅱ}$）$+t_{时限}$跳本侧线路断路器，$t'_{Ⅲ}$（$t'_{Ⅱ}$）为相邻零序过流Ⅲ、Ⅱ段动作时间。Ⅳ段零序过流保护以 $t_{Ⅲ}=t'_{Ⅳ}$（$t'_{Ⅲ}$）$+t$，其中 $t'_{Ⅳ}$（$t'_{Ⅲ}$）为相邻零序过流Ⅳ、Ⅲ段动作时间。

以上配合关系均为最基本的配合原则，实际运行整定中，则根据实际情况有多种其他配合关系。

（二）主变压器保护

1. 配合要求

（1）主保护对变压器的内部、套管及引出线的短路故障进行保护，在定值、时限整定上与后备保护不进行配合。

（2）后备保护根据保护范围和方向，与相邻线路及元件的相关保护进行配合。

2. 定值配合

（1）过励磁保护。保护应能实现定时限告警和反时限特性功能，反时限曲线应与变压器过励磁特性匹配。与变压器厂家所给出的变压器过励磁反时限曲线相配合。

（2）过负荷保护。变压器各侧及公共绕组过负荷保护的动作电流按躲过绕组的额定电流整定。延时动作于信号。

（3）非电量保护。瓦斯保护按油流速度整定。温度保护、释压保护按变压器制造厂家所涉及的有关参数整定。

3. 时限配合

（1）过励磁保护时限配合。定时限部分延时发信号，反时限部分根据厂家反时限动作曲线以不同整定时限进行跳闸。

（2）过负荷保护时限配合。过负荷保护动作于信号，保护的动作时间与变压器允许的过负荷时间相配合，同时大于变压器后备保护的最长动作时间。

（3）非电量保护时限配合。重瓦斯保护动作后立即跳闸，轻瓦斯保护发信号。温度保护、释压保护动作时间按变压器运行规定整定。

【思考与练习】

1. 继电保护的配合原则是什么？

2. 线路距离保护应如何配合？

3. 变压器各侧零序电流保护应如何配合？

4. 母线保护有什么要求？母线保护与其他保护应如何配合？

第三章

智能后备电源维护与测试

▲ 模块 1　铅酸蓄电池的运行方式（Z18E3001 Ⅰ）

【模块描述】本模块介绍了铅酸蓄电池最常见的两种运行方式。通过对工作方式的讲解和分析对比，了解铅酸蓄电池组的基本运行知识。

【正文】

蓄电池组是直流系统的重要组成部分，正常运行时，蓄电池组通过直流系统中的充电单元补充本身自放电而消耗的能量，一旦配电站室交流电源消失、充电单元故障时，蓄电池组便将自身的化学能转变为电能，通过直流系统提供给配电站室重要的直流负荷和大电流负荷。

一、防酸蓄电池按充电—放电方式运行

按充电—放电方式运行的蓄电池组，在运行中循环地进行充电与放电。也就是说，蓄电池在放出其保证容量后，应立即接于直流充电装置上进行充电。在进行充电时，直流负荷应由充电装置兼供，如图 3-1-1 所示。如为 2 组蓄电池时，直流负荷应由另一组蓄电池供给。

按充电—放电方式运行的蓄电池组，由于循环地进行充电与放电，加速了蓄电池的劣化，较按浮充电方式运行的蓄电池，寿命缩短一半以上。此外，如果不按期充电、过充电、充电不足，或疏忽大意等，将加剧蓄电池的劣化。

当蓄电池放电终了时，应立即停止放电，准备充电。如不及时充电，将造成极板硫化。充电开始时，应切换直流电压表以检查蓄电池电压，并调整充电装置，使充电装置电压高于蓄电池组电压 2～3V。然后合上充电开关，慢慢地增加充电装置的电压，使充电电流达到要求的数值。一般采用 10h 放电率的电流进行充电。为防止极板损坏，当正、负极上产生气泡和电压上升至 2.5V 时，将电流降至一半继续充电，直到充电完成。

极板质量不良和运行已久的蓄电池，充电开始时，可以用 10h 放电率电流值的 50% 充电，然后逐渐增加至 10h 放电率的电流值。当两极板产生气泡和电压升至 2.5V 时，再将充电电流降至 10h 放电率电流值的 50%，直到充电完成。

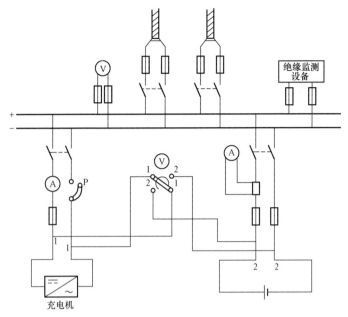

图 3-1-1　蓄电池组按充电—放电方式运行接线

V—直流电压表；A—直流电流表；P—逆流电流开关

充电是否已经完成，应根据下列特征与标准来判断：

（1）正、负极板上发生强烈气泡，电解液呈现乳白色。

（2）电解液密度升高到 1.215～1.220（温度为 15℃），并且在 3h 以内稳定不变。

（3）单电池电压达 2.75～2.80V，并且在 2h 以内稳定不变。

（4）正极板颜色变为棕褐色，负极板颜色变为纯灰色，两极板颜色均有柔软感。

为了监督充电的正确性，可根据放电记录，当充电充入蓄电池的容量（安时）比前期放电放出的容量高 20% 以上时，即可认为充电已完成。

在充电过程中，必须将通风装置投入运行。在充电完成后，通风装置仍须继续运行 2h，将充电过程所产生的氢气完全排出室外。当蓄电池电解液产生气泡后，要检查全组蓄电池，看每只单电池的电解液是否都沸腾了。如果有个别电池电解液不沸腾，则需检查两极电压、密度和温度等，除温度外，都应逐渐上升。如果发现内部短路现象，应迅速加以消除。充电时，电解液的温度不应超过 40℃，如超过 40℃，应减小充电电流，待温度下降至 35℃后，再用原充电电流进行充电。

对充电—放电方式运行的蓄电池组，最好每年在大风和梅雨季节前进行一次 10h 放电率的容量放电试验。这种放电不但可使极板上的活性物质得到全面均匀的活动，而且可鉴定蓄电池的容量是否正常，以确保断路器、继电保护和通信等装置能正常运行。做这种放电试验时，当终止电压达 1.9V 时，即可停止放电。

为使极板处于正常状态，并消除各单电池之间的差别，按充电—放电方式运行的蓄电池组，每 3 个月至少应进行一次均衡充电（过充电），以消除极板硫化。

二、防酸蓄电池按浮充电连续充电方式运行

蓄电池按浮充电方式运行，就是将充满电的蓄电池组与充电装置并联运行，接线见图 3-1-2。浮充电除供给恒定负荷以外，还以不大的电流来补偿蓄电池的局部自放电，以供给突然增大的负荷。这种运行方式可以防止极板硫化和弯曲，从而延长蓄电池的使用寿命。按照浮充电方式运行的蓄电池组，一般可以使用 8～10 年以上。使用寿命与制造质量有一定关系，使用寿命 8～10 年以上是对半条多式、条多式和丝管式的极板而言。蓄电池的容量基本上可以保持原有水平，运行管理也比较简单。因此可以说，按浮充电方式运行，是保证蓄电池长期运行中仍能维持良好状态的最好的运行方式。

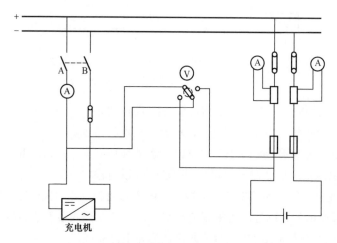

图 3-1-2　蓄电池组按浮充电方式运行接线

在浮充电运行中，蓄电池的电压应保持在（2.15±0.05）V 之间，电解液密度保持在 1.215±0.005 之间，即大体上使蓄电池经常保持充满电状态。因为每 12Ah 极板的内部自放电由约 0.01A 的充电电流来补偿，所以浮充电所需电流值可按式（3-1-1）计算

$$I=0.1C_N/12 \tag{3-1-1}$$

式中　I——浮充电所需电流值，A；

　　　C_N——蓄电池的额定容量，Ah。

旧蓄电池浮充电所需的电流有所不同。电解液的温度和密度以及金属杂质等对局

部自放电均有影响。

　　按浮充电方式运行的蓄电池组，每 3 个月至少进行一次均衡充电（过充电）。因为在蓄电池组中，很可能有个别蓄电池自放电较强，以致密度低落。均衡充电的目的是使单电池的容量、电压和密度等处于同样均衡状态，以消除所生成的硫化物。按浮充电方式运行的蓄电池组，由于条件限制而不能浮充电运行时，则必须按期进行均衡充电。

　　按浮充电方式运行的蓄电池组，运行 1 年内每 6 个月进行一次核对性放电以核对其容量，并使极板活性物质得到均匀的活动。核对性放电应放出蓄电池容量的 50%～60%。但为了保证突然增加负荷，当电压降至 1.9V 时，应立即停止放电。在停止放电后，须立刻进行正常充电和均衡充电。以后，虽然已经到核对性放电周期，但因充电装置发生故障或其他原因，使蓄电池被迫放电时，则这次核对性放电可以不进行，仍须进行均衡充电。

　　对按浮充电方式运行的蓄电池组，每年也应做一次（最好在大风和雷雨之前）10h放电率的容量放电试验，放电终止电压达 1.9V 时即停止放电，以鉴定蓄电池的容量，并使极板活性物质得到均匀的恢复。按浮充电方式运行的蓄电池组，为使在充电装置发生故障或由于其他原因不能浮充电运行时仍能保持直流母线电压，应采用有辅助电池并附有电池开关（平面控制器）的接线，其母线电压波动范围不应超过额定电压值的 2%。

　　在按浮充电方式运行的蓄电池组中，有些辅助电池不流过充电电流，经常处于自放电状态，从而促使极板硫化。对这些电池，必须定期给予充电，周期一般为 15 天。在充电时，为防止基本电池的充电，应进行到电池中产生强烈气泡，电解液密度达到1.215±0.005 时为止。有辅助电池而无切换器的蓄电池，在正常情况下，基本电池和充电装置都接到母线上，这时辅助电池开路，但每过 15 天必须用 10h 放电率的电流进行一次充电。

　　当充电装置发生故障或由于其他原因，蓄电池组中的基本电池的电压降到一定程度而又不能保持母线额定电压时，则需将辅助电池接入回路中运行，以保持母线电压正常。按浮充电方式运行而无辅助电池的蓄电池组，当充电装置发生故障或由于其他原因被迫停止时，则由蓄电池单独供给负荷，这时每一蓄电池的电压由 2.15V 急剧下降至 2.0V，以后将缓慢降低，放电可继续到单电池电压为 1.85V 或 1.9V 为止。在正常情况下，母线电压应保持高于额定电压 3%～5%，也就是说，蓄电池只数等于母线电压被 2.15V 除所得之商。

　　所以，母线电压如为 230V 或 120V，其电池只数则应分别为 107 或 56。

三、阀控式蓄电池正常浮充电方式运行

阀控式蓄电池正常浮充电方式运行的直流系统，如 GZDW 系列等，为配电站室的合闸、继电保护、自动装置、信号装置等提供操作电源及事故照明和控制用直流电源，见图 3-1-3。提供的直流电源具有稳压、稳流精度高，效率高，输出纹波及谐波失真小的品质特征。该系统的集中监控系统使电力操作电源系统的浮充电、均充电等自动化程度提高，使蓄电池的充放电更加合理。将系统各种信号实时传输至后台监控系统，方便监控与操作。

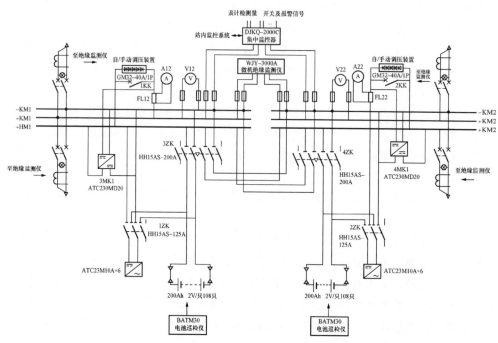

图 3-1-3 阀控式蓄电池组浮充电方式运行的直流系统

1. 交流进线单元

交流进线单元指对直流柜内交流进线进行检测、自投或自复的电气/机械联锁装置。双路交流自投回路由两个交流接触器组成。交流配电单元为双路交流自投的检测及控制组件，接触器为执行组件。交流配电单元上设有转换开关 QK、两路电源的指示灯和交流故障告警信号输出的空触点。

2. 调压装置

对于如图 3-1-3 所示蓄电池组（220V 系统）来说，当系统正常工作时，充电机对蓄电池的均/浮充电压，通常会高于控制母线允许的波动电压范围，采用多级硅调压装

置串接在充电机输出（或蓄电池组）与控制母线之间，使调压装置的输出电压满足控制母线的要求。

降压硅链由多只大功率硅整流二极管串接而成，利用 PN 结基本恒定的正向压降，通过改变串入电路的 PN 结数量来获得适当的压降。装置处于自动调压状态，调压装置实时检测控制母线电压，并与设定值进行比较，根据比较结果，控制硅链的投入级数，从而保证控制母线电压波动范围。

3. 电池巡检装置

单只电池巡检装置可独立测量蓄电池组中单体电池的端电压、温度等状态量，实时监视整组蓄电池的运行状况，配合集中监控器组成更完善的蓄电池管理单元，减少了检修人员工作量。

4. 闪光装置

对于新建配电站室，由于站内设有综合自动化系统且采用了新式负荷开关，不需要加装独立的闪光装置。但对于一些老配电站室改造工程，若站内不设综合自动化系统则需加装闪光装置。对于母线分段系统，应在每段母线独立配置一台闪光装置。闪光输出形式是馈线开关加闪光极，指单个馈线开关增加独立的一极或半极（即辅助触点），闪光电源同直流电源一同引出。

5. 微机绝缘监测仪

微机绝缘监测仪主机在线检测正、负直流母线的对地电压，通过对地电压计算出正、负母线对地绝缘电阻。当绝缘电阻低于设定的报警值时，自动启动支路巡检功能。支路漏电流检测采用直流有源电流互感器。每个电流互感器内含 CPU，被检信号直接在电流互感器内部转换为数字信号，由 CPU 通过串行口上传至绝缘监测仪主机。支路检测精度高、抗干扰能力强。采用智能型电流互感器，所有支路的漏电流检测同时进行，支路巡检速度高。

【思考与练习】

1. 充电是否已经完成，应根据什么特征与标准来判断？

2. 阀控式蓄电池组正常浮充电方式运行的直流系统由哪几部分构成？

◢ 模块 2　铅酸蓄电池的日常维护方法（Z18E3002Ⅰ）

【模块描述】本模块介绍了铅酸蓄电池日常维护的方法。通过要点介绍，熟悉铅酸蓄电池组的基本运行维护知识。

【正文】

蓄电池组日常维护在配电站室日常维护和巡视中是一个重要项目，维护和巡视是否到位直接关系到蓄电池组的健康运行。只有及时地发现和处理暴露出的缺陷，蓄电池组在使用时才不会出现无电可供的现象。

一、铅酸蓄电池维护应注意的事项

为使铅酸蓄电池处于良好状态，并保持其额定容量和寿命，必须注意做好下列工作：

（1）对于固定式铅酸蓄电池的维护，应注意使蓄电池经常处于充电饱满状态。可采用浮充电运行方式，既能补偿自放电的损失，又能防止极板硫化，应按时进行均衡充电和定期进行核对性放电或容量放电，使活性物质得到充分和均匀的活动。

（2）按充电—放电方式运行的蓄电池组，当充电和放电时，应分别计算出充入容量和放出容量，避免放电后硫酸盐集结过多而不能消除。放电后必须及时进行充电。

（3）要用大电流放电。以免极板脱粉或弯曲变形，容量减少。

（4）充入容量应足够，按充电—放电方式运行的蓄电池组应及时进行均衡充电。

（5）蓄电池室和电解液的温度应保持正常，不可过低或过高。过低将使电池内电阻增加，容量和寿命降低，过高将使自放电现象增强。蓄电池室应保持通风良好。

（6）电解液应纯净，含有杂质不超过一定限度，电解液液面应保持正常高度。每年应进行一次化验分析。调整密度或补液所用的硫酸和纯水必须合格。

（7）清除沉淀物，以防极板间短路。

（8）保持蓄电池的整洁，经常擦洗溅到各部分的电解液。

（9）放电后的蓄电池，要尽可能早些充电，在充电过程中电解液温度不得超过规定值。

（10）电池室内，应严禁烟火。焊接和修理工作，在充电完成 2h 或停止浮充电 2h 以后才能进行，在进行中要连续通风，并用石棉板使焊接点与其他部分隔离开。

（11）经常不带负荷的备用蓄电池，每 3 个月应进行一次充电和均衡充电。

（12）辅助蓄电池每 15 天应进行一次充电。

二、蓄电池的巡视周期和检查项目

1. 巡视周期和外部检查

巡视责任人对蓄电池室每月至少检查一次，并根据运行维护记录和现场检查，对值班员和专工提出要求。

2. 外部检查项目

（1）根据蓄电池记录，检查有无电压、电解液密度等特低的电池。

（2）检查蓄电池室的门窗是否严密，墙壁表面是否有脱落现象。

（3）检查取暖设备是否完好。

（4）检查木架及容器是否完整、清洁。

（5）检查电解液液面，不应低于上部红线。

（6）检查沉淀物的高度，不应低于下部红线。

（7）检查领示电池的温度，不应高于规定值。

（8）检查领示电池的电压、电解液密度是否正常（各电池应在蓄电池组中轮流担当领示电池）。

（9）检查玻璃盖板是否完整、齐全，位置是否得当。

（10）检查各种备品是否齐全、完好。

（11）检查工具、仪表、保护用品是否齐全、完好无缺，并备有足够数量的苏打溶液。

（12）检查蓄电池室内和蓄电池组的清洁卫生状况。

3. 内部检查项目

（1）测量每只蓄电池的电压、电解液密度和温度。

（2）检查各连接点的接触是否严密，有无氧化，并涂以凡士林油。

（3）检查极板弯曲、硫化和活性物质脱落程度。

（4）巡视责任人应检查蓄电池自从上次检查以来，记录簿中的全部记录是否正确、及时、完全。

（5）核算放出容量和充入容量，有无过充电、过放电或充电不足等现象。

（6）检查大电流放电后（指开关操动机构的合闸电流）接头有无熔化现象。

（7）确定蓄电池是否需要修理。

【思考与练习】

1. 固定式铅酸蓄电池组维护的注意事项有哪些？

2. 固定式铅酸蓄电池组巡视周期和外部检查项目是什么？

◢ 模块 3 蓄电池的均衡充电（过充电）法（Z18E3003 Ⅰ）

【模块描述】本模块介绍了均衡充电（过充电）法。通过操作方法的介绍，了解蓄电池组的维护知识。

【正文】

均衡充电是保证蓄电池容量和改善落后电池的一种有效方法，通过均衡充电将落后电池拉上来，保持蓄电池组的均压性。

为了补偿蓄电池在使用过程中产生的电压不均匀现象，使其恢复到规定的范围内而进行的充电，以及大容量放电后的补充充电，通称为均衡充电。

一、防酸蓄电池组

防酸蓄电池在运行中往往因为长期充电不足、过度放电或其他一些原因，使极板出现硫化现象。出现硫化现象的蓄电池在充电时，电压和密度都不易上升。为使蓄电池运行良好，如有下列情形之一者，需进行均衡充电：

（1）蓄电池已放电到极限电压，继续放电。

（2）以最大电流放电，超过了限度。

（3）蓄电池放电后，停放了 1～2 昼夜而没有及时充电。

（4）蓄电池极板抽出检查，清除沉淀物之后。

（5）电解液内混入杂质。

（6）个别电池极板硫化，充电时密度不易上升。

均衡充电，就是当发生上述现象时，在正常充电之后，再用 10h 放电率的 1/2 或 3/4 电流过充电 1h，然后停止 1h，如此反复进行，直到最后充电装置刚一合闸就产生强烈气泡为止，均衡充电才完成。

蓄电池在充电过程中，由于产生气体，使电解液中水分减少，因此液面有所降低。与此同时，硫酸虽然也有少许飞溅，但是损失极少，所以补充液面至原来高度时，只许加合格的纯水，切不可加酸。一年中，调整密度几次即可。当电解液密度低于 1.215（温度为 15℃）时，应首先查明密度降低的原因。除加水过多是原因之一外，电解液密度过低往往是由于过度放电，使极板硫化造成的。前者可按制造厂的要求，补加不同密度（通常为 1.18～1.400）的稀硫酸来调整；而后者则须通过正常充电和过充电，消除极板硫化后，电解液密度即可还原。如密度高于 1.215（温度为 15℃）时，可补加纯水进行调整。

调整电解液密度的工作，应在正常充电或均衡充电之后进行。正常充电或均衡充电完成之后，先将电解液密度调至 1.215±0.005（温度为 15℃），然后用正常充电电流的一半再充电 30min 或 1h，使电解液混合均匀。如果从各电池测得的密度之间仍有差别，应按照以上方法反复进行调整，直到蓄电池组的密度达到一致为止。这项工作最好在均衡充电的间歇时间内进行，因为进行均衡充电时，间歇时间长，充电次数多，可反复调整并能使电解液混合均匀。

二、阀控式蓄电池组

阀控式蓄电池出现下列情形之一者，需进行均衡充电：

（1）蓄电池已放电到极限电压后。

（2）以最大电流放电，超过了限度。

（3）蓄电池放电后，停放了 1～2 昼夜而没有及时充电。

（4）个别电池极板硫化，充电时密度不易上升。

（5）静止时间超过 6 个月。

（6）浮充电状态持续时间超过 6 个月时。

阀控式蓄电池充电采用定电流、恒电压的两阶段充电方式。充电电流为 1～2.5 倍 10h 放电率电流，充电电压为 2.35～2.40V，一般选用 10h 放电率电流、2.35V 电压。充电时间最长不超过 24h。当充电装置均衡充电电流在 3h 内不再变化时，可以终止均衡充电状态自动转入浮充电状态。

【思考与练习】

1. 防酸蓄电池均衡充电的意义是什么？

2. 阀控式蓄电池如何进行均衡充电？

▲ 模块 4　阀控式铅酸蓄电池（VRLA）的运行与维护（Z18E3004Ⅰ）

【模块描述】本模块介绍了阀控式铅酸蓄电池（VRLA）组运行与维护的方法。通过概念介绍和要点分析，掌握阀控式铅酸蓄电池组的基本运行维护知识。

【正文】

阀控式铅酸蓄电池（简称阀控式蓄电池）的使用寿命与生产工艺和产品质量有密切关系，除了这一先天因素以外，对于质量合格的阀控式蓄电池而言，运行环境与日常维护都直接决定了其使用寿命。可见，正确合理的运行与维护对阀控式蓄电池显得尤为重要。

一、阀控式蓄电池对充电设备的技术要求

1. 稳压精度

稳压精度是指在输入交流电压或输出负荷电流这两个扰动因素变化时，其充电设备在浮充电（简称浮充）或均衡充电（简称均充）电压范围内输出电压偏差的百分数。阀控式蓄电池一般都在浮充电状态下运行，每只电池的浮充端电压一般在 2.25V 左右（25℃时）。

2. 自动均充功能

阀控式蓄电池需要定期进行均衡充电，所谓均衡充电就是在原有浮充电的状态下，提高充电器的工作电压，使每只电池的端电压达到 2.3～2.35V。阀控式蓄电池进行均衡充电的目的是为了确保电池容量被充足，防止蓄电池的极板钝化，预防落后电池的产生，使极板较深部位的有效活性物质得到充分还原。

阀控式蓄电池组由多只电池串联组成。由电工学理论可知，在串联电路中通过每只电池的电流是完全相同的，这些电能在充电时大部分使蓄电池有效物质还原；另一部分则在电池内部变成热能被消耗掉。因为每只蓄电池（特别是经过长期使用后的电池）内部的自放电和内阻不可能完全一致，经过一段时间的浮充电或储存，或者经过停电后由电池单独放电，会使每只电池的充电效率不可能完全一致，就会出现部分电池充电不足（出现落后电池）的现象，所以必须进行均衡充电。

3. 温度自动补偿功能

当环境温度在 40～45℃时，浮充电流约为 3000mA。

为了能控制阀控式蓄电池浮充电流值，要求充电设备在温度变化时，能够自动调整浮充电电压，也就是应具有输出电压的温度自动补偿功能。温度补偿的电压值，通常为温度每升高或降低 1℃，其浮充电压就相应降低或升高 3～4mV/只。

4. 限流功能

充电设备输出限流和电池充电限流是两个不同的功能。充电设备的输出限流是对充电设备本身的保护，而电池充电限流是对电池的保护。整流设备输出限流是当输出电流超过其额定输出电流的 105%时，整流设备就要降低其输出电压来控制输出电流的增大，保护整流设备不受损坏。而电池的充电限流是根据电池容量来设定的，一般为 $0.15C_{10}$，最大应控制在 $0.2C_{10}$。整流设备限流电流按式（3-4-1）设定

$$I=N×0.15×C_n+I_0 \tag{3-4-1}$$

式中　N ——浮充电电池并联组数；

　　　C_n ——电池额定容量，Ah；

　　　I_0 ——负荷电流值，A。

5. 智能化管理功能

阀控式蓄电池是贫液式的密封铅酸蓄电池，其对浮充电压、均充电压、均充电流和温度补偿电压都要严格控制。因而对阀控式蓄电池使用环境的变化，均充的开启和停止、均充的时间、均充周期等进行智能化管理就显得非常必要。尤其是阀控式蓄电池在充电时的容量饱和度、电池的剩余容量和使用寿命的检测判定。对阀控式蓄电池充电饱和度的控制有多种方法：

（1）充电终止电流变化率控制。

（2）电压—时间控制法。

（3）安时控制法。

对充电饱和度的控制一般以将电池容量充足而又不过充电为准则。

二、阀控式蓄电池的运行环境对使用寿命的影响

（一）温度对阀控式蓄电池寿命的影响

1. 温度影响电池使用容量

通常，电池在低温环境下放电时，其正、负极板活性物质利用率都会随温度的下

降而降低，而负极板活性物质利用率随温度下降而降低的速率比正极板活性物质随温度下降而降低的速率要大得多。如在-10℃环境温度下放电时，负极板容量仅达到额定容量的 35%，而正极板容量可达到 75%。因为在低温工作条件下，负极板上的绒状铅极易变成细小的晶粒，其小孔易被冻结和堵塞，从而减小了活性物质的利用率。若电池处于大电流、高浓度、低温恶劣环境下放电，负极板活性物质中小孔将被严重地堵塞，负极板上的海绵状物可能就变成致密的 $PbSO_4$ 层，使电池终止放电，导致极板钝化。

2. 温度影响电池充电效率

倘若在低温下对阀控式蓄电池充电，其正、负极板上活性物质微孔内的 H2SO4 向外界扩散的速度因低温而显著下降，也就是扩散电流密度显著减小，而交换电流密度减小不多，致使浓差极化加剧，导致充电效率降低。另外，放电后正、负极板上所生成的 $PbSO_4$ 在低温下溶解速率小，溶解度也很小，在 $PbSO_4$ 的微细小孔中，很难使电解液维持最小的饱和度，从而使电池内活性物质电化反应阻力增加，进一步降低了充电效率。

3. 温度影响电池自放电速率

阀控式蓄电池的自放电不仅与板栅材料、电池活性物质中的杂质和电解液浓度有密切关系，还与环境温度有很大关系。

阀控式蓄电池自放电速率与温度成正比，温度越高，其自放电速率就越大。在高温环境下，电池正、负极板自放电速率会明显高于常温下的自放电速率。在常温下，阀控式蓄电池自放电速率是很小的，每天自放电量平均为其额定容量的 0.1%左右。温度越低，自放电速率越小，因此低温条件下有利于电池储存。

从式（3-4-2）所给的正极板自放电反应式中可以看出，其自放电反应主要是析氧，伴随着析氧过程损耗 PbO_2 和 H_2O，因此在高温下正极板上自放电速率比负极板上自放电（见式 3-4-3）速率要大得多。

阀控式蓄电池自放电反应式如下：

（1）正极板自放电反应

$$\left.\begin{array}{l} PbO_2 + 2H + + H_2SO_4 + 2e \rightarrow PbSO_4 + 2H_2O \\ 2H_2O \rightarrow O_2 + 4H + +4e \end{array}\right\} \qquad (3-4-2)$$

（2）负极板自放电反应

$$\left.\begin{array}{l} Pb + HSO_4 \rightarrow PbSO_4 + H + +2e \\ 2H + +2e \rightarrow H_2 \end{array}\right\} \qquad (3-4-3)$$

4. 温度影响电池极板使用寿命

温度对电池极板使用寿命影响很大，尤其当阀控式蓄电池在高温下使用时，根据式（3-4-2）可知，电化反应越剧烈，其自放电现象越严重，这样会导致正极板的使用寿命被缩短。

另外，阀控式蓄电池极板腐蚀速度及活性物质软化膨胀程度都随温度升高而增大。在以温度 T 为加速应力时，极板寿命 η 和温度 T（℃）的关系如下

$$\eta = Ae^{\frac{E}{KT}}$$
$$\ln\eta = \ln A + E/(KT)$$

（3-4-4）

式中　E——活化能；

　　　K——波尔兹曼常数；

　　　A——常数。

式（3-4-4）称为 Arrhenius（阿伦钮斯）方程，从式中可以看出，环境温度与极板使用寿命成反比，即环境温度越高，阀控式蓄电池的使用寿命就越短。阀控式蓄电池寿命与环境温度的关系曲线见图 3-4-1。

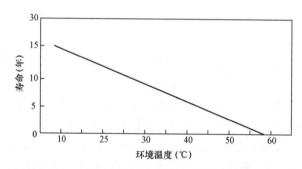

图 3-4-1　阀控式蓄电池寿命与环境温度的关系曲线

（二）过放电对阀控式蓄电池使用寿命的影响

所谓过放电就是指阀控式蓄电池在放电终了时还继续进行放电。

1. 阀控式蓄电池放电终了的判断

判断阀控式蓄电池组在放电终了时的标志主要有两个：

（1）当阀控式蓄电池组在放电时，以放电端电压最低的一个电池为衡量标准，其端电压到达该放电小时率所对应的终了电压，这时就认为该蓄电池组的放电已经终了，必须立即停止该蓄电池组的放电。

（2）当阀控式蓄电池的放电容量已经到达该放电小时率的标称额定容量时，就认为该蓄电池组的放电已经终了，必须立即停止该蓄电池组的放电。

2. 过放电对电池极板的影响

过放电使正、负极板上生成的 $PbSO_4$ 结晶颗粒变粗，从而使电化学极化增大，导致极化电阻的增大。同时电解液密度随着过放电的深入而迅速减小，导致阀控式蓄电池内阻急剧增大。

根据欧姆定律，有

$$U=E-IR \qquad\qquad (3-4-5)$$

式中　U——电池端电压，V；

$\quad\quad E$——电池电动势，V；

$\quad\quad I$——放电电流，A；

$\quad\quad R$——电池内阻，Ω。

从式（3-4-5）中可以看出，由于内阻的急剧增大，会使电池内压降急剧上升，从而使端电压急剧下降。

另外，过放电所生成的 $PbSO_4$ 结晶颗粒变粗，会使极板膨胀，甚至变形。而这种粗颗粒的 $PbSO_4$ 结晶，在充电时不能完全还原成有效的活性物质 PbO_2（正极）和绒状 Pb（负极）。尤其是负极板中的活性物质将会发生硫酸盐化，导致电池容量降低。

3. 过放电容易造成电池反极

蓄电池在运行中是串联成组的，当电池过放电时，整组电池中就会有某只甚至几只电池不能输出电能，而不能输出电能的电池又会吸收其他电池放出的电能。由于整组电池是由每只电池串联起来的，这样吸收电能的电池就会被反向充电，造成电池极板的反极，导致整组电池的输出电压急剧下降。对电池而言，由于反极，在充电时正、负极板上原有的活性有效物质难以完全还原，使活性物质的有效成分减少，造成电池容量下降。

（三）过充电对阀控式蓄电池寿命的影响

充电所需的时间由蓄电池放电深度、充电电压的高低、限流值选择的大小和电池充电时的温度，以及充电设备的性能等因素决定。所谓过充电，就是电池被完全充电后，即正、负极板上的有效活性物质已经被完全还原，而仍继续充电。过充电的程度与充电电压和充电电流的大小成正比，同时也与充电的温度和充电时间成正比。

1. 过充电与电化反应

正常充电时的化学反应方程式为

$$PbSO_4 + 2H_2O + PbSO_4 \rightarrow PbO_2 + 2H_2SO_4 + Pb$$

（正极）　（电解液）　（负极）　　（正极）　（电解质）　（负极）

当阀控式蓄电池的充电接近完全充电时的电化反应主要是水的电解，反应式为

$$2H_2O \rightarrow O_2 \uparrow +4H^+ +4e$$

分析上述反应，正极上产生氧气的速度大于氧气通过负极进行氧复合成水的速度，随着正极氧气的溢出，使蓄电池内电解液中的水减少，电解液的密度增加，正极板栅腐蚀加剧。同时，由于过充电所产生的气体对极板活性物质的冲击，造成有效物质脱落，使极板容量减小。

2. 过充电与温升的关系

过充电会使阀控式蓄电池的温度很快升高。其主要原因是阀控式蓄电池内部存在氧循环，氧气与负极的复合过程中生成 PbO，并产生热能。阀控式蓄电池内部由于无流动的电解液，加之采用紧密装配，充电反应中产生的热量难以散发，容易导致电池温度升高，甚至会造成热失控。热失控将会使端电压急剧降低，危及安全供电，同时使电池迅速失水，使隔膜内电解液很快干涸，最终使电池失效。

（四）浮充电压对阀控式蓄电池使用寿命的影响

1. 浮充电压设置偏低的影响

浮充电压设置偏低，会影响电池容量饱和度。浮充电压偏低，时间长了就会造成电池的欠充，导致电池容量下降。当阀控式蓄电池放电后，由于浮充电压偏低造成充电不足，使正、负极板上的有效活性物质不能充分还原，影响了电池容量饱和度。

另外，如果浮充电压长期偏低，加上阀控式蓄电池的自放电，导致电池亏损，使正、负极板上的有效活性物质减少。如果不及时纠正，将会使正极板上的有效活性物质钝化，负极板上的有效活性物质硫酸盐化，造成电池容量迅速下降。

2. 浮充电压设置偏高的影响

浮充电压设置过高，会加剧正极板栅的腐蚀。板栅腐蚀速度与浮充电压成正比，过高的浮充电压，会使阀控式蓄电池内盈余气体增多，影响氧再化合效率，使板栅腐蚀加剧，从而会使电池提前损坏。

3. 浮充电压与浮充寿命

阀控式蓄电池的使用寿命包括电池的充放电循环寿命和电池浮充寿命两个方面。电池的充放电循环寿命取决于极板的厚度、板栅材料以及制造工艺，这是先天质量所决定的。而浮充寿命直接由运行环境所决定，除了温度对浮充寿命有较大影响外，浮充电压同样对浮充寿命起到较大的作用。

4. 浮充电压与极板寿命

过大的浮充电压，必然导致较大的充电电流。由于正极周围析氧速率增大，一方面会使电池内盈余气体增多，使电池内压升高；另一方面，滞留在正极周围的氧会窜入正极板 PbO_2 内层，引起板栅氧化腐蚀。同时，活性物质小孔内 H^+ 骤增而提高了电解液浓度，使正极板腐蚀加速。板栅腐蚀会引起板栅变形而增长，造成活性物质与板栅剥离，缩短极板寿命。

5. 阀控式蓄电池容量测试

蓄电池容量就是指电池在一定放电条件下的荷电量。由于受密封结构所限，阀控式蓄电池不像普通铅酸蓄电池那样，可以观察电池内正、负极板的情况，测量电解液密度，除能测量端电压外，要想了解电池的实际荷电量，必须进行容量检测。

三、阀控式蓄电池的运行及维护

1. 阀控式蓄电池的运行及维护

（1）阀控式蓄电池组正常应以浮充电方式运行，浮充电压值应控制在 2.23～2.28V×N，一般宜控制在 2.25V×N（25℃时）；均衡充电电压宜控制在 2.30～2.35V×N。

（2）运行中的阀控式蓄电池组，主要监视项目为蓄电池组的端电压值、浮充电流值、每只单体蓄电池的电压值、运行环境温度、蓄电池组及直流母线的对地电阻值和绝缘状态等。

（3）阀控式蓄电池在运行中电压偏差值及放电终止电压值，应符合表 3-4-1 的规定。

表 3-4-1　阀控式蓄电池在运行中电压偏差值及放电终止电压值的规定

阀控式密封铅酸蓄电池	标称电压（V）		
	2	6	12
运行中的电压偏差值	±0.05	±0.15	±0.3
开路电压最大、最小电压差值	0.03	0.04	0.06
放电终止电压值	1.80	5.40（1.80×3）	10.80（1.80×6）

（4）在巡视中应检查蓄电池的单体电压值，连接片有无松动和腐蚀现象，壳体有无渗漏和变形，极柱与安全阀周围是否有酸雾溢出，绝缘电阻是否下降，蓄电池通风散热是否良好，温度是否过高等。

（5）阀控式蓄电池的浮充电电压值应随环境温度变化而修正，其基准温度为 25℃，修正值为±1℃时 3mV，即当温度每升高 1℃，单体电压为 2V 的阀控式蓄电池浮充电电压值应降低 3mV，反之应提高 3mV。阀控式蓄电池的运行温度宜保持在 5～30℃，最高不应超过 35℃。

2. 阀控式蓄电池组的充放电

（1）恒流限压充电。采用 I_{10} 电流进行恒流充电，当蓄电池组端电压上升到 2.3～2.35V×N 限压值时，自动或手动转为恒压充电。

（2）恒压充电。在 2.3～2.35V×N 的恒压充电方式下，I_{10} 充电电流逐渐减小，当

充电电流减少至 $0.1I_{10}$ 电流时，充电装置的倒计时开始启动，当整定的倒计时结束时，充电装置将自动或手动转为正常的浮充电方式运行。浮充电电压值宜控制在 2.23～2.28V×N。

（3）补充充电。为了弥补运行中因浮充电流调整不当造成的欠充，根据需要可以进行补充充电，使蓄电池组处于满容量。其程序为：恒流限压充电—恒压充电—浮充电。补允充电应合理掌握，确在必要时进行，防止频繁充电影响蓄电池的质量和寿命。

（4）阀控式蓄电池的核对性放电。长期处于限压限流的浮充电运行方式或只限压不限流的运行方式，无法判断蓄电池的现有容量、内部是否失水或干枯。通过核对性放电，可以发现蓄电池容量缺陷。

1）一组阀控式蓄电池组的核对性放电。全站（厂）仅有一组蓄电池时，不应退出运行，也不应进行全核对性放电，只允许用 I_{10} 电流放出其额定容量的 50%。在放电过程中，蓄电池组的端电压不应低于2V×N。放电后，应立即用 I_{10} 电流进行限压充电—恒压充电—浮充电。反复放充 2～3 次，蓄电池容量可以得到恢复。若有备用蓄电池组替换时，该组蓄电池可进行全核对性放电。

2）两组阀控式蓄电池组的核对性放电。全站（厂）具有两组蓄电池时，则一组运行，另一组退出运行进行全核对性放电。放电用 I_{10} 恒流，当蓄电池组端电压下降到1.8V×N 时，停止放电。隔 1～2h 后，再用 I_{10} 电流进行恒流限压充电—恒压充电—浮充电。反复放充 2～3 次，蓄电池容量可以得到恢复。若经过 3 次全核对性放充电，蓄电池组容量均达不到其额定容量的 80%以上，则应安排更换。

3）阀控式蓄电池组的核对性放电周期。新安装的阀控式蓄电池在验收时应进行核对性充放电，以后每 2～3 年应进行一次核对性充放电，运行了 6 年以后的阀控式蓄电池，宜每年进行一次核对性充放电。备用搁置的阀控式蓄电池，每 3 个月进行一次补充充电。

四、阀控式蓄电池的巡视和检查

（1）运行中的阀控式蓄电池，电压偏差值及放电终止电压值，应符合表 3-4-1 的规定。

（2）在巡视中应检查蓄电池的单体电压值，连接片有无松动和腐蚀现象，壳体有无渗漏和变形，极柱与安全阀周围是否有酸雾溢出，绝缘电阻是否下降，蓄电池温度是否过高等。

（3）备用搁置的阀控式蓄电池，每 3 个月进行一次补充充电。

（4）阀控式蓄电池的温度补偿系数受环境温度影响，基准温度为25℃时，每下降1℃，单体 2V 阀控式蓄电池浮充电电压值应提高 3～5mV。

五、阀控式蓄电池的清洁工作

每次充电后应进行一次擦洗工作，每周要在蓄电池室内全面彻底进行一次清扫。

（1）用干净的布在 1%的苏打溶液中浸过之后，擦拭容器表面、木架、支持绝缘子和玻璃盖板，再把布用水冲洗至无碱性溶液之后，擦去容器表面、木架、支持绝缘子和玻璃盖板上碱的痕迹。擦布用过之后，洗净晾干，下次再用。

（2）用湿布擦去墙壁和门窗上的灰尘。

（3）用湿拖布擦去地面上的灰尘和污水。

【思考与练习】

1. 阀控式蓄电池组的巡视项目有哪些？

2. 温度的高低对阀控式蓄电池有什么影响？

3. 浮充电电压对阀控式蓄电池使用寿命的影响有哪几方面？

◢ 模块 5　配电终端工作电源的运行与维护（Z18E3005Ⅱ）

【模块描述】本模块介绍了配电终端工作电源的运行与维护的方法。通过要点分析、案例介绍、图形示意操作方法，综合测试多种型号蓄电池组的充、放电特性，掌握配电终端失去电源后常见异常及缺陷的处理方法。

【正文】配电终端的工作电源既为各种控制、自动装置、信号等提供可靠的工作电源，还为操作系统提供可靠的电源。当主供电源失去时，还要作为应急的后备电源。因此，配电终端的工作电源系统在整个终端的运行中的作用显而易见，所以要加强充放电设备和蓄电池的运行和维护工作。

一、配电终端电源

配电终端的组成：配电终端电源回路一般由保护回路、双路电源切换、整流回路、电源输出、充放电回路、后备电源等构成。

配电终端电源的主要功能：按照蓄电池充放电曲线对蓄电池进行均充/浮充控制，实现低压告警、欠压保护切除、活化等功能；提供两路工作电源的监视功能，异常时产生相应电源回路失电告警信号；备用电源电压监视功能，电压过低时产生低压告警信号以及欠电压保护切除。

1. 防雷回路

为了防止外部雷击和内部过电压的影响，一般配电终端电源回路必须具备完善的防雷措施，通常在交流进线安装电源滤波器和防雷模块。

2. 双电源切换

为了提高配电终端电源的可靠性，在提供双路交流电源的场合，需要自动进行双路交流电源的切换。正常工作时，一路电源作为主供电源供电，另一路作为备用电源。

3. 整流回路

将交流电转换成直流电的回路。

4. 电源输出回路

将来自整流回路或蓄电池的直流电转换成不同的电压等级，给测控单元、通信终端以及开关操作机构供电，具备外部输出短路保护功能。

5. 充放电回路

充电回路为蓄电池提供充电电流，在蓄电池容量缺额较大时，首先采用恒流充电，在电池电压达到额定电压后采用恒压充电档时，当充电完成时，转为浮充电方式。放电回路具有电池活化功能，定期对蓄电池进行活化。

6. 后备电源

配网系统中发生故障或者停电期间，配电自动化终端和开关将会失去工作电源和操作电源，就无法将线路信息和故障信息传递至自动化主站，为了保证配电自动化系统实现故障判断、隔离故障区域、恢复非故障区域的供电的功能，就必须为终端和开关配备可以应急的后备电源。目前后备电源通常采用蓄电池，一般要求能够维持配电终端盒通信终端工作 8h 以上，并能够满足开关分合闸操作不少于 3 次。

二、后备电源的种类

1. 铅酸蓄电池

铅酸蓄电池（见图 3-5-1）的电极是由铅和铅的氧化物构成，电解液是硫酸的水溶液。主要优点是电压稳定、价格便宜。铅酸蓄电池一般适宜的工作温度是 10～35℃，温度过高时，导致浮充电流增加，使蓄电池处于过充状态，造成蓄电寿命缩短。温度过低时，会使电池电解液流动性降低，化合反应变缓，从而导致输出容量降低。在铅酸蓄电池的基础上又出现了免维护蓄电池，免维护蓄电池由于自身结构上的优势，电解液的消耗量非常小，在使用寿命内基本不需要补充蒸馏水。它还具有耐震、耐高温、体积小、自放电小的特点。使用寿命一般为普通蓄电池的两倍。

2. 锂电池

锂电池（见图 3-5-2）是一类由锂金属或锂合金为负极材料、使用非水电解质溶液的电池。锂电池的寿命比铅酸蓄电池长，但制造成本较高，而且大容量锂电池技术成熟度与安全性还有待考证。锂电池主要应用于空间狭小，容量要求不大的设备。

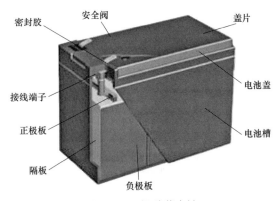

密封胶　安全阀　盖片
接线端子
正极板
隔板
负极板
电池盖
电池槽

图 3-5-1　铅酸蓄电池

3. 超级电容器

超级电容器（见图 3-5-3）是一种新型储能装置，它具有充电时间短、使用寿命长、温度特性好、节约能源和绿色环保等特点。已经在电动车、太阳能等领域大量使用，在电力设备后备电源中也有不少应用。相对于蓄电池，超级电容的输出容量受充放电方式的影响较小。标称的使用寿命可以长达 10 年。使用寿命受环境高温影响，但制造成本较高。表 3-5-1 为常见电池充放电、短路、温度及应用特性。

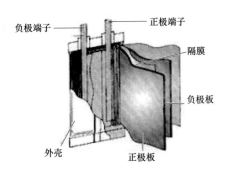

负极端子　正极端子
隔膜
负极板
外壳
正极板

图 3-5-2　锂电池

图 3-5-3　超级电容器

表 3-5-1　　　　　常见电池充放电、短路、温度及应用特性

特性分类	铅酸电池	锂电池	超级电容器
充放电特性	可逆性好，允许过充过放电； 放电时输出电压较稳定	必须有充放电保护； 过充会造成电池温度升高甚至爆炸，过放会损坏电池	在其额定电压范围内可以被充电至任意电位，且可以完全放出，可以快速充电； 无法使用交流电,必须配置专用充电器

续表

特性分类	铅酸电池	锂电池	超级电容器
短路特性	内阻小，大电流放电特性好； 10 倍额定容量值电流短时放电	内阻大，不易输出大电流，短路时会造成电池温度升高甚至爆炸； 最大放电电流不大于 2 倍额定容量值	峰值电流仅受其内阻限制，甚至短路也不是致命的； 频繁充放电可能使温度升高而损坏
温度特性	高温 50℃时容量基本不损失； 高温下电池寿命急剧下降； 低温–20℃时容量损失45%	高温 60℃时容量基本不损失； 低温–20℃时容量损失 40%	长期处于高温状态可能会损坏； 超低温特性好，可工作于–30℃的环境中
应用	循环寿命 300 次，寿命3～5 年； 液体电解质，有毒； 设计用于放电速率高、短时间内要求输出高电能量的场合	循环寿命 800 次，寿命3～5 年； 胶态电解质，轻毒； 设计用于安装空间受限的场合； 注：不可直接用于高放电应用、需大电流输出的场所，如开关柜遥控操作等	深度充放电循环使用次数可达 1～50 万次； 产品原材料构成、生产、使用、储存以及拆解过程均没有污染

三、蓄电池的异常缺陷和处理

（1）蓄电池壳体异常。

造成的原因：充电电流过大、充电电压过大，内部短路或局部放电、温升超标、控制阀失灵等。

处理方法：减小充电电流、降低充电电压，检查安全阀门是否堵死。

（2）运行中浮充电压正常，但一放电，电压很快下降到终止电压，原因是蓄电池内部失水干涸、电解物质变质。处理方法是更换蓄电池。

（3）大多数免维护蓄电池在盖上设有一个孔形液体比重计，它会根据电解液比重的变化而改变颜色。可以指示蓄电池的存放电状态和电解液液位的高度。当比重计的指示眼呈绿色时，表明充电已足，蓄电池正常；当指示眼绿点很少或为黑色，表明蓄电池需要充电；当指示眼显示淡黄色，表明蓄电池内部有故障，需要修理或进行更换。

【思考与练习】

1. 简述配电终端电源的组成部分。

2. 简述配电终端后备电源的参数要求。

3. 简述配电终端后备电源的种类及优缺点。

第二部分

主站/子站的维护与调试

第四章

平台服务系统维护与调试

▲ 模块 1　终端设备调度命名、编号变更与维护 （Z18F1001 Ⅰ）

【模块描述】本模块介绍终端设备调度命名、编号变更与维护，通过举例讲解、图例分析设备命名规则与变更原则，掌握终端设备调度命名、编号变更与维护方法和要求。

【正文】

针对配网建设和改造的频繁情况，配电网络模型动态变化处理机制（红黑图机制）解决现实模型和未来模型的实时切换和调度问题。

一、红黑图机制

城市建设、道路扩建和改造使配电网络系统经常发生变化，配电调度人员需要对同一时刻发生变化的网络模型下出调度指令。为了拟定具体的线路改造计划，配电运行人员需要对同一条线路在改造前后的情况进行比较。一般我们将直接打印出来的反映现实接线方式的黑白图称为"黑图"，而在黑白图纸上用红色记号笔进行标记的反映未来接线方式的图纸称为"红图"。红黑图就是为了反应配网网络模型的动态变化过程。

黑图：配电调度正在使用的现场调度图形，反映了配网当前的网络结构和运行状态。

红图：配电线路改造后调度准备使用的图形，反映了配网系统未来的网络结构。

二、红黑图的主要功能

通过红黑图反映配电系统网络模型的动态变化过程。

支持红图投运、设备投运、设备退役等操作方式。

在红图投运后，自动用红拓扑覆盖黑拓扑，使未来模型拓扑和现实模型拓扑一致。

配电自动化具有红图模拟操作、黑图模拟操作以及实时操作三种模式。图 4-1-1 为实时操作黑图，图 4-1-2 为红色模拟操作图，图 4-1-3 黑色模拟操作图。

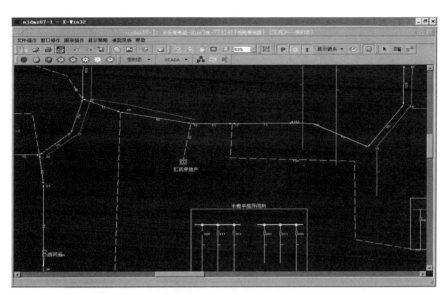

图 4-1-1　实时操作黑图

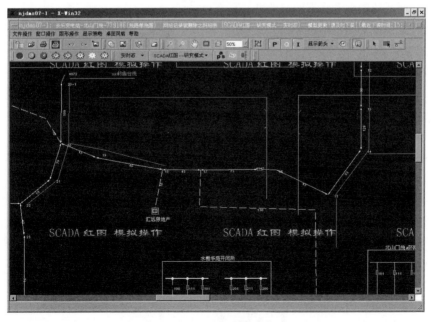

图 4-1-2　红色模拟操作图

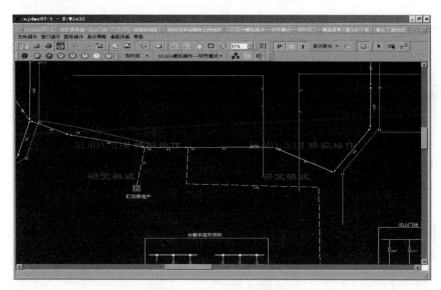

图 4-1-3 黑色模拟操作图

配电模拟操作系统支持红黑图功能，使配网调度管理系统与 GIS 通过流程确认机制，保证两系统的设备状态的一致性。

三、配网设备图模标准化流程及要求

（1）设备变更投运前 7 天内绘制待变更设备的红图。

（2）经配电运检单位班长一审合格后提交配调检修计划专职。

（3）配调检修计划专职二审合格后转调度台等待投运，应保证红图的审批流程、时限与设备变更单审批同步。配调检修计划专职发现红图和设备变更单不相符，可加批注并退返绘图人员。

（4）绘图人员须在设备投运前 3 个工作日内完成修改工作再次报送配调检修计划专职。

1）设备投运当天，调度台将红图转为黑图，配电运检单位在规定的工作日内完成修改后入库。

2）若发现设备实际变更情况和红图有不符之处，调度台加批注并退返绘图人员，绘图人员须在设备投运当天完成修改工作再次报送。

（5）设备变更投运后，配电运检单位应在 2 个工作日内完成图资录入完善工作，提交配电运检单位班长审核。

（6）配电运检单位班长 1 个工作日内完成图资审核工作；配电运检单位班长审核通过后，提交配电运检单位分管领导在 1 个工作日内完成批准入库。典型配网设备图模标准化流程见图 4-1-4。

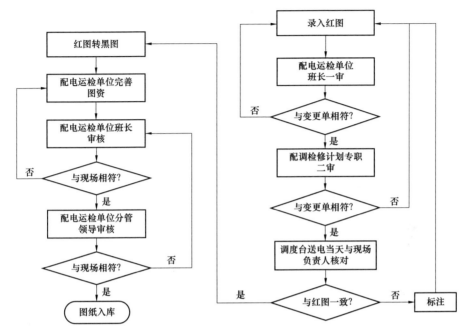

图 4-1-4　典型配网设备图模标准化流程

【思考与练习】

1. 什么叫黑图？

2. 什么叫红图？

3. 简述红黑图的主要功能。

▲ 模块 2　配电网络拓扑图的使用和维护（Z18F1002Ⅱ）

【模块描述】 本模块介绍配电网络拓扑图维护的使用及维护。通过要点归纳和方法讲解主站及相关系统（GIS、PMS 等）与现场设备的网络拓扑关系（一次主接线图）、调度命名、编号的一致性，遥信、遥控、遥测等配置信息的准确性。掌握配电网络拓扑图维护的方法和要求。

【正文】

一、网络拓扑的定义和基本功能

1. 定义及术语

网络拓扑（TOP）又称网络结构分析。

2. 基本功能

配电网络拓扑根据配电系统中断路器、开关以及其他设备的开合状态和电网一次接线图，及时修正系统中各种元件（线路、变压器、环网柜等）的连接状态，将电网一次接线图转化成一种拓扑结构。用拓扑结果可以标出电网元件的带电部分和停电部分，并跟踪着色，用直观方式表示网络元件的运行状态和网络接线的连通。

（1）层次模型。如图 4-2-1 所示的配电网的拓扑结构是有设备属性和设备间的逻辑连接关系组成，将配电网整体分成厂站层、线路网络。其中线路网络层又在逻辑上分为双层树结构，上层树结构表示出线断路器、分段开关、联络开关的逻辑连接关系，下层树结构表示负荷节点以及负荷节点与邻近开关的逻辑关系。

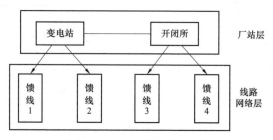

图 4-2-1 配电网的层次模型

厂站层包括变电站、开闭所以及母线、断路器等设备。线路网络层包括馈线，大量分段开关、联络开关和负荷。变电站层设备相对较少，设备及其状态决定了变电站的接线形式和运行状态。配电网中大部分设备都连接在馈线段上，馈线网络层是一个十分庞大的网络。根据这个特点，把出线断路器、负荷开关（分段开关）、联络开关和负荷变压器看作节点，从而把馈线分成了许多馈线段，给配电网的分析带来了方便。为此，把线路网络层又分为两层树结构，如图 4-2-2 所示。

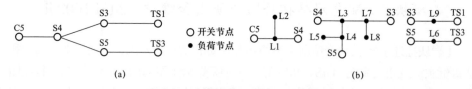

图 4-2-2 线路网络层的两层树结构
（a）配电网的上层树结构 （b）配电网的下层树结构

1）配电网层次模型的特点是，它可以清楚地表示配电网络中各元件的属性和连接关系，为配电网的拓扑分析打下了良好的基础。

2）由于设备进行了分层处理，当设备状态发生改变时，可以快速方便的定位和处理。

3）用此方法表示的配电网结构可以作为恢复程序的统一的数据表示，无论是失电区域供电路径的搜索，还是对配电网进行潮流计算等都不需要对配电网做其他的分析，只需要在此结构上处理即可。

（2）中压配电线路模型。配电网拓扑分析主要是分析设备之间的连接关系，可以不考虑三相不平衡，采用一条线路等值。将馈线看作是设备的集合，不考虑杆塔、基础、拉线、横担等，仅考虑导线、柱上变压器、柱上断路器、隔离开关、跌落式熔断器、无功补偿装置等。

对于中压配电线路，IEC 61968/61970 CIM 模型中早期采用 Feeder，后来改用 Circuit，馈线的模型参见图 4-2-3。

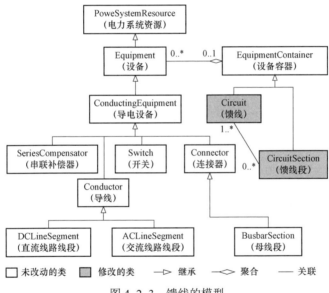

图 4-2-3 馈线的模型

1）IEC 61968/61970 CIM 将 Circuit（馈线）、Circuit Section（馈线段）属于 Informative 包，作为参考部件使用，这里将馈线、馈线段从设备容器（Equipment Container）继承，包含相应的设备，作为必要的部件使用。馈线通常由分段开关将整条线路分成几段馈线段。馈线段是各开关设备之间的线路段，是馈线工作时停电的最小线路范围。馈线是断路器、分段开关、馈线段的集合。

2）从配电网管理的角度来看，馈线不包括变电站的出线开关，通常从变电站外的 1 号杆开始算起，为分析方便，将出线开关看作是馈线的组成部分。同理，将连接两条线路的联络开关（或者起联络作用的环网柜）单独进行分析处理。

二、基于图形数据库的网络拓扑分析方法

由于图形数据库能够存储海量节点，并且节点的数量对于拓扑分析只有很轻微的影响，此种特性决定了其非常适合电力网络拓扑分析，理论上能够将电力网络分析的性能指标提高几个数量级。

按照国际通用的 CIM 模型，电网拓扑分析即是将厂站内的开关组合成节点集合，并根据网络中的支路（包括线路、母线、变压器等）的连接关系将电气网络拓扑图描述为一个点和关系组成的集合，每个点和关系都有自己的属性，具体描述规则如下：

（1）点：表示一个实体；如开关等电气设备。

（2）边：表示关系，点和点之间的连接关系，通常是有方向性的，如某个电气设备 A 和电气设备 B 之间是单向连通的，则表示为 A〉B；如果 A 和 B 之间是双向连通的，则表示为 A〈〉。

（3）属性：表示点和边具备的属性，如设备的名称、电气特性、配置信息，这些属性可动态设置，不受限制。

以下实例说明如何描述设备之间的关系，图 4-2-4 为一个配电站所中常用的母线之间的连通图。

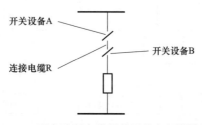

图 4-2-4 配电站所中常用的母线之间的连通图

（1）开关 A 为开合式开关，有两个状态（开、合），为方便拓扑分析，将 A 拆分为两个节点 A0、A1，其属性都为 A，A0 和其中 A 一端的设备相连，A1 则和另一端的设备相连，这些相邻关系都表示为关系存储在图形数据库中，当 A 为闭合状态时，只需将 A0 和 A1 连通，如果处于断开状态，则 A0 不和 A1 连通。

（2）开关设备 B 拆分为 B0、B1，如果为断开状态，则 R0 关系连接属性，R0 其连接节点为 B1、A0，当 A 处于连通状态时，R0 的连通属性也设为连通，表 4-2-1 可表述三个设备之间的拓扑关系。

表 4-2-1 　　　　　　　　　　表述三个设备之间的拓扑关系

节点名称	所属设备	开合状态	连接电缆
A0	开关 A	开	开关 A 另一端电缆 （未列出）
A1	开关 A	开	R
B0	开关 B	开	R
B1	开关 B	开	开关 B 另一端连接电缆 （未列出）
R0	连接电缆 R	合	

以此类推，每个设备有几种设备状态即可拆分为多个节点，三相设备即有三个节点，然后将每种设备与外界连接的设备表述为关系即可，用此种描述规则可将网络中所有的设备和连接关系进行表示，所有的设备描述信息都变为节点和关系的属性，并存储到图形数据库中。

三、配网自动化主站与其他系统的关系

1. 配网自动化主站与 GIS 的关系

地理信息系统（GIS）作为对地域空间分布相关的地理数据及其属性数据进行采集、存储、管理、分析的软件系统和开发工具，是一个图形与数据的系统，它不仅能将所需要的数据更形象、更直观地与图形紧密联系起来，而且能把结果以图形的方式显示出来，这给管理决策人员以科学、更直观、更准确、更及时地制定计划、处理问题提供了依据。

配电自动化主站从 GIS 系统导入中压配网信息，并在配电自动化主站系统完成模型拼接，构建完整的配网分析应用模型。配电自动化主站通过终端设备采集的实时信息用于支持配电 GIS 的实时化，实现了相关业务办理流程管理、停送电管理等功能，保证了配网消息的规范性、准确性和完整性。

2. 配电自动化主站与营销管理系统的关系

配电自动化主站从营销管理信息系统中获得低压公用变压器和低压专用变压器用户相关信息、低压配电网（380V/220V）的网络拓扑、相关设备参数和运行数据，为营销管理信息系统提供有关的配网系统的检修、故障等各类信息以及资料，为营销部门的用电查询和业扩报装等提供支持，促进了营销部门的管理水平和对用户的服务水平。

3. 配电自动化主站与调度自动化系统的关系

配电自动化主站从调度自动化系统获取高压配电网（包括 35、110kV）的网络拓

扑、相关设备参数、实时数据和历史数据等，还与其进行采集信息、用户信息、地理信息的相互补充。

4. 配电自动化主站与生产管理系统（PMS）的关系

PMS 系统是国网江苏省电力公司统一开发，以实用化为目的，以精细化、集约化管理为方向，坚持资产（设备）全寿命周期管理的理念，以设备管理为主线，以生产业务流程化管理为载体，优化管理流程、细化业务管理，充分运用信息技术手段加强生产过程的管理和控制，同时以生产管理信息化来推进生产管理工作的流程化、标准化，促进生产效率和管理水平的提高。配电自动化主站从生产管理系统（PMS）获取中压配电网（包括 10、20kV）的相关设备参数、配电网设备计划检修信息和计划停电信息等。

四、调度命名、编号的一致性

配网建设、改造频繁和配网规模较大的现实情况，采用配电网络模型动态变化处理机制（又称红黑图机制）解决现实模型（黑图）和未来模型（红图）的实时切换和调度问题，实现配电自动化系统与 PMS 系统间的流程化业务管理。红黑图机制真实反映了配电网模型的动态变化过程和追忆，实现了投运、未运行、退役全过程的设备生命周期管理。

五、拓扑信息的准确性

配电自动化涉及范围非常广，信息量巨大。不但有大量的 DTU/FTU/TTU 采集的实时信息，还要从其他应用系统中获取大量的其他信息。因此如何保证配电自动化系统与其他应用系统间的实时、非实时的信息交互和交换成了关键问题。

一般按照传统的方法，各系统间都是一对一的接口，不但接口数量巨大，具体的实现形式多样，而且维护的工作量巨大。为了有效地解决这些问题，现在普遍采用基于 IEC 61968/61970 标准的配网信息交互总线。采用标准接口，将若干个相对独立、相互平行的系统整合起来。各系统间不再直接连接，而是连接到信息系统总线上，通过信息系统总线与其他应用系统进行信息交互，确保了信息交互的灵活性、可靠性、安全性。配电自动化系统与相关应用系统在进行信息交互时采用统一编码，确保各应用系统对同一对象描述的一致性。电气图形和拓扑模型的来源和维护应保持唯一性。

【思考与练习】

1. 简述配电网网络拓扑的基本功能。
2. 简述基于图形数据库的网络拓扑分析方法。
3. 简述配电自动化主站及相关系统拓扑关系。
4. 如何维护拓扑图并保证拓扑信息的准确性？

模块 3　新增终端设备验收报告（Z18F1003Ⅲ）

【模块描述】本模块介绍新增终端设备验收报告。通过填写原则及方法讲解、案例分析，在现场对配电终端的测量、检查、试验技术规范标准，掌握正确出具终端设备验收报告。

【正文】

一、验收报告

（1）工厂验收报告：

1）工厂验收结论。

2）工厂验收测试报告。

3）工厂验收差异汇总报告（同时作为工厂验收遗留问题备忘录；制造单位应对每一项差异提出解决方法和预计解决时间，限期处理完成）。

4）工厂验收大纲。

（2）现场验收报告：

1）现场验收结论。

2）现场验收测试报告。

3）现场验收差异汇总报告。

4）现场验收大纲。

二、现场验收表应用举例

表 4-3-1 为配网自动化建设与改造现场验收记录。

表 4-3-1　　　　配网自动化建设与改造现场验收记录

配电所（中压开关站）：	运行单元编号：	所有柜体制造厂：				
施工单位：	验收人员：	验收日期：				
一、设备验收						
序号	工序	检验项目		性质	质量标准	检验方法及器具	结论
1	屏柜安装	安装位置			按设计规定	对照设计检查	
2		垂直度误差			<1.5mm/m	拉线检查	
3		水平误差	相邻两盘顶部		<2mm		
4			成列盘顶部		<5mm		

续表

序号	工序	检验项目		性质	质量标准	检验方法及器具	结论
5	屏柜安装	盘面误差	相邻两盘边		<1mm		
6			成列盘面		<5mm		
7		盘间接缝			<2mm	用尺检查	
8		固定连接			牢固	用扳手检查	
9		紧固件检查			完好、齐全、紧固	观察检查	
10		底架与基础件连接接地			牢固,导通良好		
11		屏柜接地		重要	柜屏间用截面不小于100mm² 铜排(缆)直接连通,并将每个柜屏用同样截面的铜排(缆)与电缆室的环状专用铜排(缆)可靠连接,屏柜与门用软铜导线可靠连接	观察并导通检查	
12	屏内检查	屏面、屏内设备标识			正确、规范、齐全	对照图纸检查	
13		跳闸连接片			(1)连接片的上方,接至跳闸线圈; (2)连接片在操作过程中与相邻连接片有足够的距离; (3)穿过屏的跳闸连接片导电杆必须有绝缘套,并距屏孔有明显距离	观察检查	
14					标签框在压板下方		
15				重要	唯一对应关系		
16		空气开关			与上一级满足设计、规程要求。交、直流空开不能混用		
17		电缆、网线连接			紧固、美观		
18		屏内接线			正确、牢固、美观、无暗伤		
19		标牌、接线号头		重要	正确、齐全、规范		
20		屏内封堵			美观,无缝隙		
21	TA 检查	一、二次变比检查			符合整定要求	使用相关试验设备开关机构、端子开关机构箱内	
22		极性检查			正确(符合设计要求)		
23		保护、测量使用级别					

续表

序号	工序	检验项目	性质	质量标准	检验方法及器具	结论
24	TA 检查	伏安特性、负载检查		数据正确、符合 10%误差特性要求		
25		接地		一点接地	观察检查	
26		备用 TA		短接、接地		
27		采样、零漂检查	重要	满足规程标准	对照图纸、定值单检查	
28		遥控、遥信、遥测报文		功能、声、光、图、录波正确	试验检查	
29		绝缘检查	重要	对地、回路间 > 10M	使用绝缘电阻表	
30		整组传动（U_e80%）		传动正确	试验检查	
二、资料验收						
1	图纸资料验收	出厂资料	出厂检验报告	重要	内容翔实，数据准确		
2			合格证		标识清楚、有效		
3			设备屏图	重要	与设备相符，工程号正确		
4		图纸	施工图		齐全，目录与实际图纸对应，标识清楚，描绘、说明明确		
5			设计变更通知单		与工程实际相符		
6			可修改的电子版图纸		齐全、准确	察看、清点	
7		试验报告	签名、盖章		清晰	查阅	
8			试验项目	重要	齐全，符合全部校验要求	察看	
9			试验方法		描述清晰，无歧义		
10			试验数据		正确		
11			试验结论		明确		
12		保护运行记录		重要	查阅		
13		备品、备件		质量完好、数量正确	重要		
三、验收总体意见						

总体评价	一、二次设备安装均符合验收要求，资料收集齐全、无遗漏
整改意见	
验收结论	

【思考与练习】

1. 工厂验收报告应注意哪些事项？

2. 现场验收报告应注意哪些事项？

3. 以配电终端现场验收记录报告为例，反映出验收的内容有哪些？

▲ 模块 4　终端设备缺陷、故障处理（Z18F1004Ⅲ）

【模块描述】本模块介绍终端设备缺陷、故障处理方法等。通过故障分析讲解、案例分析终端设备缺陷及测试数据、故障检测等记录，掌握终端设备缺陷、故障处理步骤和方法。

【正文】

一、终端设备遥测信息的异常处理

1. 电压异常的处理

（1）电压外部回路问题的处理。将电压回路的外部接线解开，用万用表直接测量即可判断电压异常是否属于外部回路问题。

（2）内部回路问题的处理。首先要了解电压回路的流程，从端子排到空气开关，再到装置背板。

1）端子排的检查：查看端子排内外部接线是否正确，是否有松动，是否压到电缆表皮，有没有接触不良情况。

2）空气开关的检查：检查电压回路的空气开关是否处于断开状态。

3）线路的检查：空气开关把内部线路分成两段，一段是从端子排到空气开关的上端，另一段时空气开关的下端到测控装置的背板。断开电压的外部回路，将两端内部线路分别用万用表测量下通断，判断是否线路上有问题。

（3）遥测模件问题的处理。当电压采集不正确时，做好安全措施，更换遥测模件。更换模件时，需将设置地址上的拨码开关与旧板上的地址设置一致。

（4）CPU 模件问题的处理。遥测模件采集到的数据最终送到 CPU 模件进行处理，测控装置上遥测异常也可能是因为 CPU 模件问题导致。如果电压回路和遥测模件没问题就更换 CPU 模件。

2. 电流异常的处理

（1）电流外部回路问题的处理。用钳形电流表直接测量即可以判断电流异常是否属于外部回路问题。

（2）内部回路问题的处理。首先要了解电流回路的流程，从端子排直接到装置背板。

1）端子排的检查：查看端子排内外部接线是否正确，是否有松动，是否压到电缆表皮，有没有接触不良情况。

2）线路的检查：在端子排把 TA 外部回路断接，从端子排到装置背部端子用万用表测量一下通断，判断是否线路上有问题。

（3）遥测模件问题的处理。当电流采集不正确时，做好安全措施，更换遥测模件。更换模件时，需将设置地址上的拨码开关与旧板上的地址设置一致。

（4）CPU 模件问题的处理。遥测模件采集到的数据最终送到 CPU 模件进行处理，测控装置上遥测异常也可能是因为 CPU 模件问题导致。如果电流回路和遥测模件没问题就更换 CPU 模件。

3. 有功功率、无功功率、功率因数异常的处理

在监控系统中，有功功率、无功功率、功率因数的采样时根据电压、电流采样计算出来的，所以不存在接线问题。如果电压和电流采样不正确，首先处理电压、电流采样问题。如果电流、电压采样正确，而有功功率、无功功率、功率因数异常，则可能是以下情况：

（1）电流、电压相序问题。检查外部接线是否有相序错误的情况。

（2）CPU 模件计算问题。装置内的有功功率、无功功率、功率因数计算由 CPU 模件处理，如果接线没有问题，就可能是 CPU 模件故障，可以更换 CPU 模件。

4. 频率的处理

频率是在采集电压的同时采集的，如果电压不正常，频率则显示出异常。所以处理频率问题和处理电压问题一样，如果电压没有问题，可以更换 CPU 模件。

二、终端设备遥信信息的异常处理

1. 信号状态错误的处理

（1）外部回路问题的处理。判断信号状态异常是否属于外部回路问题，可以将遥信的外部接线从端子排上解开，用万用表直接对地测量，带正电压的信号状态为 1，带负低压的信号状态为 0。如果信号状态与实际不符，则检查遥信采集回路。

（2）内部回路问题的处理。端子排的检查：查看端子排内外部接线是否正确，是否有松动，是否压到电缆表皮，有没有接触不良。

（3）遥信模件问题的处理。当遥信模件故障，需要断开设备电源，更换遥信模件。因为每个模件都有不同的地址，所以更换模件时，需将设置地址的拨码开关，与旧板的地址设置一致。

（4）遥信电源问题的处理。遥信电源如果没有了会导致设备上所有遥信信号均为 0 状态，此时应该更换遥信电源。

2. 信号异常抖动

由于终端设备现场环境比较复杂，遥信信号有可能出现瞬间抖动的现象，如果不加以去除，会造成系统的误遥信。一般都使用软件设置防抖动时间来去除抖动信号。

三、终端设备的遥控信息异常处理

1. 遥控选择失败的处理

遥控选择是遥控过程的第一步，是由主站或者检测模拟装置向终端设备发送"报文"，如果报文下发设备后，设备无任何反应，说明遥控选择失败了，通常有以下几种可能。

（1）通信中断故障。

1）当通信方式是 RS–485 时，检查通信线缆是否接触不好或者开路现象，若有则更换通信线缆或者将其接触可靠。若线缆没有问题，则检查通信参数设置是否正确，若通信参数正确问题就可能出在通信插件上，需要更换。

2）当通信方式是网络时，将交换机上连接通信中断设备的网线接到另一个指示正常的网口，如果通信恢复了，则交换机端口出现问题，否则就是终端设备的网卡故障。

（2）终端设备处于就地位置。终端设备的面板上有"就地/远方"切换开关，用于控制方式的选择。

（3）CPU 模件故障。关闭设备的电源，更换 CPU 模件。

2. 遥控返校失败的处理

一个正常的遥控过程中，在遥控选择成功后，终端设备会遥控返校。如果返校失败可能有以下情况。

（1）遥控模件故障。遥控模件故障会导致 CPU 不能检测遥控继电器的状态，从而发生遥控返校失败。可以关闭设备电源，更换遥控模件。

（2）设备的"五防"逻辑闭锁。终端设备内部可能设置"五防"规则，当操作条件不满足规则时，遥控返校会失败。逻辑闭锁可以在动态软件内设置。

（3）操作间隔时间的闭锁。为了避免终端设备在短时间内被连续操作分合，设备终端设置了操作时间闭锁。

3. 遥控执行失败的处理

（1）遥控执行继电器无输出。关闭设备电源，更换遥控模件。

（2）遥控执行继电器动作但端子排无输出。检查遥控回路接线是否正常。

（3）遥控端子排有输出但无遥信信号返回。检查通信内部接线，端子排内外部接线是否正确，是否有松动，是否有接触不良情况。

四、终端设备的对时异常处理

1. 广播报文对时失败的处理

广播报文对时方式，主要是利用通信规约中约定的报文对时格式进行对时。如果通信正常，终端设备收到对时报文后，依据通信规约自行处理，修正自己的时间。如果通信不正常，则广播报文对时就会失败。

（1）当通信方式是 RS–485 时，检查通信线缆是否接触不好或者开路现象，若有则更换通信线缆或者将其接触可靠。若线缆没有问题，则检查通信参数设置是否正确，若通信参数正确问题就可能出在通信插件上，需要更换。

（2）当通信方式是网络时，将交换机上连接通信中断设备的网线接到另一个指示正常的网口，如果通信恢复了，则交换机端口出现问题，否则就是终端设备的网卡故障。

2. 脉冲对时失败的处理

（1）对时方式的选择。脉冲对时常用的两种模式：分脉冲和秒脉冲。在接线的时候注意选择，不能接错。

（2）对时节点有源还是无源。无论是分脉冲对时还是秒脉冲对时，均可采用空气节点方式或者有源接点方式，有源接点电压必须和厂家协商配合，才能保证对时准确。

（3）对时节点的电缆不能接错。一个终端设备可以支持多种对时方式，每种对时方式节点各不相同，接线时需注意不能接错。

（4）终端设备对时方式的选择必须正确。终端设备支持多种对时方式，内部有个位码开关进行选择。

3. IRIG–B 码对时失败的原因

（1）对时节点的电缆不能接错。IRIG–B 码对时接线有"+""–"之分，不能接错。

（2）终端设备对时方式的选择必须正确。终端设备支持多种对时方式，内部有个位码开关进行选择。

【思考与练习】

1. 终端设备遥测信息主要由哪些异常情况？

2. 终端设备遥信信息主要由哪些异常情况？

3. 简述终端设备遥控选择失败的常见原因及处理原则。

4. 简述终端设备的对时异常处理方式。

第五章

DSCADA 功能维护与调试

▲ 模块 1　遥测数据类型及其系数换算方法（Z18F2001 Ⅰ）

【**模块描述**】本模块介绍遥测系数。通过概念讲解和举例说明，掌握遥测系数的概念，熟悉遥测的类型，掌握遥测系数的填写和核对以及遥测值换算的方法。

【**正文**】

一、遥测换算

如果现场送来的遥测是原码值，则需要乘以系数来进行遥测数据的换算。系数是原码值还原成一次值的比例关系。

终端发来的遥测类型有三种，分别是计算量、工程量和实际值。

1. 计算量

实际值=原码×系数+基值。在前置遥测定义表的系数域中填写系数和基值。

2. 工程量

实际值=原码×满度值/满码值。在前置遥测定义表的系数域中填写满度值和满码值。

3. 实际值

不计算，直接为终端送的值。

二、案例

1. 选择遥测类型

在前置的通道表遥测类型菜单中选择一个遥测类型，如图 5-1-1 所示。

2. 填写系数

图 5-1-1 包含前置遥测定义表的一条记录，表中参加遥测计算的参数包括系数、基值、满度值（量测上限）、满码值（量测下限）。根据所选通道在通道表中选择的遥测类型，进行遥测计算。

满码值：终端送最大数值的原码值。

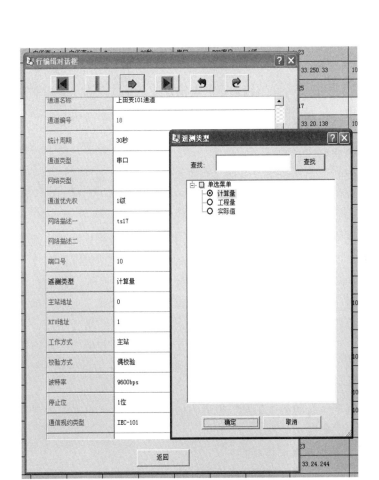

图 5-1-1　遥测类型选择界面

满度值：该遥测量的最大值，满码值和满度值配合使用。比如一个 220 的母线电压，它的满度值 250，它的满码值为 4096，这就意味着终端送 4096 就代表 250。

3. 核对数据

在前置实时数据界面选择终端核对数据。通常界面在左侧树形列表中选择终端和通道，右侧的数据显示界面中按点号排序显示各点的原码值、整型值、遥测值、基值、系数、满码值、满度值等。在此界面上可以核对遥测系数。

【思考与练习】

1. 三种遥测类型的实际含义是什么？

2. 上机练习，掌握数据的换算操作。

▲ 模块 2　遥测数据的调试方法（Z18F2002 Ⅱ）

【模块描述】本模块介绍遥测数据的调试方法。通过方法介绍和举例说明，了解遥测数据的作用，掌握遥测数据调试的步骤和方法。

【正文】

一、遥测数据概述

遥测信息反映电力系统中发电机、变压器和线路的有功功率、无功功率、电流、母线电压、解列区域的频率以及用于统计的电能量和无功电量等，用于确定电网运行状态。

遥测量是配网系统远方监视的一项重要内容。从终端采集的遥测数据，是计算量及其他应用软件的基础。历史数据采样和实时数据追忆，依赖准确可靠的实时遥测数据。遥测量具有多个质量标志。遥测的质量标志包括工况退出、不变化、跳变、无效、越正常上限、越正常下限、越事故上限、越事故下限、越第三上限、越第三下限、越第四上限、越第四下限、非实测值、计算值、取状态估计、被旁路代、被对端代、历史数据被修改、可疑、旁路代异常、分量不正常、置数、封锁等。遥测量的正负与电力系统所规定的正方向有关，DSCADA 系统应有统一的正方向规定。

二、遥测数据的调试方法

可利用前置子系统的测试工具模拟遥测信息，在后台人机界面上观察遥测数据处理是否正确。调试步骤：

1. 前置子系统模拟遥测信息

前置子系统接收遥测后进行合理性的检查，可通过质量标志滤除无效数据，并给出告警，提示出错原因，从而保证所收数据的合理性。

如模拟每发送同一个遥测值前，设置不同的检查条件，观察反应是否正常。

2. 更新 DSCADA 实时数据库

接收前置报文，更新后台实时分布数据库，使得后台也能正确的反映出站端情况。

如模拟发送遥测数据，同时打开前置遥测信息和后台遥测信息，观察是否同步。

3. 在 DSCADA 人机界面上观察结果

调试人员可利用数据库人机界面查看某遥测的处理条件，并在配电站室接线图、遥测监视等画面上观察处理结果是否正确。遥测数据的后台处理主要包括跳变处理、多数据源处理和越限告警处理，并且每种遥测处理都有相应的告警，在系统告警窗上很容易分辨。

（1）跳变处理。当数据的变化超过指定范围时，给出告警。

如可在数据库的事故跳变定义表中定义遥测跳变的判断参数，一般包括跳变方向、跳变门槛、持续时间等。通过修改判断参数及模拟遥测跳变的数据，观察反应是否正确。

（2）多数据源处理，即一个遥测有多个数据来源，在数据库中存在多份定义时，系统可根据各数据源优先级和数据质量进行数据的优选，也可人工选择数据源。

如模拟多个数据来源同时上送，在数据库中设该遥测值多个数据源的不同优先级，后台所看到的数据应该是优先级最高的。

（3）越限告警处理，一般遥测设有上、下限值。为避免反复告警，每一对限值可设置上下限值死区。

如模拟某测点。先使遥测值越上限，则该测点应处于越上限状态；再让该测点值低于上限但仍处于上限值死区范围内，则该测点仍应处在越上限状态；最后让该测点值低于上限值死区，该测点的状态应恢复正常。

【思考与练习】

1. 遥测数据调试方法有哪些？

2. 上机练习，掌握遥测数据的调试方法。

◢ 模块 3　遥信数据的调试方法（Z18F2003 Ⅱ）

【模块描述】 本模块介绍遥信数据的调试方法。通过方法介绍和举例说明，了解遥信数据的作用，掌握遥信数据调试的步骤和方法。

【正文】

一、遥信数据概述

遥信信息反映配网系统中配电站室各断路器、隔离开关状态，变压器分接头位置以及继电保护和自动装置的动作状态等，用于确定电网的拓扑连接关系。

配网系统中的遥信数据处理非常重要，遥信值及其状态是系统其他数据处理的基础，也是系统可靠运行的关键，准确、及时、不丢失变位信息是遥信处理的核心。遥信量具有多种质量标志，包括工况退出、非实测值、事故变位、遥信变位、坏数据、告警抑制、置数、封锁、正常等。

二、遥信数据的调试方法

可利用前置子系统的测试工具，模拟遥信变位，在后台人机界面上观察该遥信变位处理是否正确。

1. 前置子系统模拟遥信信息

（1）前置子系统接收遥信数据后进行极性处理，并发给 DSCADA 应用进行后续处理。

如模拟遥信变位,通过前台人机界面观察能否正确显示。

(2)更新 DSCADA 实时数据库。接收前置报文,更新后台实时数据库。

如模拟发送遥信变位,通过后台人机界面观察信号是否反映出来。

2. 在 DSCADA 人机界面上观察结果

调试人员可利用数据库人机界面查看某遥信的处理条件,并在配电站室接线图、告警窗口等观察处理结果是否正确。遥信数据的后台处理主要包括遥信变位处理、双位置遥信变位处理、事故变位告警处理。

3. 遥信变位处理

收到前置送出的遥信变位信号后,告警窗进行变位报警,画面遥信状态改变。

如在前置机上模拟某遥信变位(由分到合),可以在后台上看到该遥信是否正确变化。

4. 双位遥信变位处理

在终端侧,一个开关的遥信对应开关的常开、常闭两个辅助接点的开关量。

如模拟两个开关量同时为开或同时为闭,可以判断该开关遥信为坏数据。

同时模拟两个开关量,常开为开、常闭为闭或常开为闭、常闭为开,系统能判断出该开关正常遥信变位。

如果收到双位遥信的状态不是在指定时间之内同时变位的,或者只收到了常开或常闭节点变位信号,则按异常变位处理。如先模拟常开节点变位,指定时间后发送常闭节点变位,则以主或辅节点遥信变位处理。

5. 事故变位处理

如模拟事故总信号与开关同时动作(在延时时间内),且事故总信号状态为合,开关状态为分时,判断为事故跳闸。模拟保护信号和与其关联的断路器同时动作(在延时时间内)且开关状态为分,保护信号为合时,判断为事故跳闸。也可以模拟重要开关的分闸信号,可以直接判为事故跳闸。

【思考与练习】

1. 遥信数据的调试方法有哪些?

2. 上机练习,掌握遥信数据的调试方法。

▲ 模块 4　遥控、遥调功能的调试方法(Z18F2004Ⅲ)

【模块描述】本模块介绍遥控、遥调功能的调试方法。通过概念讲解、方法介绍和举例说明，掌握遥控、遥调的概念以及遥控、遥调功能调试的步骤和方法。

【正文】

一、概述

由配电主站向所管辖的配电站室发送的断路器合分闸以及电容器和其他自动装置投切等命令统称为遥控信息，以控制远方的配电设备。

由配电主站向所管辖的配电站室发送的调节电压、变压器分接头以及其他配电设备的远方调节命令统称遥调信息，以改变远方设备的运行工况。

二、遥控、遥调的方法

调试人员可利用 DSCADA 人机界面来测试遥控或遥调功能。在接线图上启动遥控或遥调功能，遵循先选择、校核后执行原则，以避免误操作和通信干扰而产生误码。对遥控、遥调操作必须执行返送校核的信息反馈检错过程。

1. 选择控点

在接线图上用光标选择被控设备，弹出控制菜单。

2. 选择控制操作和输入参数

控制菜单中对开关控制可选开或合。对变压器抽头控制需输入档位。

3. 发出控制命令

当确认选择的控制和控制参数无误后，发出控制命令。也可在发出控制命令前中断控制过程。

4. 返送校核后执行

当对终端返送的信息校核确认无误，方可发出控制执行命令，否则中断执行。如果执行成功，控制结果会在接线图上反映出来。

三、案例

××配电开关站××105 开关遥控操作，先控合，再控分。

（1）鼠标选择××配电开关站××105 开关，用右键打开下拉菜单，选择遥控。

（2）在遥控操作界面选"开关合"。

（3）确认选择且无误，发出遥控申请命令。

（4）收到返校且无误，发出遥控执行命令。

当遥控执行成功后，××配电开关站××105 开关变位，并发告警信息。

控开关分的操作步骤和上面完全相同，不同之处是第二步选"开关分"。

【思考与练习】

1. 遥控、遥调的功能是什么？

2. 上机练习，掌握遥控、遥调的调试方法。

模块 5 测控装置对时异常处理（Z18F2005Ⅲ）

【模块描述】本模块介绍了测控装置常见的对时异常及简单的原因分析。通过要点分析、实例介绍，掌握测控装置对时异常的基本处理方法。

【正文】

在配网综合自动化系统中，时间的准确性是十分重要的，无论是保护事件还是事件顺序记录 SOE，上送信息过程中如果附带了时标，就很容易区分事件发生的先后关系，从而帮助分析事故原因。最初，对时方式大多采用软件对时方式，然而在使用过程中发现系统时间会因通信过程而造成时间偏差，特别通信线路发生故障时，更加不能保证时间合格。随着综合自动化厂家生产的系统逐步完善，就有了硬件对时方式，逐步实现站内智能设备的精确时间同步。

一、对时方式的分类及简介

1. 广播报文对时

GPS 通过通信报文将时间发送至总控通信单元，总控通信单元通过现场总线或串行总线，以对时广播报文的形式将时间信号发送给各个保护装置、测控装置和第三方智能设备，实现软件对时，一般系统每分钟发一次对时报文。优点是省去了专用硬件设备，不需要单独敷设电缆，降低了成本。缺点是对时总线经过多个环节，对时存在一定的时延，可能造成不同装置的时间会相差 1s 以上。

2. 脉冲对时

GPS 装置通过脉冲扩展板将同步脉冲扩展、放大、隔离后输出，通过通信电缆与保护装置、测控装置和第三方智能设备连接，脉冲对时方式分有源和无源两种，常用空接点方式输入，一般脉冲信号有：1PPS（秒脉冲）、1PPM（分脉冲）。秒脉冲信号每秒钟发一个同步脉冲，装置接收到秒脉冲后，装置时钟清毫秒，在下一个秒脉冲到来之前，装置按内部时钟，保持一定的走时准确度。分脉冲在整分时发一个同步脉冲，装置时钟清秒，脉冲对时能保证秒和毫秒的准确度。缺点是需要敷设大量的对时电缆，且不能保证装置时间信息年、月、日、时、分信息的准确性。

3. IRIG–B 码对时

全站可以采用单一的 GPS 系统，GPS 可以通过对时光缆给各个装置下发 B 码对时信号。优点是 IRIG–B 码每秒发送一帧时间报文，其时间信息包含秒、分、小时、日期，并在整分或整秒时发出脉冲信号，装置收到脉冲信号和时间报文后，即可进行时间同步。采用 B 码对时，可以简化对时回路设计，提高对时的可靠性和准确性。缺点是需在智能装置上选用专用的 B 码解析芯片，需要敷设大量的对时电缆。

二、测控装置的对时异常及处理

测控装置对时异常主要是指测控装置处理广播报文对时、脉冲对时、IRIG–B 码对时的异常。

1. 广播报文对时失败的处理

测控装置的广播报文对时方式，主要是利用通信规约中约定的报文对时格式进行对时。测控装置如果通信正常的时候，收到对时报文后，依据通信规约自行处理，修正自己的时间，达到对时的目的。如果通信不正常，则广播报文对时就会失败。

当通信方式是 RS–485 或现场总线时，检查通信线缆是否有接触不好或开路现象，若有，则更换通信线缆或将其接触可靠。若线缆没有问题，则检查测控装置通信参数是否正确，若正确问题就在测控装置的通信插件，需更换。

当通信方式是网络时，将交换机上连接测控装置的网线接到另一个指示灯正常的网口。如果通信恢复了，则是交换机端口问题，否则是装置网卡出了故障。

2. 脉冲对时失败的处理

（1）对时方式的选择。脉冲对时常用的有两种模式：分脉冲和秒脉冲。测控装置接受的是分脉冲对时，在接入对时脉冲时注意不能错接成秒脉冲。同样，秒脉冲对时不能错接成分脉冲。

（2）对时节点是有源还是无源。无论是分脉冲对时还是秒脉冲对时，均可采取空节点方式或有源接点方式，有源接点电压必须与各厂家协商配合，确定选择 DC24V 还是 DC220V，这样才能保证对时的准确。

（3）对时节点的电缆不能接错。一个测控装置可以支持多种对时方式，每种对时方式的节点各不相同，接线时需注意不能错接。另外有源对时的"+""−"端也不能接反。

（4）测控装置对时方式的选择必须正确。测控装置由于支持多种对时方式，在装置内部有一个位码开关进行选择是 5～24V 有源对时方式，还是 RS–485 对时方式。

3. IRIG–B 码对时失败的处理

（1）对时节点的电缆不能接错。IRIG–B 码对时接线有"+""−"之分，不能接错。

（2）测控装置对时方式的选择必须正确。测控装置内部有一个位码开关进行选择是 IRIG–B 码对时方式。

三、案例

某配电站室所有测控装置的时间快了 24h 后的处理实例。

（1）观察该配电站室的某厂家的 GPS 时钟源自身也快了 24h，说明问题出在时钟源上。

（2）联系 GPS 厂家后，最终确定是因为 2008 年是闰年，这个厂家的 GPS 时钟源的程序未做此处理，在 2008 年 2 月 29 日把日期处理为 2008 年 3 月 1 日，导致时钟快了 24h。该厂家升级 GPS 对时程序后问题解决。

【思考与练习】

1. 简述测控装置的对时的类别及其特点。

2. 结合现场实际案例分析，如何提高对时的可靠性和准确性。

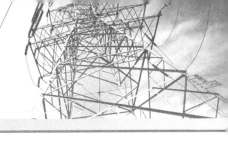

第六章

通信系统测试与故障处理

▲ 模块1 网络故障主要现象及其产生原因（Z18F3001005 Ⅰ）

【模块描述】本模块介绍了网络故障的分类、现象及其产生原因。通过要点讲解，熟悉网络中常见的故障及其产生原因。

【正文】

一、网络故障的分类

计算机网络是由大量的计算机、服务器等终端，由众多的交换机、路由器等网络设备互相连接在一起，采用各种网络协议和传输介质实现相互之间通信和资源共享的一个整体，这个整体中任何一个环节出现问题都会导致网络故障。随着网络规模的扩大和网络环境的复杂化，网络故障越来越多，故障的排查难度也越来越大。

计算机网络故障的现象千奇百怪，故障原因多种多样。通过把常见的网络故障进行归类，找出规律性的东西，可以帮助理清思路，加快故障排查的进程。

可以从不同的角度对网络故障进行分类：从故障的现象方面，可以将网络故障分为连通性故障、性能下降和服务中断三大类；从产生故障的原因方面，可以将网络故障分为硬件故障、软件故障以及由网络攻击造成的故障三大类。

二、硬件类故障

硬件故障也叫作物理类故障，一般是指网络设备硬件、设备之间的连接或通信传输线路上出现的问题。发生硬件故障时的主要表现是网络不通。在计算机连接到网络上的任何一个环节，如网卡、插座、网线、跳线、交换机等发生故障，都会导致网络连接的中断。

组成计算机网络的网络设备及基础设施投入运行后，随着时间的推移，会逐渐老化而出现设备故障。网络设备运行在供电电源不稳定、环境温湿度较高、尘埃较多的环境中，出现设备故障的概率会大大增加。设备运行维护不到位、操作不当或人为破坏也会造成设备故障。

网络插座、设备端口和网线连接不牢固，网络布线破损或被鼠咬等情况都会造成网络不通。

三、软件类故障

软件类故障也叫作逻辑类故障，常见的是网络设备配置错误而导致的网络故障。计算机网络协议众多，配置复杂。网络中所有的交换机、路由器等网络设备都需要进行参数配置，所有的服务器、计算机等网络终端设备也需要进行选项配置，参数配置和选项设置不当就会导致网络故障。如路由器的访问列表配置不当，会导致 Internet 连接故障；交换机的 VLAN 设置不当，会导致 VLAN 间的通信故障，彼此之间无法访问；服务器权限的设置不当，会导致资源无法共享或无法获得足够权限的故障；计算机网卡配置不当，就无法连接到网络；路由器路由配置错误，会使路由循环或找不到远端地址。

网络协议未安装或配置不正确也会造成网络故障。网络协议是网络设备、计算机设备之间彼此通信所使用的语言，没有网络协议就没有网络。没有网络协议，网络内的网络设备和计算机之间就无法进行通信。网络协议的配置在网络中处于重要的地位，决定着网络能否正常运行。通常情况下，交换机、路由器、计算机等设备上都需要启用多个网络协议并进行配置，其中任何一个协议配置不当，都有可能导致网络故障或某些服务被终止。例如，计算机上的协议故障通常表现为：无法登录到服务器；在"网上邻居"中既看不到自己，也无法在网络中访问其他电脑；在"网上邻居"中能看到自己和其他成员，但无法访问其他电脑；电脑无法通过局域网接入 Internet。

主机网卡的驱动程序安装不当、网卡设备有冲突、主机的网络地址参数设置不当、主机网络协议或服务安装不当也会造成联网故障。

四、计算机病毒和网络攻击造成的网络故障

计算机病毒和网络攻击已经成为造成网络故障的重要因素。计算机网络中的客户机、服务器和网络设备都是黑客、木马和蠕虫病毒攻击的目标。当遭到网络攻击或病毒爆发后，除了敏感信息丢失和系统被破坏以外，大部分还会表现为网络故障，如网速变慢、网络阻塞、服务中断等。

【思考与练习】

1. 如何对网络故障进行分类？
2. 造成网络软件类故障的原因有哪些？

◢ 模块 2 网络故障处理的基本步骤（Z18F3002011Ⅱ）

【模块描述】本模块介绍了网络故障处理的基本步骤，包含常规处理程序和排查流程。通过步骤、方法、技巧要点介绍，掌握网络故障处理的正确步骤和基本

技能。

【正文】

一、网络故障处理的一般步骤

由于网络故障的复杂性，处理网络故障要建立系统化的思路和方法，先将可能的故障原因构成一个大的集合，然后一步一步地排查，最后找到故障发生的位置和原因，从而大大降低问题的复杂程度，加快故障处理的速度。

1. 全面了解故障现象

网络管理员在接到故障报告时，要尽可能详细地了解故障的现象，做到对故障现象能有一个完整准确的描述。在排除故障之前，确切地了解故障是成功排除故障的重要环节。

2. 收集与故障相关的信息

网络管理员向故障报告者询问以下问题：① 故障发生时正在进行什么操作；② 这项操作以前是否曾经进行过，以前运行是否正常；③ 这项操作最后一次成功运行是什么时候，从那时起系统的软硬件和网络连接等各方面有无变动。

必要时还需询问其他用户，了解故障影响的范围。管理员可以使用诊断测试命令、网络测试软件或网络管理系统来收集相关信息，了解相关设备的运行状况。

3. 根据相关理论和经验进行分析判断

根据已有的网络故障处理经验和所掌握的网络理论知识，对该故障进行分析判断，排除一些明显的非故障点。

4. 列出所有可能的故障原因

根据上述各步骤掌握的信息，先书面列出所有可能造成该故障的原因，然后根据由简到繁、先软件后硬件的原则，对列出的原因按照可能性的大小进行排序，对每一原因制订相应的排除方案。

5. 逐一排除可能的原因

按照上述原因列表顺序和方案，对可能的原因逐一进行排除。在排除过程中，如果需要对硬件或参数设置进行改动，每次只可改动一个，改动后进行测试，看故障是否消除，这样有利于查找到真正的原因。如果这对某一原因的排查无效，要将对硬件或参数设置的改动务必恢复到排查前的状态，再进行下一个原因的排查。

如果原因列表中所有的项目都排查过后仍没有解决问题，这时要返回到第 2 步，重新收集故障相关的信息，按照上述过程继续排查，直到故障消除。

6. 整理故障处理记录

故障排除网络修复之后，故障处理过程的最后一步是整理故障处理记录。完整准确的记录不仅是后续故障处理时的重要参考资料，而且也有助于积累经验，为今后类似故障的解决提供指导。

二、网络故障排除的常用方法

在网络故障处理的过程中，可根据故障现象，灵活运用各种诊断方法进行分析定位。故障诊断常用的方法主要有分层排除法、分段排除法、替换法和对比法等。

1. 分层排除法

OSI 网络 7 层参考模型和 TCP/IP 网络的 4 层模型是 IP 网络技术开发和网络构件的基础，所有的技术和设备都是建立在分层概念之上的。因此，层次化的网络故障分析思路和方法是非常重要的。对某一层而言，只有位于其下面的所有层次都能工作正常时，该层才能正常工作。在确认所有低层都能正常工作之前就着手解决高层问题，大多数情况下是在浪费时间。

在应用分层法排除故障时，把 OSI 模型和现实的网络环境相对应起来，一层一层地分析判断故障，重点考虑物理层、链路层和网络层，在各层上我们应注意以下的关注点：

（1）物理层。物理层负责设备之间的物理连接，将二进制数字信号流通过传输介质从一个设备传送到另一个设备，完成信号的发送与接收以及与数据链路层的交互操作等功能。物理层需要关注的是网线、光缆、连接头、信号电平等方面，这些都是导致端口异常关闭的因素。

（2）链路层。链路层处在网络层与物理层之间，负责将网络层发送来的 IP 数据包分装成以太数据帧，然后发给物理层进行传输。在数据链路层要重点关注 MAC 地址、VLAN 划分、广播风暴，以及所有二层的网络协议是否正常。

（3）网络层。网络层负责不同网络（网段）之间的路由选择。在网络层要重点关注 IP 地址、子网掩码、DNS 网关的设置；路由协议的选择和配置，路由循环等问题。

如内网中的一台计算机不能访问 Internet 上的 Web 网站，这时可以先 Ping 外网 DNS 服务器，如果能 Ping 通，则判断在网络层上是正常的，故障可能发生在 IE 应用层；此时如果 QQ 上网正常，则确定问题在 IE 上，仔细查看 IE 设置。结果发现设置了代理服务器，导致不能正常上网。

2. 分段排除法

分段排除法就是在同一网络分层上，把故障分成几个段落，再逐一排除。分段的中心思想就是缩小网络故障涉及的设备和线路，来更快地判定故障。

3. 替换法

替换法是处理硬件问题时最常用的方法。当怀疑网线有问题时，可以更换一条好的网线试一试；当怀疑交换机的端口有问题时，可以用另外一个端口试一试；当怀疑网络设备的某一模块有问题时，可以用另外一个模块试一试。但需要注意的是，替换的部件必须是同品牌、同型号以及具有相同的板载固件。

4. 对比法

对比法是利用相同型号的且能够正常运行的设备作为参考对象，在配制参数、运行状态、显示信息等方面进行对比，从而找出故障点。这种方法简单有效，尤其是系统配置上的故障，只要对比一下就能找出配置的不同点。

三、网络故障处理技巧

在进行故障分析排查时，掌握下面的几个技巧，有助于提高故障处理的效率。

1. 由近而远

大部分网络故障通常都是由客户端计算机先发现的，所以我们可以从客户端开始，沿着"客户端计算机→综合布线→配线间端口模块→跳线→交换机"这样一条路线，由近而远逐个检查。先排除客户端故障的可能性，后查网络设备。

2. 由外而内

如果怀疑网络设备（如交换机）存在问题，我们可以先从设备外部的各种指示灯上辨别，然后根据故障指示，再来检查设备内部的相应部件是否存在问题。如 POWER LED 为绿灯表示电源供应正常，熄灭表示没有电源供应；LINK LEDs 为黄色表示现在该连接工作在 10Mbit/s，绿色表示为 100Mbit/s，熄灭表示没有连接，闪烁表示端口被管理员手动关闭；RDP LED 表示冗余电源；MGMT LED 表示管理员模块。需要时再登录到交换机，通过人机命令进行检测。

3. 由软到硬

发生故障检查时，总是先从系统配置或系统软件上着手进行排查。如某端口不好用，可以先检查用户所连接的端口是否不在相应的 VLAN 中，或者该端口是否被其他的管理员关闭，或者配置上的其他原因。如果排除了系统和配置上的各种可能，那就是硬件有故障问题了。

4. 先易后难

在遇到复杂的故障时，可以先从简单操作或配置来着手，最后再进行难度较大的测试、替换操作。

【思考与练习】

1. 处理网络故障的基本步骤有哪些？

2. 处理网络故障一般需要遵循什么原则？

3. 分析排查网络故障的常用方法有哪些？

4. 简述网络故障修复之后，整理故障处理记录文档的意义。

模块 3 网络链路故障处理（Z18F3003012Ⅲ）

【模块描述】本模块介绍了网络链路故障的分析和处理。通过故障分析、处理方法介绍、仪器图形示意，掌握处理网络链路故障的方法和技能。

【正文】

一、故障的性质及其危害

网络链路故障即连通性故障，通常是由网络接口、网络布线、网络设备及通信电路等问题引起，也有可能是由设备参数或网络协议配置、运行中发生的软件异常引起。计算机联网发生链路故障，该客户端就无法上网；服务器联网发生链路故障，网络服务或业务就会中断；网络设备之间的链路发生故障，部分网络就会不通。因此，网络链路故障将会影响用户的正常工作和企业网上业务的正常运转。

二、链路故障的排查步骤

首先确认是否是连通性故障。如果确认是连通性故障，查看是否是网卡的故障；如果网卡没问题，再查看是否是网线的问题；如果网线没问题，再查看是否是交换机的故障。

1. 链路故障确认

当出现网络故障时，首先要判断该故障是否属于链路故障。如当某用户无法访问 Internet 网站时，可以尝试使用内部网络中的 Web 浏览，查看网上邻居等方法来判别，如果上述操作都无法实现，则可确认为链路故障。

2. 查看计算机网卡指示灯

正常情况下，在不传送数据时，网卡的指示灯闪烁较慢，传送数据时，闪烁较快。无论是不亮，还是常亮不灭，都表明有故障存在。如果网卡的指示灯不正常，需关掉计算机更换网卡。如果网卡上指示灯闪烁正常，则继续下一步。

3. 初步测试

使用 Ping 命令，Ping 本地计算机的 IP 地址或 127.0.0.1，检查网卡和 IP 网络协议是否安装完好。如果能 Ping 通，说明该计算机的网卡和网络协议设置都没有问题，问题出在计算机与网络的连接上。因此，应当检查网线的链路和交换机端口的状态。如果无法 Ping 通，只能说明 TCP/IP 协议有问题，而不能提供更多的情况。因此，需继续下一步。

4. 检测网卡设置

通过"控制面板"打开"系统"窗口，查看网卡是否已经安装或是否出错。如果在系统中的硬件列表中网络适配器前方有一个黄色的"！"，说明网卡未正确安装，需将未知设备或带有黄色"！"的网络适配器删除，刷新后，重新安装网卡，并为该网卡正确安装和配置网络协议，然后再进行应用测试。如果网卡无法正确安装，说明网卡可能损坏，必须更换一块网卡重试。如果网卡已经正确安装，则继续下一步。

5. 检查网络协议设置

使用 Ipconfig 命令查看本地计算机是否安装有 TCP/IP 协议，以及是否设置好 IP 地址、子网掩码和默认网关、DNS 域名解析服务。如果尚未安装协议，或协议尚未设置好，安装并设置好协议后，重新启动计算机，执行第 2 步的操作。如果已经安装，认真查看网络协议的各项设置是否正确。如果协议设置有错误，修改后重新启动计算机，然后再进行应用测试。如果协议设置完全正确，则肯定是网络连接的问题，继续执行下一步。

6. 确认交换机是否正常

在连接至同一台交换机上的其他计算机上进行网络应用测试。如果不正常，在确认网卡和网络协议都正确安装的前提下，可初步认定是交换机发生了故障。为了进一步进行确认，可再换一台计算机继续测试，进而确定为交换机故障。如果其他计算机测试结果完全正常，则将故障定位连接计算机与交换机的布线上。

7. 故障排除

如果确定交换机发生了故障，应首先检查交换机面板上的各指示灯闪烁是否正常。如果所有指示灯都在非常频繁地闪烁，或一直亮着，可能是由于网卡损坏而发生了广播风暴，关闭再重新打开交换机电源后看能否恢复正常。如果恢复正常，再找到红灯闪烁的端口，将网线从该端口中拔出。然后找到该端口所连接的计算机，测试并更换损坏的网卡。如果交换机面板上一个灯也不亮，则检查一下 UPS 是否工作正常，交换机电源是否已经打开，或电源线插头是否接触不良。如果电源没有问题，那就得更换一台交换机了。

如果确定故障就发生在某一段连接上，用网线测试仪逐段对该连接中涉及的所有网线和跳线进行测试，确认网线的链路。如果问题就出在这里，重新制作跳线头或更换一条网线。如果网线没问题，则检查交换机相应端口的指示灯是否正常，或换一个端口。

三、链路故障的处理

导致链路故障的原因很多，如网络布线故障、网络设备故障、网络设备配置不当、网卡故障、客户端协议配置故障等，总的来说，链路故障可分为物理链路故障和逻辑链路故障两大类。

（一）物理链路故障的处理

物理链路主要是指网络布线系统所涵盖的建筑群布线、垂直主干布线、水平布线和工作区布线。相对而言，建筑群布线、垂直主干布线、水平布线相对稳定，工作区布线由于经常变动，所以较容易产生各种各样的问题。

图 6-3-1 LED 指示灯熄灭

工作区链路发生故障时，系统提示"网络电缆没有插好"，计算机无法访问网络。故障只涉及一台计算机，其他计算机的网络通信不受影响。具体表现为计算机无法连接至网络，不能实现与其他计算机的通信。有时计算机虽然可以接入网络，但是，数据传输速度非常慢，或者计算机性能大幅下降。该链路所连接的交换机上相应端口的 LED 指示灯熄灭（见图 6-3-1）。

垂直主干链路发生故障时，主要表现为：当故障涉及同一楼层的多台计算机，连接至同一接入交换机的所有计算机，无论是否在同一 VLAN，均不能连接至核心网络。位于同一接入交换机的同一 VLAN 的交换机之间可以通信，而不同 VLAN 间的交换机则不能通信。接入交换机向上级联端口的 LED 指示灯熄灭。汇聚交换机与某台或某几台交换机相连接的端口的 LED 指示灯熄灭。

1. 物理链路故障原因分析

以下因素将导致物理链路故障：

（1）线路断路或短路。

（2）电气性能或信号衰减过大。如果整体链路的电气性能（仅指双绞线）不符合相应的标准，或者信号衰减过于严重（包括光缆和双绞线），网络数据传输也将受到非常严重的影响，甚至导致网络通信失败。

（3）链路中的布线产品不匹配。在同一物理链路中，同时使用不同厂家、不同标准、不同型号的布线产品，可能会导致产品兼容性问题，从而使其无法满足网络通信的需求。

（4）电磁干扰严重。虽然双绞线的结构使其具有抵抗电磁干扰的能力，但是，当电源干扰非常严重时，仍然会影响网络的数据传输，甚至导致网络通信中断。

（5）传输距离超限。双绞线和光纤都有其最远传输距离。以 1000Mbit/s 网络为例，超五类和六类双绞线链路的最长距离为 100m，单模光纤链路的最长距离为 1000m，多模光纤链路的距离为 300～500m。

2. 物理链路诊断工具

物理链路故障的测试基本使用硬件工具。其中，最常见的测试工具就是 Fluke 网络公司的线缆测试产品。对于小型网络或者对传输速率要求不高的网络而言，只需简单地做一下网络布线的连通性测试即可。对于规范的网络布线系统，应当分别在双绞线布线和光纤布线做性能测试，以保证在连通性完好的同时，能够实现相应布线所能提供的带宽和传输速率。Fluke DTX 系列电缆认证分析仪（见图 6-3-2）被广泛应用于网络布线系统测试，用于测试双绞线和光缆链路的性能。

（二）逻辑链路故障处理

图 6-3-2　Fluke DTX 系列电缆认证分析仪

布线系统无疑都是物理链路，然而，仅有物理链路是远远不够的，因为设备之间无法实现互连。因此，还必须有交换机等网络设备，才能将所有的网络节点连接在一起。因此，硬件设备（交换机、网卡）故障、网络协议设置错误，仍然会导致网络的连通性问题。当然，对于智能网络而言，交换机配置对网络连通性的影响就显得更加重要了。

逻辑链路的故障表现大致如下：

（1）查看计算机网络连接状态时，只有发送的数据，没有接收到的数据。

（2）计算机网卡的 LED 指示灯正常，但是，计算机不能接入网络。

（3）交换机接口的 LED 指示灯表现正常，但是，用户计算机之间无法通信。

（4）连接至同一交换机的用户之间可以通信，但是，无法与连接至其他交换机的用户之间进行通信。

（5）物理链路测试连通性正常，但是，网络接口（如网卡接口和交换机接口）的 LED 指示灯不亮，或呈琥珀色。

1. 逻辑链路故障原因分析

导致逻辑链路故障的原因可能是网络设备硬件故障、网络设备连接故障、网络设备配置故障，或者是网络协议设置故障。

一条完整的网络逻辑链路除了包括全部的物理链路外，还涉及多种网络设备，包括网卡、接入交换机、汇聚交换机、核心交换机。如果接入 Internet 或实现与其他网络的互连，甚至还包括路由器（见图 6-3-3）。其中，任何一台网络设备、板卡、模块或端口的硬件故障，都将导致网络链路的故障。

在可网管的网络中，不是把所有设备连接在一起就能实现彼此之间的通信。不仅核心交换机需要配置，而且汇聚交换机和接入交换机也需要配置。对于核心交换机而言，必须配置 VLAN 及默认网关，配置相应的 IP 访问列表，配置端口的各种属性，设置 IP 路由，以及其他网络应用。对于汇聚交换机而言，也必须划分 VLAN，指定 Trunk 端口，并设置 EtherChannel 等。

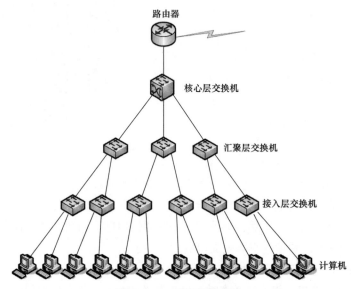

图 6-3-3 网络逻辑链路

对于接入交换机而言，除了汇聚交换机那些设置外，还可能需要设置 IEEE 802.1x 身份认证、安全端口等各种网络应用。

网络协议是网络设备相互交流的语言。因此，网络协议一旦出错，肯定无法实现与其他网络设备的通信。特别是对于计算机而言，网络协议安装错误、IP 地址信息设置错误，甚至网络连接限制错误，都有可能导致网络通信失败。

网络滥用（如大量 P2P 软件的使用）、蠕虫病毒等原因，也可能导致网络设备性能大幅下降，造成网络传输拥塞，甚至整个网络瘫痪。

2. 逻辑链路故障诊断工具

逻辑链路故障诊断经常使用的是 Windows 系统内置的工具，其中使用频率最高的是 Ping 命令、Tracert 命令和 Ipconfig 命令。

网络链路故障的诊断，通常遵循的原则是由近及远，逐段测试，由软及硬，同类比较。也就是说，先从离故障点最近位置，逐段向网络核心展开，从而尽快地定位网络故障。在发生网络连通性故障时，先查看计算机的网卡驱动和网络协议配置，以及交换机的网络配置，如果没有发现问题，再测试物理链路、查看网络设备和模块工作状态。所谓同类比较，是指当故障发生时，先与同一网段、同一接入交换机、同一汇聚交换机、同一核心交换机中的其他计算机进行比较，以迅速判定故障点的位置。

四、广域网链路故障的处理

当广域网出现故障时，处理的一般方法和步骤如下：

（1）先用 Ping 命令来判断网络的通断。

（2）用 Tracert 命令来跟踪路由，找到与路由异常相关的路由器等设备。

（3）远程登录到该路由器，利用网络设备提供的相关命令查看设备运行状况和各类信息。例如 Cisco 设备的 show 命令就提供了很多选项，可以看到设备的各种信息。

（4）检查路由配置是否有问题，沿着从源到目的地的路径查看各路由器上的路由表，同时检查那些路由器接口的 IP 地址。重新配置丢失的路由或排除动态路由协议选择过程的故障。

（5）如果有网管系统，则利用网管系统强大的故障处理功能，可以更快捷、准确地定位故障。

（6）通过上述逐步排查，可以排除由于配置不当或动态路由逻辑错误，最终定位到有问题的物理通道，交由通信传输部门去处理。

【思考与练习】

1. 简述链路故障的排查步骤。

2. 造成物理链路故障的原因有哪些？

3. 如何处理逻辑类链路故障？

4. 如何处理广域网的链路故障？

▲ 模块 4 网卡和网络协议故障处理（Z18F3004013Ⅲ）

【模块描述】本模块介绍了网卡和网络协议故障的分析和处理。通过故障分析、处理方法介绍、界面窗口示意，掌握处理网卡和网络协议故障的方法和技能。

【正文】

一、故障的性质及其危害

计算机上的网卡出现故障或网络协议设置错误将导致计算机不能联网。某些情况下，发生故障的网卡还会向网络上不停地发送数据帧，引起网络广播风暴，造成网络拥塞，影响整个网络的正常运行。

二、网卡故障的处理

网卡和相连的交换机端口都有 LED 指示灯，可以通过观察指示灯的状态来判断网卡、网线连接是否正常，通过计算机的"设备管理器"也能查看网卡的工作状态。

1. 网卡物理损坏故障

网卡的损坏大致有两种情况：网络接口损坏、网卡芯片损坏。

如果是网络接口损坏，从计算机的"设备管理器"中看不出有什么变化，唯一的表现就是无法连接网络，而且在计算机桌面任务栏右下角的托盘区显示一个带红色小"X"的图标，如图 6-4-1 所示，当鼠标移到该图标上时会提示"网络电缆没有插好"，而且该网卡的 LED 指示灯、交换机上连接该计算机端口的指示灯都不亮。

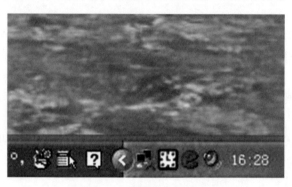

图 6-4-1 网络连接故障提示

如果是网卡芯损坏，在计算机的"设备管理器"中查看时，会发现该网卡前面有一个黄色的"！"，表示该网卡有故障。

2. 网卡驱动程序安装不当引起的故障

网卡只有在正确地安装了驱动程序之后才能正常工作。没有正确安装驱动程序的网卡，都将在"其他设备"中显示为"以太网控制器"，或者在网卡前面有一个黄色的"！"。在 Windows XP 系统中，通过选择"开始→控制面板→性能维护→管理工具→计算机管理→设备管理"，即可看到如图 6-4-2 所示的显示结果。

3. 网卡参数设置不当引起的故障

许多网卡驱动程序都提供了传输速率、单/双工工作模式等一系列设置，如图 6-4-3 所示。如果参数设置错误，或者与所连接的交换机端口不匹配，都可能导致网络通信失败。通常情况下，建议设置自适应模式，让系统自动判断并设置连接速率和工作模式。

在图 6-4-2 所示的"设备管理器"窗口中，右击要设置的网卡，选择"属性"，出现如图 6-4-3 所示的窗口，选择"链接速度""高级"等标签，即可对有关参数进行设置和修改。

图 6-4-2 网卡未正确安装驱动程序

三、网络协议故障处理

目前应用最广泛的网络协议是 TCP/IP 协议。计算机要接入网络，就必须安装 TCP/IP 协议并进行配置。TCP/IP 协议的配置内容主要是 IP 地址信息的设置，包括 IP 地址、子网掩码、默认网关和 DNS 服务器的 IP 地址，如图 6-4-4 所示。

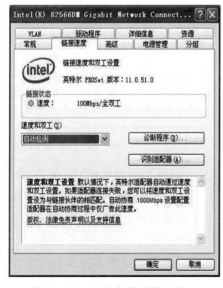

图 6-4-3 网卡参数设置界面

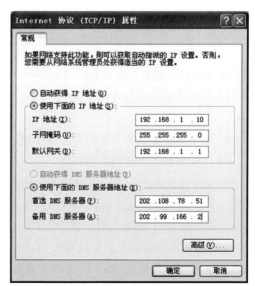

图 6-4-4 设置 IP 地址信息

IP 地址设置错误时，可能会与其他计算机发生 IP 地址冲突，或者无法与网络内的其他计算机通信，同时无法访问其他网络，也不能访问 Internet。

子网掩码设置错误时，可能无法与网络内某些计算机通信，同时无法访问其他网络，也不能访问 Internet。

默认网关设置错误时，虽然可以与本网络内的计算机进行通信，但是，无法访问其他网络（包括虚拟网络 VLAN），更不能访问 Internet。

DNS 服务器配置错误时，由于不能实现 DNS 解析，而只能使用 IP 地址访问网络，典型故障现象是只能使用 QQ，而不能使用 Web 浏览网页。

IP 地址信息获得方式有两种：一种是自动获得 IP 地址，该方式由 DHCP 服务器或其他 DHCP 设备（如 DHCP 服务器、宽带路由器、无线路由器、代理服务器等）自动分配，只需选择"自动获得 IP 地址"选项即可；另一种方式是手工设置 IP 地址信息，此时应当选择"使用下面的 IP"选项，并严格按照网络管理员分配的 IP 地址信息设置。

1. 协议故障的排查

当计算机出现以上协议故障现象时，应当按照以下步骤进行故障的定位：

（1）检查计算机是否安装 TCP/IP 协议，如果没有则要安装该协议，并把 TCP/IP 参数配置好，然后重新启动计算机。

（2）使用 Ping 命令，测试与其他计算机的连接情况。

（3）在"控制面板"的"网络"属性中检查一下是否选中了"允许其他用户访问我的文件"和"允许其他计算机使用我的打印机"复选框。

（4）系统重新启动后，双击"网上邻居"，将显示网络中的其他计算机和共享资源。如果仍看不到其他计算机，可以使用"查找"命令，若能找到其他计算机即可。

（5）在"网络"属性的"标识"中重新为该计算机命名，使其在网络中具有唯一性。

2. 常见网络协议故障诊断与排除实例

（1）计算机无法访问外部网络。

如果计算机无法正常实现对外部网络的访问，应首先检查网线是否正确，若网线正常工作，说明能够连接到网络内的其他计算机，网络连接没有问题。因此，导致故障的原因可能是 IP 地址信息设置不完整，或者没有正确设置应用程序的代理服务器。这时，应检查故障计算机的默认网关、DNS 服务器和子网掩码的设置是否正确。另外，查看一下其他计算机的 Web 浏览器的连接设置，然后将故障计算机设置为与之相同即可。

（2）IP 地址信息正确而无法访问。如果计算机的默认网关、DNS 服务器地址、IP

地址设置看起来都没有错误，但是却无法正常上网，可以尝试 Ping 一下网络内的其他计算机、默认网关、外部 Web 网站的 IP 地址和 DNS。

如果 Ping 不通网络内的其他计算机，说明 IP 地址信息设置有问题，或者没有正确安装 TCP/IP 协议，试着卸载 TCP/IP 协议，重新启动计算机，再添加安装 TCP/IP 协议，并正确设置 IP 地址信息。

如果 Ping 不通默认网关，说明 IP 地址信息中有关默认网关的设置是错误的，应当认真检查该项设置。

如果 Ping 不通外部 Web 网站的 IP 地址（要先使用连接正常的计算机进行测试，确认可以 Ping 通该 IP 地址），说明 IP 地址信息中默认网关的设置是错误的，或者没有安装代理服务器软件，或者在代理服务器或宽带路由器上做了限制，不允许该 IP 地址或 MAC 地址访问网络。

如果 Ping 不通 Web 网站的 DNS 名称，说明 IP 地址信息中有关 DNS 服务器的设置是错误的，仔细检查该设置，并配置辅助 DNS 服务器。

如果以上 Ping 测试全部通过，仍然无法访问 Web 网站，查看 Internet Explorer 的局域网设置。依次打开"工具→Internet 选项→连接→局域网设置"，取消对"自动检测设置"复选框的选中，如图 6-4-5 所示。

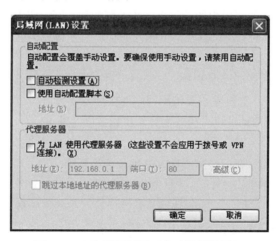

图 6-4-5　取消局域网"自动检测设置"

（3）Ping 通 DNS 却无法上网。如果已经正确设置了 IP 地址信息和代理服务器的地址，而且能够 Ping 通 DNS 服务器，也能在"网上邻居"中看到其他计算机，但是不能 Ping 通服务器，也不能上网。上述问题表明网络连接是没有问题的，应当检查 Internet Explorer 的设置。如果 DNS 与计算机在同一子网，位于同一 IP 地址段，应当为计算机指定正确的默认网关，以便使其 Internet 访问请求被路由至外部网络。

（4）Ping 通网络中其他计算机却无法 Ping 通网关。既然能够 Ping 通网络中的其他计算机，说明网络物理连接及本机网络设置没有问题。而 Ping 不通网关，无法接入 Internet 的原因可能有以下几个方面：

1）默认网关设置错误。认真检查计算机默认网关的设置是否正确，网关设置错误将导致计算机无法访问 Internet。

2）代理服务器对 IP 地址做了限制。代理服务器可以设置 IP 地址访问列表，被拒绝的 IP 地址将无法访问 Internet。

3）感染了蠕虫病毒。当计算机感染蠕虫病毒时，也将直接影响对 Internet 的访问。及时更新 Windows 系统补丁，并升级病毒库。

（5）无法 Ping 通网关。导致这个问题的原因可能是计算机的网关或者子网掩码设置有误。在划分有 VLAN 的网络中，每个 VLAN 都分别拥有不同的 IP 地址段、子网掩码和默认网关。因此，当默认网关设置错误时，将无法被路由至其他网络，导致网络通信失败。子网掩码用于区分网络号和 IP 地址号，默认网关设置错误，也会导致网络间通信的失败，应该认真检查默认网关和子网掩码的设置。

（6）无法 Ping 通其他网段内的计算机。如果计算机能够 Ping 通本网段内的计算机，而无法 Ping 通其他网段内的计算机，原因可能是子网掩码设置有问题。子网掩码用于区分网络号和主机号，只有网络号相同的计算机才被视为同一网段，才能实现彼此之间的通信。

（7）安装网卡后启动速度变慢。安装网卡后，系统的启动速度慢了许多，这种情况是正常的。因为，计算机除了要检测网络连接外，还会自动检测网络中的 DHCP 服务器。若要加速系统启动速度，应该为计算机指定固定的 IP 地址，而不是每次开机时动态分配 IP 地址。

（8）IP 地址冲突。在同一网络中，IP 地址应当是唯一的。当两个或者两个以上的计算机使用同一个 IP 地址时，就会发生 IP 地址冲突，其他计算机将无法判断应当将数据发送给哪一台计算机，从而导致网络连接问题。在网络中最好使用 DHCP 来自动分配 IP 地址，从而避免由手工设置 IP 地址所造成的 IP 地址冲突。网络中的客户端，则只需将 IP 地址和默认网关设置为"自动获取地址"即可。

（9）局域网内计算机可以互相访问却无法 Ping 通。导致在网上邻居中可以互访，但在 DOS 提示符下无法 Ping 通的原因，可能是对方或者网络中有设备禁止了 ICMP 流量（例如在交换机的访问控制列表中过滤了 ICMP 端口），禁止对 ICMP 作出响应，而这并不影响资源共享。

另一种可能的原因是网络协议问题。如果所有的计算机使用的均是 NetBIOS 协议，也就是在该局域网中网上邻居功能是通过 NetBIOS 协议实现，而不是借助于 TCP/IP 协议，因此不会支持 ICMP 协议，而 ICMP 协议需要 TCP/IP 协议的支持。如果想让各个计算机之间可以使用 Ping 命令，就必须为网络中的计算机安装 TCP/IP 协议。

【思考与练习】

1. 网卡故障的种类有哪些？如何排查？
2. 计算机上需要设置哪些 IP 协议信息？简述其设置方法。
3. Ping 命令在处理网络协议故障时有哪些用途？

◢ 模块 5 以太网交换机故障处理（Z18F3005014Ⅲ）

【模块描述】 本模块介绍了交换机故障的分析和处理。通过故障分析、处理方法介绍，掌握处理交换机常见故障的方法和技能。

【正文】

一、故障的性质及其危害

以太网交换机发生的故障主要来源于设备自身的软硬件或外部环境的影响以及人为操作不当等。一旦发生故障，会引起计算机网络全局或局部瘫痪，无法实现共享资源和数据，严重时会造成较大的经济损失和社会影响。

二、交换机故障分类及处理

交换机的故障多种多样，不同的故障有不同的表现形式。可以通过交换机的各种 LED 指示灯查看整机、各模块和端口的工作状态，并可初步判断设备运行是否正常。丰富而实用的查看命令，也被用于诊断和测试交换机和各种端口、模块的工作状态，查看配置和系统性能。

交换机故障一般可以分为硬件故障和软件故障两大类。

（1）硬件故障主要指交换机电源、背板、模块、端口等部件的故障。

1）电源故障。由于外部供电不稳定，或者电源线路老化或者雷击等原因导致电源损坏或者风扇停止，从而不能正常工作。由于电源缘故也会导致交换机内其他部件损坏。如果面板上的 POWER 指示灯是绿色的，就表示是正常的；如果该指示灯灭了，则说明交换机没有正常供电。

针对这类故障，首先应该做好外部电源的供应工作，一般通过引入独立的电力线来提供独立的电源，并添加稳压器来避免瞬间高压或低压现象。如果条件允许，可以添加 UPS（不间断电源）来保证交换机的正常供电，在机房内设置专业的避雷措施，来避免雷电对交换机的伤害。

2）端口故障。这是最常见的硬件故障，无论是光纤端口还是双绞线的 RJ–45 端口，在插拔接头时一定要小心。光纤端口污染会导致不能正常通信。带电插拔接头会增加端口的故障发生率。水晶头尺寸偏大，插入交换机时也容易破坏端口。此外，如果接在端口上的双绞线有一段暴露在室外，万一这根电缆被雷电击中，就会导致所连交换机端口被击坏，或者造成更加不可预料的损伤。

一般情况下，端口故障是某一个或者几个端口损坏。所以，在排除端口所连计算机的故障后，可以通过更换所连端口，来判断其是否损坏。遇到此类故障，可以在电源关闭后，用酒精棉球清洗端口。如果端口确实被损坏，那就只能更换端口了。

3）模块故障。交换机是由很多模块组成，如堆叠模块、管理模块（也叫控制模块）、扩展模块等。这些模块发生故障的几率很小，不过一旦出现问题，就会遭受巨大的经济损失。如果插拔模块时不小心，或者搬运交换机时受到碰撞，或者电源不稳定等情况，都可能导致此类故障的发生。

当然上面提到的这三个模块都有外部接口，比较容易辨认，有的还可以通过模块上的指示灯来辨别故障，如堆叠模块上有一个扁平的梯形端口，或者有的交换机上是一个类似于 USB 的接口。管理模块上有一个 Console 口，用于和网管计算机建立连接，方便管理。如果扩展模块是光纤连接的话，会有一对光纤接口。

在排除此类故障时，首先确保交换机及模块的电源正常供应，然后检查各个模块是否插在正确的位置上，最后检查连接模块的线缆是否正常。在连接管理模块时，还要考虑是否采用规定的连接速率，是否有奇偶校验，是否有数据流控制等因素。连接扩展模块时，需要检查是否匹配通信模式，比如使用全双工模式还是半双工模式。当然，如果确认模块有故障，解决的方法只有一个，那就是应当立即更换。

4）背板故障。交换机的各个模块都是接插在背板上的。如果环境潮湿，电路板受潮短路，或者元器件因高温、雷击等因素而受损都会造成电路板不能正常工作，比如散热性能不好或环境温度太高导致交换机内温度升高，使元器件烧坏。

在外部电源正常供电的情况下，如果交换机的各个内部模块都不能正常工作，那就可能是背板坏了，遇到这种情况，唯一的办法就是更换背板。

5）线缆故障。其实这类故障从理论上讲，不属于交换机本身的故障，但在实际使用中，电缆故障经常导致交换机系统或端口不能正常工作，所以这里也把这类故障归入交换机硬件故障。如接头接插不紧，线缆制作时顺序排列错误或者不规范，线缆连接时应该用交叉线却使用了直连线，光缆中的两根光纤交错连接，错误的线路连接导致网络环路等。

从上面的几种硬件故障来看，机房环境不佳极易导致各种硬件故障，所以在建设机房时，必须先做好防雷接地及供电电源、室内温度、室内湿度、防电磁干扰、防静电等环境的建设，为网络设备的正常工作提供良好的环境。

（2）交换机的软件故障是指系统及其配置上的故障。

1）系统错误。交换机系统是硬件和软件的结合体。在交换机内部有一个可刷新的只读存储器，它保存的是这台交换机所必需的软件系统。由于设计的原因，软件系统也会存在一些漏洞，在某些条件下会导致交换机满载、丢包、错包等情况的发生。所以交换机系统提供了如 Web、TFTP 等方式来下载并更新系统。当然在升级系统时，也有可能发生错误。

对于此类问题，需要经常浏览设备厂商网站，及时更新系统软件或者打补丁。

2）配置不当。管理员往往在配置交换机时会出现一些配置错误，如 VLAN 划分不正确导致网络不通，端口被错误地关闭，交换机和网卡的模式配置不匹配等。这类故障有时很难发现，需要一定的经验积累。如果不能确保用户的配置有问题，先恢复出厂默认配置，然后再一步一步地配置。最好在配置之前，先阅读说明书，每台交换机都有详细的安装手册、用户手册，深入到每类模块都有详细的讲解。

3）密码丢失。此类情况一般在人为遗忘或者交换机发生故障后导致数据丢失，才会发生。一旦忘记密码，都可以通过一定的操作步骤来恢复或者重置系统密码。有的比较简单，在交换机上按下一个按钮就可以了。而有的则需要通过一定的操作步骤才能解决。

4）外部因素。由于病毒或者黑客攻击等情况的存在，有可能某台主机向所连接的端口发送大量不符合封装规则的数据包，造成交换机处理器过分繁忙，致使数据包来不及转发，进而导致缓冲区溢出产生丢包现象。还有一种情况就是广播风暴，它不仅会占用大量的网络带宽，而且还将占用大量的 CPU 处理时间。网络如果长时间被大量广播数据包所占用，通信就无法正常进行，网络速度就会变慢或者瘫痪。

一块网卡或者一个端口发生故障，都有可能引发广播风暴。由于交换机只能分割冲突域，而不能分割广播域（在没有划分 VLAN 的情况下），所以当广播包的数量占到通信总量的 30% 时，网络的传输效率就会明显下降。

总的来说，软件故障应该比硬件故障较难查找，解决问题时需要较多的时间。最好在平时的工作中养成记录日志的习惯。每当发生故障时，及时做好故障现象记录、故障分析过程、故障解决方案、故障归类总结等工作，以积累经验。

【思考与练习】

1. 交换机的硬件方面会发生哪些故障？如何进行判断和处理？

2. 交换机的软件类的故障有哪些？如何判断和处理？

模块 6 路由器故障处理（Z18F3006015Ⅲ）

【模块描述】 本模块介绍了路由器故障的分析和处理。通过故障分析、处理方法介绍，掌握处理路由器常见故障的方法和技能。

【正文】

一、故障的性质及其危害

路由器故障主要来源于设备自身的软硬件问题、运行环境的影响、人为操作不当以及黑客和网络病毒的攻击等。路由器处于网络互联的关键位置，一旦发生故障，企业内网与外网的连接将会中断，总部网络与分支机构之间不能互相正常访问，会严重影响企业网上业务的运转和对社会公众的服务。

二、路由器故障的处理

路由器故障通常分为硬件故障和软件故障两大类，硬件故障主要是板卡故障、端口故障和电源故障，软件故障主要是配置故障、系统故障和软件运行过程中产生的故障。

路由器的整机故障、端口故障和路由故障中既包含了硬件故障，也有软件类的故障。下面，我们以整机故障、端口故障和路由故障为例，来介绍路由器故障的处理方法。

1. 整机故障的处理

路由器整机故障通常表现为死机或性能严重下降。引起整机故障的主要原因有电源故障、关键硬件故障、环境温度过高或严重的软件错误。整机故障的排除步骤如下：

（1）通过观察路由器前后面板和控制模块上的指示灯，判断供电电源、硬件模块工作状态是否正常，观察温度是否正常、风扇运转是否正常、是否存在整体或局部过热。

（2）在网管系统上登录该路由器，查看告警信息、分析运行日志，查找问题。

（3）使用 show process cpu 命令检查路由器的 CPU 是否过载。该命令将给出路由器 CPU 的利用率，同时显示不同进程的 CPU 占用率。通常情况下，在 5min 内 CPU 的平均利用率小于 60%是可以接受的。如果怀疑 CPU 利用率出现了问题，则需要不断地监视这一参数，因为它可能在短时间内发生变化。最好每 10s 使用一次该命令。通过这种方法，可以清楚地了解 CPU 利用率的波动情况。如果 CPU 的平均利用率超过了 80%，则表明路由器过载需要进一步检测是哪一些进程导致了 CPU 利用率过高。

（4）使用 show memory 命令检查内存的使用情况。show memory 显示出路由器可用内存的一般信息以及每一个进程占用的内存的详细信息，判断路由器内存是否不足。

（5） 使用 show version 命令查看路由器硬件和软件版本的基本信息。show version 命令显示了路由器的许多非常有用的信息，包括 IOS 的版本、路由器持续运行的时间、最近一次重新启动的原因、各类存储器的容量、IOS 映像的文件名，以及路由器从何处启动等信息。如果路由器由于完全崩溃而重新启动，则相应的错误消息将包含在 show version 命令的输出中。

2. 端口故障的处理

端口故障表现为该端口所连接的链路不通。造成端口故障的主要原因有端口物理失效（损坏）、配置错误或运行过程中发生严重软件错误而被关闭。端口故障的排除步骤如下：

（1） 查看该端口的指示灯显示是否正常。

（2） 使用 show interface 命令查看端口的状态是否正常。显示信息中的 Ethernet 1/0 is up 表明物理层没问题；Line protocol is up 表明链路层没问题。如果端口被关闭，则使用 no shutdown 命令，看能否激活。

（3） 使用 show interface ethernet 命令，查看以下关键信息来查找配置错误或软件问题：

1）BW、Dly、rely、load（带宽、延迟、可靠性和负载）。这些参数与 IGRP/EIGRP 标准有关。带宽和延迟的配置可以影响到路由选择。在工作正常的接口中，可靠性的值为 255。除非在十分繁忙的条件下，否则负载通常不应超过 150/255。

2）输出队列和输入队列中报文的数量，缺省长度分别为 40 和 75。监视输出队列的丢失报文数量。

3）每 1s 通过路由器接口的平均信息量（以字节为单位）以及报文数。这些参数的总量信息、路由器接口观测到的所有广播报文的数量也在命令的输出中显示。如果广播报文的数量增长非常迅速，尤其是如果相对于输入报文的数量非常高，则表明在局域网段中有广播风暴。由于某些特定的应用程序需要频繁使用广播报文，因此确定广播报文的数量阈值是很困难的。但是，如果广播报文的数量超过了整个输入报文的 30%，则需要使用局域网协议分析仪进一步检测网络。

4）Runts 是指大小小于最小值的报文。

5）Giants 指大小超过线路可以承受的最大报文大小的报文。以太网的 MTU 通常为 1500 字节，或者最大的封装数据为 1500 字节。

6）Input errors 指到达报文中检测到的错误，也可能表明网段本身发生了错误。

7）Output errors 指输出报文中的错误，它可能表明路由器接口本身发生了故障。

8）CRCs 由于报文不正确的以太网校验而检测到的循环冗余校验错误。它可能由于网段的噪声引起，或者由于网卡故障、报文冲突引发。CRC 的频率应是每 100 000

个输入报文中发生一次。

9）Frame errors 指接收到的帧的类型与路由器以太网帧类型（IP 协议帧类型为 ARPA）不匹配。

10）Aborts 在碰撞检测中过度的重传而导致的问题。在以太网中，重传的最大次数不超过 15 次。

11）Dribble condition 指接收到的帧比 MTU 大，但不属于 Giants。

12）Babble 是指持续接收到可疑的帧。

13）Deferred 如果线路繁忙，报文在传输时将被延缓发送。

14）Interface resets 在检测到过多的错误时，路由器将重置接口。这些错误可能存在于局域网段中，也可能是接口本身的错误。在此不能够判断具体故障位置，但是，如果伴随着大量的输出错误，则表明路由器接口本身发生故障。

3. 路由故障的处理

路由故障表现为找不到指向某一网络的路由、路由不可达或非最佳路由。造成路由故障的主要原因是路由协议配置错误或运行过程中发生软件错误。路由故障的排除步骤如下：

（1）Ping 目标网络，证实从源点到目标之间所有物理层、数据链路层和网络层是否都运行正常。

（2）使用 show protocol 命令查看路由器上运行的协议信息以及路由这些协议的每一个接口的地址信息。

（3）沿着从源到目标的路径，查看路由器路由表，同时检查路由器接口的 IP 地址。如果路由没有在路由表中出现，应该通过检查来确定是否已经输入适当的静态路由、默认路由或者动态路由。然后手工配置一些丢失的路由，或者排除一些动态路由选择过程的故障，包括 RIP 或者 IGRP 路由协议出现的故障。如对于 IGRP 路由选择信息只在同一自治系统号（AS）的系统之间交换数据，查看路由器配置的自治系统号的匹配情况。

（4）使用 Trace 命令查看路由器到目的地址的每一跳的信息。

（5）使用 Debug 命令，对路由协议的设置进行调试。

【思考与练习】

1. 路由器的常见故障有哪些？

2. 如何排查路由器的端口故障？

3. 造成路由故障的主要原因是什么？

第七章

系 统 运 行 监 测

◢ 模块 1　读懂后台监控遥信量、遥测量及
通信状态（Z18F4001Ⅱ）

【模块描述】本模块介绍了后台监控系统中遥信量、遥测量及通信状态的显示方式，以及数据和参数的查询方法。通过方法介绍、界面图形示意，掌握正确读取后台监控系统中遥信量、遥测量及装置通信状态的方法。

【正文】

一、查看后台监控遥信量、遥测量及通信状态前的准备工作

1. 确认监控系统与装置通信正常

（1）确认所有装置正常启动。

（2）确认装置和后台之间的连接设备运行正常，包括交换机通电、通信正常及所有网线连接正确并通信正常。

（3）确认后台计算机地址和所有装置地址配置正确，所有装置地址能够 ping 通。

2. 准备装置配屏图纸

（1）准备装置白图。

（2）准备一次主接线图。

（3）准备各侧间隔详细分图。

3. 准备后台信息表

（1）准备所有遥信表、遥测表、遥控表。

（2）准备其余详细信息表。

二、数据的显示方式

1. 后台监控系统中遥信量的显示方式

（1）一次接线图/间隔图。在一次接线图或间隔图中，遥信量的状态可通过图符的各种显示状态来表示。

1）查阅断路器/隔离开关位置。

2）检查保护压板投入/退出状态显示。

3）检查操作把手远方/就地状态显示。

（2）遥信量一览表，用以显示一组遥信量信号的状态，遥信量的状态一般用图符的不同颜色来代表。

（3）实时告警。当遥信量状态发生变化时，在实时告警框中将出现相关的告警事件，提醒运行人员注意。告警信息可通过分层、分类、分级方式进行检索。每一条告警记录包含"告警等级""时间""操作人""站名称""点名称"和"事件"等信息。

2. 后台监控系统中遥测量的显示方式

（1）实时曲线/历史曲线。在一张曲线图中可同时显示多条曲线。

（2）遥测量一览表。遥测一览表用以显示一组遥测量的值。

（3）一次接线图/间隔图。

3. 通信状态的显示方式

目前自动化监控系统一般均采用双网冗余配置，用"A/B 网"来标识这两个网络。后台监控系统的通信状态包含了配电站室内所有接入后台监控系统装置的通信状态。这些设备包括间隔层的智能电子设备、站控层的监控主机和远动通信管理机。间隔层的智能电子设备，如测控装置、保护装置、低压保护测控四合一装置、电能表、直流屏等设备的通信状态可在通信状态一览表中查看，在线运行时，运行人员通过此通信状态一览表就可以判断出配电站室内所有装置的通信状态。系统实时判断后台监控主机和远动通信管理机的通信状态，当发生通信异常时，如通信中断或恢复，将在实时告警框中显示相关的告警事件，提醒运行人员注意。

三、数据及参数的查询方式

（1）遥信量的查询，在运行画面上用鼠标双击某个遥信量图元，系统将弹出该图元对应的属性对话框，可以在对话框中查询所需要的数据状态。

（2）设备的查询，在运行画面上用鼠标双击某个断路器/隔离开关设备图元，系统将弹出该设备图元对应的属性对话框。

（3）在运行画面上用鼠标双击某个遥测量图元，系统将弹出该图元对应的属性对话框。

【思考与练习】

1. 后台监控系统的遥测量可以通过哪些方式显示？

2. 在监控系统中如何显示通信状态？

▲ 模块 2　遥测信息异常处理（Z18F4002 Ⅱ）

【模块描述】本模块介绍了后台监控系统遥测数据常见异常现象和简单的原因分析。通过异常分析、处理方法及实例介绍，掌握遥测数据常见的异常现象及处理方法。

【正文】

一、常见遥测数据异常现象

在调试、运行时常遇到的异常现象包括：

（1）遥测数据不刷新。

（2）遥测数据错误。

二、遥测数据异常原因分析及处理

（1）遥测数据不刷新可分两种情况分别分析，首先如果一个测控装置的所有遥测都不刷新，可查看后台与此装置通信是否正常，如通信中断，解决通信中断问题；其次，如果只是单个或部分遥测不刷新，可查看后台有没有人工置数，如设置人工置数，那么遥测不会实时刷新，解除人工置数即可，在后台实时数据检索界面可查看到装置上送的遥测是否刷新。

（2）遥测数据错误可以首先查看装置上送的遥测是否正确，在后台实时数据检索界面的节点遥测可以查到装置上送的码值，如码值正确，那么就查看后台设置的系数是否正确。如果数据是后台综合量计算得来的，那就查看相应公式的处理是否正确。

三、案例

某公司后台监控系统由于某有功功率遥测系数不对造成遥测数据错误。

（1）在监控后台微机上开始菜单中启动"数据库编辑"工具。

（2）在"数据库维护工具"画面左边树状菜单中找到遥测出错的那个装置，选中"遥测"，见图 7-2-1。

在画面右边遥测列表中，有该装置电流、电压、功率等遥测列表，由于"乔 63 641 保护测控_P"的"一次值"数据为"2.078 4"，造成其遥测值比实际值缩小 10 倍。将"2.078 4"改为"20.784"，并保存，重启计算机。计算机启动运行正常后，该遥测值正常。

【思考与练习】

1. 简述后台系统遥测数据不刷新的原因分析及处理原则。

2. 结合现场案例，如何进行遥测数据错误的分析及处置。

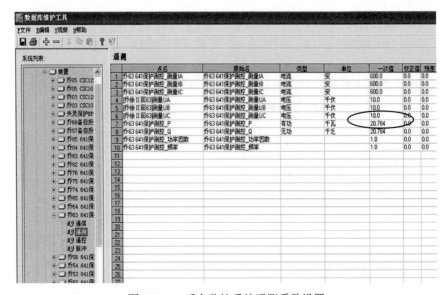

图 7-2-1　后台监控系统遥测系数设置

▲ 模块 3　遥信数据异常处理（Z18F4003 Ⅱ）

【模块描述】本模块介绍了后台监控系统遥信数据常见异常现象和简单的原因分析。通过异常分析、处理方法及实例介绍，掌握遥信数据常见的异常现象及处理方法。

【正文】

一、常见遥信数据异常现象

在调试、运行时常遇到的异常现象包括：

（1）遥信数据不刷新。

（2）遥信值和实际值相反。

（3）遥信错位。

（4）遥信名称错误。

二、遥信数据异常原因分析及处理

1. 遥信数据不刷新

可分三种情况分别分析：

（1）如果一个测控装置的所有遥信都不刷新，可查看后台与此装置通信是否正常，如通信中断，解决通信中断问题；如通信正常，可查看此装置是否有遥信电源。

（2）如果只是单个或部分遥信不刷新，可查看后台有没有人工置数，如设置人工置数，那么遥信不会实时刷新，解除人工置数即可；如未人工置数，可检查采集遥信的相应装置的遥信节点状态是否正确，相应节点可通过遥信信息表，相关设备回路图纸查到，节点状态可看装置采集的状态，也可通过万用表量节点确定。

（3）装置检修压板在投入状态时，该装置的遥信信号被封锁。

2. 遥信值和实际值相反

遥信采集一般使用常开接点，当某一采集接点使用动断接点时，会出现遥信值和实际值相反的现象，可将该遥信参数中的取反项选中，或将采集接点改为常开接点使遥信状态与实际一致。

3. 遥信错位

一般有两种情况，首先检查测控装置上的遥信电缆是否接错端子，若接错则将其改正；其次，检查遥信库定义是否错位，若错位则改正后保存。

4. 遥信名称错误

可先确定遥信状态与实际一致，之后可以在遥信定义表里进行遥信名称修改，保存。并进行系统重要参数确认。

后台监控系统遥信人工置数参数设置如图 7-3-1 所示。

三、案例

某公司后台监控系统的某遥信不刷新。

在画面中用鼠标双击该遥信点对应的图符，将弹出"遥信操作"对话框，见图 7-3-1。检查"处理标志"中的"人工置数"标志位是否处于选中状态。若测点处于"人工置数"状态时，该遥信点将一

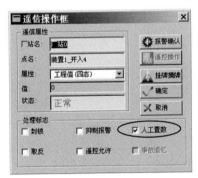

图 7-3-1　后台监控系统遥信人工置数参数设置

直保持人工置数的设定值，而不会根据现场的状态进行刷新。取消该测点"人工置数"状态后，该遥信刷新正常。

【思考与练习】

1. 简述后台系统遥信数据不刷新的原因分析及处理原则。

2. 结合现场案例，分析遥信错位的原因及处理方案。

▲ 模块 4　遥控功能异常处理（Z18F4004 Ⅱ）

【模块描述】 本模块介绍了后台监控系统遥控功能常见异常现象和简单的原因分析。通过异常分析、处理方法及实例介绍，掌握遥控功能常见的异常现象及处理方法。

【正文】

一、常见遥控功能异常现象

在调试、运行时常遇到的异常现象包括：

（1）遥控选择不成功。

（2）遥控执行不成功。

二、遥控功能异常原因分析及处理

（1）遥控选择不成功的原因分析：

1）装置有逻辑闭锁，在不满足条件时，禁止遥控。检查逻辑，使之正确，并满足条件。

2）装置面板有远方/就地切换按钮，在就地位置时，远方不能进行遥控。应打到远方位置。

3）后台与装置的通信中断，遥控指令不能发送到装置造成遥控选择不成功。通信中断的处理请参见第四章模块4。

4）后台遥控操作一般要与"五防"微机装置通信进行防误闭锁逻辑判断，如果"五防"校验没有通过，遥控选择将会失败。应检查"五防"微机的相关设置和参数是否正确。另外，后台机与"五防"微机装置的通信中断，也会造成遥控选择将会失败。

（2）遥控执行不成功的原因分析：

1）判断装置有没有执行，一般装置都会有相应指示，在面板上有合、分指示，如未执行，可查通信；如已执行，但无遥信返回，可看相应遥控出口压板有没有投入，或者设备实际已动作，而辅助节点状态未送上来。如以上情况都排除了，可查看装置出口到一次设备控制回路是否正常。

2）遥控相关遥信即遥控点判断遥信。在遥控操作前，以该遥信点判断可以进行的遥控动作（是控分还是控合）；在执行遥控操作后，系统通过其对应遥信点的变位情况来判断遥控操作是否成功。所有遥控点必须定义该属性，否则无法执行遥控操作。遥控点的判断遥信定义错误，将造成遥控操作后，系统提示遥控执行不成功。

三、案例

某公司后台监控系统的某开关遥控相关遥信点设置错误，导致系统提示遥控执行不成功。

（1）在监控后台微机上开始菜单中启动"数据库编辑"工具。

（2）在"数据库维护工具"画面左边树状菜单中找到遥控不成功的那个装置，选中"遥控"，见图7-4-1。

图 7-4-1　后台监控系统遥控相关遥信设置

在画面右边遥控列表中，查看"相关遥信"是否与遥控点对应，如点名"乔 83 641 保护测控_断路器遥控"的相关遥信应为"乔 83 641 保护测控_乔 83 开关位置"，若不是，则改正并保存，重启计算机。计算机启动运行正常后，做乔 83 开关遥控操作，后台监控系统提示遥控成功。

四、注意事项（安全措施）

在处理某单元遥控异常前，应将其他单元的"远方/就地"开关打至"就地"，工作结束后再由运行人员恢复。

【思考与练习】

1. 简述后台系统遥控执行命令下发后，遥控执行不成功的原因分析及处理原则。

2. 结合生产现场案例，分析遥控选择不成功的原因，所采取的相应对策。

▲ 模块 5　遥测系数及遥信极性的处理（Z18F4005Ⅱ）

【模块描述】 本模块介绍了电压、电流、电度等遥测量系数的计算方法，以及遥信量极性的处理方法。通过配置过程介绍，掌握根据现场运行配置情况对监控系统中的遥测量系数以及遥信量极性进行处理的能力。

【正文】

一、遥测系数的设置

通过二次测量装置采集上送的遥测量属于二次测量值，经过监控系统遥测量比例系数转换成一次测量值。对于不同型号，不同厂家不同时期的测量装置，比例系数的算法也不尽相同。

1. 标度系数

标度系数是遥测信号的放大系数，如果是电流就是 TA 变比的值；如果是电压就是 TV 变比的值；如果是有功功率或者无功功率，就是电流和电压的标度系数的积值；其他量则为 1。这里的变比是比值，是同样带单位比的，比出来的一次侧的单位就是后面单位属性里要填写的单位。如电压如果一次侧用"kV"的电压等级去做计算，那么单位属性就要填写"kV"为最后得到的单位。

2. 参比因子

参比因子为相应的测控装置的码值转换系数，这个根据现场的逻辑装置不同会有不同的设定，这个值可以根据测控装置的说明中得到，一般不同的生产厂家会发布具体的转换码值。

3. 系统遥测系数的计算填写方法

（1）遥测值的计算公式：

遥测值=原码/参比因子×标度系数+基值

（2）各类遥测系数的填写方法：

一般在遥测数据库电压及电流系数为 TA、TV 变比，有功及无功系数为 TA 变比×TV 变比，会根据监控系统型号不同有些许差别。

二、遥信极性的处理方法

在现场实际调试中，有时会发现有些个别遥信实际送到测控装置的极性是反的，也就是说，也许需要的遥信是动合节点，但是送到装置的遥信却是动断节点。在这种情况下，不需要去改变机构内的端子接线，因为在监控系统后台可以进行取反处理。在系统组态软件的遥信表中，每个遥信的选项中都有是否需要取反的选项，只需将其勾上，对这个遥信的取反即可生效。

【思考与练习】

1. 如果后台遥信位置显示与实际位置相反，应如何处理？

2. 结合现场案例，分析参比因子不同的设定，如何正确读取？

第三部分

配网自动化系统异常处理能力

第八章

系 统 平 台 操 作

▲ 模块 1　工作站的启、停（Z18G1001 I）

【模块描述】本模块介绍工作站启、停的操作方法。通过方法介绍，掌握启、停工作站的步骤和方法。

【正文】

一、工作站的启动方法

1. 开机

接通工作站的电源，按下开机键，直到显示器上可打开终端，开机过程结束。

2. 系统应用程序的启动

以某产品为例，在 EMS 用户下使用"sam_ctl start fast"脚本启动工作站上所有系统应用进程。

二、工作站的停止方法

1. 停止系统应用程序

在 EMS 用户下使用"sam_ctl stop"脚本停止工作站上的所有系统应用进程。

2. 关机

使用操作系统命令关闭工作站。

UNIX 操作系统：用命令"shutdown -h now"关机。

LINUX 操作系统：用命令"init 0"或者"shutdown -h now"关机。

Windows 操作系统：用"开始"菜单中关机功能关机。

【思考与练习】

1. 工作站的启、停都包括什么内容？

2. 上机练习，掌握启、停工作站的操作方法。

◢ 模块 2　计算机网络设备的性能测试方法（Z18G1002Ⅰ）

【模块描述】本模块介绍网络设备的性能测试指标和常用的网络测试命令。通过概念介绍和举例说明，熟悉网络设备的性能测试指标，掌握常用的网络测试命令的功能和使用方法。

【正文】

IP 承载网性能的测试从测试范畴来讲，可分为设备性能测试和网络性能测试。

设备性能测试是单点层面的测试，主要是对 IP 网中的各网元设备（如交换机）进行性能测试；网络性能测试是延伸层面的测试，主要是对网络端到端性能、全网性能进行的测试。

一、测试指标

测试指标分为网络互联设备和应用管理设备两类。

1. 网络互联设备

网络互联设备的性能测试主要集中在设备网络层面的性能测试。测试的标准通常采用业界广泛认可的 RFC 标准，包括 RFC1242、RFC2544、RFC2885、RFC2889 等，其中 RFC2544 定义了网络互联设备最基本的基准性能测试指标，包括：

（1）吞吐量（Throughput）：在不发生数据包丢失情况下，被测设备能够支持的最大传输速率。

（2）时延（1atency）：测试数据包通过被测设备所需要的时间。

（3）丢包率（Frame Loss Rate）：在一定负载下，被测设备丢失数据包的比例。

（4）背靠背（Back-to-Back Frame）：在最大速率下，在不发生数据包丢失前提下被测设备可以接收的最大突发数据包（Burst）的数目。

2. 应用管理设备

应用管理设备的性能测试主要集中在传输、应用层面的性能测试，对该类设备，目前业界没有统一的测试参考标准，但下列性能指标的测试，已广泛得到测评机构、设备制造商的认可，作为应用管理设备性能的度量指标，包括：

（1）最大连接速率（Maximum Connection Rate）：被测设备每秒能够成功处理的最大连接数目。

（2）最大并发连接数（Maximum Concurrent Connections）：被测设备能够成功处理的最大并发连接数目。

（3）最大带宽（Maximum Bandwidth）：被测设备能够成功处理的最大带宽。

（4）最大事务速率（Maximum Transaction Rate）：被测设备能够每秒成功处理的

最大事务数目。

（5）最大并发用户（Maximum Simultaneous Users）：被测设备能够成功处理的最大用户数目。

对应用管理设备除了测试在传输、应用层面的性能外，还需要测试设备在网络层面的数据转发性能。数据转发性能测试一般参考网络互联设备的性能测试方法，测试标准参考 RFC2544。

二、常用的网络测试命令

以上介绍的性能指标通常是要借助专业仪表来测试。下面介绍利用操作系统命令可做的测试。

ping 命令用于查看网络上的主机是否在工作。

简单说，ping 就是一个测试程序，可用来快速检测网络故障。如果 ping 运行正确，大体上就可以排除网络访问层、网卡、Modem 的输入输出线路、电缆和路由器等存在故障，从而减小了问题的范围。

1. 测试本机网络

ping IP 地址（本机网络地址），ping 通则表明网络适配器（网卡或 Modem）工作正常，网络不通则是网络适配器出现故障。

2. 测试本机和另一台主机网络连接情况

（1）ping IP 地址（另一台主机的网络地址）。ping 一台同网段计算机的 IP，不通则表明网络线路出现故障。若网络中还包含路由器，则应先 ping 路由器在本网段端口的 IP，若不通则此段线路有问题。如通则再 ping 路由器在目标计算机所在网段的端口 IP，不通则可判断出是路由出现故障；通则再 ping 目的机 IP 地址。

（2）Netstat 命令。Netstat 命令的功能是显示网络连接、路由表和网络接口信息，可以让用户得知目前都有哪些网络连接正在运作，一般用于检查本机各端口的网络连接情况。

如果计算机接收到的数据报文出错数目占到所接收的网络数据报文相当大的百分比，或者数目正迅速增加，那么就应该在本机上用 "Netstat" 查一查为什么会出现这些情况。

（3）Tracert 命令。Tracert 命令的功能是跟踪路由。当数据报文从计算机经过多个网关传送到目的地时，Tracert 命令可以用来跟踪数据报文使用的路由（路径）。该实用程序跟踪的路径是源计算机到目的地的一条路径。

Tracert 一般用来检测故障的位置，在本机上执行 "Tracert IP 地址（目的地）" 命令可判断在哪个环节上出了问题。

【思考与练习】

1. 本模块介绍了哪些网络测试性能指标？

2. 上机练习，掌握常用网络测试命令的使用方法。

▲ 模块 3　系统应用程序的启、停（Z18G1003Ⅰ）

【模块描述】本模块介绍系统应用程序的启、停操作方法。通过方法介绍，掌握启、停系统所有应用程序或者某一个应用程序的方法及其注意事项。

【正文】

一、启动系统所有应用程序的操作方法

系统的所有应用程序实际就是一个个进程，启动整个系统实际就是按照一定的顺序启动所有进程的过程。

以某产品软件为例，启动系统所有的程序使用的命令是"sam_ctl"，意思是系统管理总控程序。这个命令通过不同的输入参数以及配置文件的设置来启动和停止整个系统的所有应用程序。

操作方法是：使用 EMS 账户登录。登录后使用"sam_ctl"这个命令。典型的使用方法是"sam_ctl start down"，start 表示启动系统，down 代表从数据库重新下装数据表到本地磁盘。当商用数据库中的表结构改变，或者增删了一些数据表，而且希望立刻下装到本机的时候，使用 down 这个参数。

另外一种系统快速启动方式是"sam_ctl start fast"，不下装数据表。

二、停止系统所有应用程序的操作方法

停止系统所有的应用程序就相对比较简单，在 EMS 用户下使用"sam_ctl stop"命令，依次停止系统中的所有应用程序进程。

三、单个应用程序的启、停操作方法

在"工作站的启、停（Z18G1001Ⅰ）"模块中，已介绍了用 UNIX 命令启、停一个进程的操作方法。

四、使用图形界面程序启、停系统应用程序

在"应用软件的启、停操作（Z18G1004Ⅰ）"模块中已介绍了单独启、停一个应用的操作。单独启、停一个应用下的应用程序，只要在应用下再打开一层选择操作对象即应用程序名，后面的操作完全相同。

五、注意事项

系统第一次启动，"sam_ctl start"必须在服务器上执行，且必须使用 down 参数下装最新的数据表。

【思考与练习】

1. 本模块介绍了哪几种启、停应用程序的方法？

2. 上机练习，掌握启、停应用程序的操作方法。

▲ 模块 4 应用软件的启、停操作（Z18G1004 I）

【模块描述】本模块介绍应用软件的启、停操作的方法。通过方法介绍，掌握启、停系统所有应用程序或者某一个应用程序的方法及其注意事项。

【正文】

一、使用命令行的操作方法

如果系统启动或者停止属于某一个特定应用的程序，应使用"manual_app_start"和"manual_app_stop"这两个命令，即手动启动和停止应用软件。

操作方法：在 ems 用户下若想启动一个应用，命令格式是"manual_app_start 应用名"。例如，启动 DSCADA 应用的命令格式是"manual_app_start DSCADA"；若想停止一个应用，命令格式是"manual_app_stop 应用名"。

例如，停止 AGC 应用的命令格式是"manual_app_stop AGC"。

manual_app_star 与 sam_ctl 同样也含有 down 这个参数，其作用是重新下载数据表。命令格式是"manual_app_start -s down 应用名"。

二、使用图形界面的操作方法

单独启、停一个应用的操作也可使用一个有图形界面的进程完成。进程名是 sys_adm 系统管理，它的界面更加友好。

操作方法：在 ems 账户下启动系统管理人机界面 sys_adm。在图形界面上，完成登录后选择节点状态标签，在系统管理界面上会显示系统中的所有节点，选择想要控制的节点，点开后会有进程、网络、应用和资源四个选项。

选择应用，右边会显示出本机所有配置过的应用。若想启动或者停止某个应用，只要将鼠标移动到应用名称上，点击右键，选择相应的启动和停止命令即可。如图 8-4-1 所示。

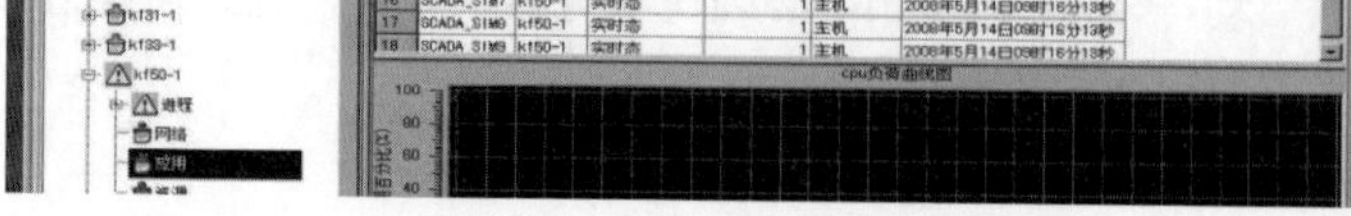

图 8-4-1 系统管理人机界面

【思考与练习】

1. 如何在 ems 用户下启动某一个应用？
2. 上机练习，掌握单独启、停一个应用软件的操作方法。

▲ 模块 5　双机服务器的切换（Z18G1005Ⅱ）

【模块描述】本模块介绍双机服务器切换。通过工作过程的介绍和要点归纳，掌握双机服务器的主备工作方式及其切换的注意事项。

【正文】

一、双机服务器切换的必要性

为了调度系统的安全可靠，系统配置至少是双机主备方式。同一时刻只有一台做主机，但可以有多台备机。在主机故障时，其他所有的备机就会根据条件进行判断，其中一台会升成主机；正常情况下将主机关闭，和主机故障时一样，其中一台备机会升成主机。

二、双机服务器切换的方法

双机切换可以通过系统管理工具的"应用状态"，如图 8–5–1 所示。

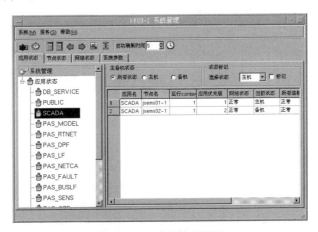

图 8–5–1　系统管理界面

在左侧选择需要切换的应用，在右侧的窗口中，会列出当前应用的主备服务器，右键点击需要切换的节点的"当前状态"栏，选择需要切换的状态"主机"或"备机"，则可完成双机的主备切换。

三、双机服务器切换的注意事项

（1）若要将一台服务器切换成主机的前提是它必须处在备机状态。

（2）允许将服务器上某应用的主机切换到另一台服务器上。

【思考与练习】

1. 服务器可以切换成主机的前提条件是什么？

2. 简述双机服务器切换的注意事项。

◢ 模块 6　双机系统应用的切换（Z18G1006Ⅲ）

【模块描述】 本模块包含双机系统应用切换的操作。通过方法介绍和举例说明，掌握双机系统应用切换的操作方法和注意事项。

【正文】

调度自动化系统的应用可以运行在多台机器上。同一时刻只有一台主机，但可以有多台备机。当主机故障或关机时，其他所有的备机就会根据条件进行判断，其中一台会自动升为主机。系统运行正常时把主机应用切换到另一台机器上是允许的。

以下就某产品为例介绍人工切换方法。

一、应用的切换的方法

任何节点上执行"app_switch 服务器机器名需要切换的应用号主备标志号"便可进行切换，"app_switch"是应用切换进程名。如：

app_switch　hostname1 1000 3

其中"hostname1"为服务器名称，"1000"是 DSCADA 应用号，"3"是切为主机标志号。以上命令的含义是把服务器 hostname1 切换成 DSCADA 应用的主机。

app_switch hostname0 1000 2

其中"2"是切为备机标志号。以上命令的含义是把服务器 hostname0 切换成 DSCADA 应用的备机。

二、使用图形界面切换应用

同启、停系统一样，应用切换也可在 sys_adm 系统管理界面上完成。

如图 8-6-1 所示，在 sys_adm 界面上，选择"应用状态"标签，在系统管理界面上会显示系统所有已经配置的应用，选中某一个应用，在右边会显示这个应用在所有机器上的运行状态。选一条记录，右击将其切换成主机或者备机。

三、注意事项

若要将一台服务器切换成主机的前提条件是它必须处在热备用状态。

【思考与练习】

1. 本模块介绍了哪几种应用切换的方法？

2. 服务器可以切换成应用主机的前提条件是什么？

图 8-6-1　系统管理界面

▲ 模块 7　双通道的切换操作（Z18G1007Ⅲ）

【模块描述】本模块介绍双通道间切换操作的方法。通过方法介绍和举例分析，掌握双通道之间切换操作的两种方式及其实现方法。

【正文】

为了系统运行的可靠性，厂站端传送数据给控制中心时，大多采用双通道方式传输数据。当双通道并列运行时，遇到通道通信干扰或故障，需要在双通道之间进行切换转换来保证数据的正常、准确传输。

双通道之间的切换可分为程序控制的自动切换和人工切换两种方式。

一、自动切换

在通道正常接收数据的同时，自动化系统可实时对通道中接收数据的误码进行统计，并将统计出来的误码率进行分类。通过对通道工况故障、通道工况退出等工况的分析，形成对双通道之间的相对优先级，自动选用质量好的通道来值班。

程序实现自动切换时，双通道的设置参数必须一致并且没有人为的封锁，才能保证双通道的切换能够有效完成。

二、人工切换方式

在程序自动控制切换通道的同时，还提供了人工切换方式。即可通过硬件、软件及人机界面来实现人工切换。

（1）通过通道切换板的开关选择来实现通道的人工切换操作。

（2）通过运行程序来实现通道的投入、退出，值班、备用，以及所连前置机的选择等。

（3）通过人机界面对图形上代表通道的图元，运用鼠标右键丰富的菜单选择来实现对通道的控制。其菜单功能包括通道的封锁值班、封锁备用、封锁投入、封锁退出、封锁连接 A 机、封锁连接 B 机等操作。

如设某厂站具备双通道传送数据的条件，有通道 A 和通道 B，原值班通道为 A，通道 B 备用。因通道 A 需退出，因此要让通道 B 值班。人工切换的方法有以下三种：

（1）将切换板的开关打到 B 通道位置。

（2）运行程序设通道 A 退出，通道 B 值班。

（3）在通道监视画面上，首先对通道 A 图元置"封锁退出"，其次对通道 B 置"封锁值班"。

【思考与练习】

1. 本模块介绍了几种双通道切换的方法？

2. 上机练习，掌握双通道切换的方法。

第九章

快速仿真预警分析

▶ 模块 1　DTS 的结构（Z18G2001Ⅱ）

【模块描述】本模块介绍 DTS 的结构。通过功能介绍和图文结合，掌握 DTS 系统的模块结构与基本功能，熟悉 DTS 仿真室结构以及 DTS 系统在调度中心计算机网络中的位置。

【正文】

一、DTS 系统基本概念

调度员培训模拟系统（Dispatcher Training Simulator，DTS）是一套数字仿真系统，运用计算机技术，通过建立实际电力系统的数学模型，再现各种调度操作和故障后的系统工况，并将这些信息送到电力系统控制中心的模型内，为调度员提供一个逼真的培训环境，以达到既不影响实际电力系统的运行，又使调度员得到身临其境的实战演练的目的。其主要用途为在电网正常、事故、恢复控制下对系统调度员进行培训，训练正常调度能力和事故时的快速决策能力，提高调度员的运行水平和分析处理故障的技能；也可以用于各种运行方式的分析，协助运方人员制定安全的系统运行方式。DTS对提高电网安全运行水平是一个十分有用的现代化工具。

图 9-1-1 给出了 DTS 系统概念图。图形的右半部分表示实际的调度系统，包括实际电力系统和调度中心的自动化系统。图形的左半部分是 DTS，它是实际调度系统的"镜像系统"。采用数字仿真的电力系统模型来模拟实际电力系统，用调度室模型模拟真实的调度室。

使用 DTS 的人员可以分为教员（Instructor）和学员（Trainee）。被培训的学员坐在与实际调度室环境相似的学员室中充当调度员，接受培训；而有经验的教员坐在教员室中，利用教员系统，负责培训前的教案准备，控制仿真过程，设置电网事故，并充当厂站操作员，执行由学员下达的"调度命令"，并在培训结束后评价学员的调度能力。

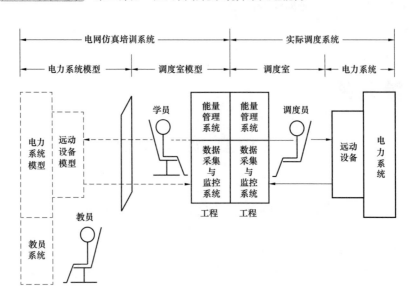

图 9-1-1 DTS 系统概念图

DTS 系统基本功能与模块

如图 9-1-2 所示，DTS 系统主要由教员台系统和学员台系统构成。其中教员台系统包括了电力系统模型（Power System Model，PSM）和仿真支持系统（Instructor System，IS），学员台系统则由控制中心模型（Control Center Model，CCM）构成。一方面，教员台系统中的电力系统模型计算产生连续变化的电网运行状态，并通过远动模型发送给学员台系统；另一方面学员台系统中的控制中心模型监视和分析电力系统模型的运行工况，并且通过模拟遥控和遥调方式对电力系统模型进行控制。该过程完全模拟了电力系统的生产、传输和调度的过程。

1. 电力系统模型（PSM）

PSM 模拟电网在正常和紧急状态下的静态或动态过程，实时模拟电网的静态和长期动态行为，准实时模拟电网的暂态和中期动态过程，模拟系统内的继电保护和安全自动装置，及其他们的拒动和误动行为。仿真规模视被仿真的电力系统情况而定。

PSM 考虑了电网现有和未来规划中的所有电气设备及元件的模型要求，在模型、参数和相应算法方面分别考虑交流和交、直流混合系统的不同要求。如果未来有新的元件和设备需要在 DTS 中仿真，在掌握了其数学模型的基础上可以加入仿真中来。

提供的稳态设备模型主要有发电机、调速器、励磁系统、线路、变压器、电抗/电容器、母线、开关、刀闸、负荷、消弧线圈、直流输电系统、继电保护、安全自动装置等。模型包括了一次模型和二次模型：电网（线路、母线、开关/闸刀、电容/电抗器、变压器等）、电能源、频率、外部 AGC、负荷、发电机、汽轮机、锅炉、变压器、调

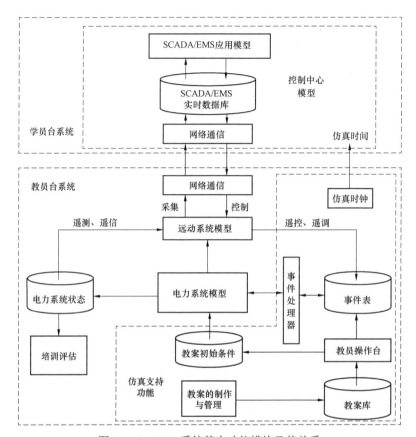

图 9-1-2　DTS 系统基本功能模块及其关系

相机、继电保护和安全稳定自动装置等。在稳态设备模型基础上，增加的设备动态模型主要有发电机、调速器、励磁机、PSS、原动机、动态负荷模型等。还可提供直流输电系统和抽水蓄能机组的动态模型。

2. 控制中心模型（CCM）

教员台模拟前置机向学员台发送仿真电网的遥信遥测数据。在学员台中仿真 DSCADA/EMS 所有的监视和控制功能。控制中心 DSCADA/EMS 功能仿真是 DTS 的一个重要组成部分，为保证给调度员创造一个真实的环境，使调度员有一个身临其境的感觉，增强培训效果。

CCM 的方法是直接采用在线的 DSCADA/EMS 系统，或者模拟在线 DSCADA/EMS 系统的所有功能，并尽可能做到一致。功能包括监控系统和高级应用软件，能实现相同的报警、操作和分析功能，而且具有相同或类似的人机交互系统。控制中心模型是学员台的软件系统，为学员或接受培训或考核的调度员使用。

控制中心模型与其他系统（模块）的关系如图 9-1-3 所示，控制中心模型由前置机模块、数据采集 DSCADA 模块以及 EMS 应用软件组成。它与实际的控制中心系统从软件结构和功能上基本相同，在某些时候可以充当控制中心系统的备用系统。当数据链路的开关 K 合到左侧时，使用实际电力系统实时数据，此时它就是控制中心系统；当数据链路的开关 K 合到右侧时，使用电力系统模拟数据，此时它就是控制中心系统模型。

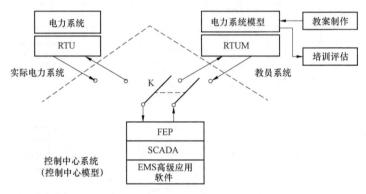

图 9-1-3　控制中心模型与其他系统（模块）的关系

3. 仿真支持功能（IS）

仿真支持功能是教员制作教案、调节和控制电力系统模型及控制培训过程的模块，是教员台系统的一部分。该系统应有灵活的培训支持功能，教员可灵活设置各种事件，编制各种教案，可很方便地建立培训的初始条件。培训时教员还可以方便地设置、修改、删除和插入各种事件，执行学员下达的各种调度命令，控制和监视培训进程。具有灵活的控制仿真过程的功能，如暂停、恢复、快照（人工触发和自动触发）、快放、倒回重放和慢速演示等功能，使得教员台的操作灵活、方便。同时，提供培训/考核结果的自动评估功能。

仿真教案的初始条件可以根据人工设定的仿真时间，利用负荷预测形成的负荷曲线，利用发电计划建立发电曲线。从一个离线生成的潮流断面开始，进行负荷分配和发电出力分配，计算初始潮流；可以直接取用 EMS 系统的实时数据断面，通过状态估计计算，自动为 DTS 生成一个完整的在线教案；还可以取用过去保存的任何一个教案数据断面作为初始潮流，启动仿真。并可按需改变。可对保存的网络接线方式、运行方式、二次系统配置等进行修改，修改后的教案可以另存或覆盖。

除了面向历史和当前的电网模型，DTS 系统还需要对未来电网模型进行仿真，如需要针对几个月后的电力系统进行反事故演习。而我国的电网发展很快，DTS 对规划电网教案制作的支持更显重要。

二、DTS 仿真室结构

DTS 仿真室结构示意图如图 9-1-4 所示，DTS 仿真室一般分为学员区和教员区，教员区处在学员区的后面，两者之间采用透明玻璃隔开，学员看不到教员，而教员却能看到学员，以便观察学员的操作和表情。

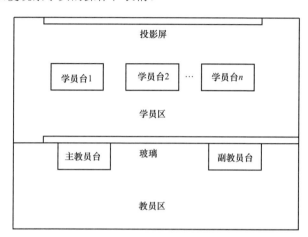

图 9-1-4　DTS 仿真室结构示意图

教员区内设一个或多个教员台，采用多教员台模式是 DTS 系统的新发展，优点如下：

（1）多教员同时参演可以降低教员在培训或反事故演习的劳动强度，加快培训和演习进度。

（2）可利用同一 DTS 系统实现多个调度班组或不同调度中心人员的同时培训。

（3）可以用于个上、下级的调度中心的联合反事故演习。

多教员台使用的是同一套电网模型和计算服务器，采用客户/服务器和订阅/发布的通信模式。如图 9-1-5 多教员台实现机制示意所示，教员台的所有操作指令采用客户/服务器向计算服务器发送，而教员台的人机显示数据则通过订阅/发布实现，具有很高的网络效率。

学员区可以配置多个学员，典型配置为三个，分别为主值、副值和见习值班员，这样与实际调度班组的组成基本一致。

在演习过程中，教员一方面扮演下级厂站值班员的角色，对系统进行各种故障的设置，并负责接收处理学员发出的各种操作票命令；另一方面又要监控学员的行为，判断学员对故障的处理是否合理。

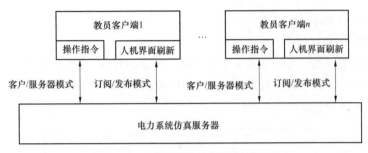

图 9-1-5 多教员台实现机制示意图

在演习过程中,学员扮演的是调度员/集控员角色,学员在培训过程中看到的画面和操作和实际系统中是一样的。学员要随时监视系统的运行状态,对系统中出现的异常情况和越限情况及时作出反应,并给教员下达操作票,教员接到学员发出的操作票后,在教员台上进行相应的操作,操作之后的系统变化情况会同步反映到学员台上。

演习过程中几个主要组成部分之间的信息传递过程,信息流程图如图 9-1-6 所示。

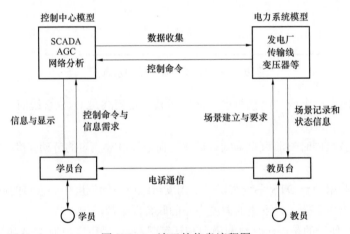

图 9-1-6 演习的信息流程图

投影屏安装在学员区的墙上,可以自由切换到一个学员台或教员台上。投影屏一般用于仿真观摩和点评。图 9-1-7 为一个省级电网调度中心的仿真室。

三、DTS 系统在调度中心计算机网络中的位置

按照国家电力监管委员会发布的电力二次系统安全防护总体方案,DTS 应安装在安全区 Ⅱ。其中,安全区 Ⅰ 与安全区 Ⅱ 之间需要部署软件防火墙,如图 9-1-8 所示。DTS 需要获取电网的模型和实时数据,但不对实时系统返回任何数据,所以,数据流是从安全 Ⅰ 区到安全 Ⅱ 区,是单方向的。

图 9-1-7　一个省级电网的 DTS 仿真室

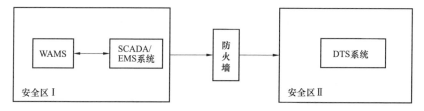

图 9-1-8　DTS 在调度中心网络的位置示意图

　　为了更大范围使用 DTS，又不至于造成网络安全问题，常采用单向物理隔离的跨网络分区的方式。DTS 可以运行在安全区 II，也可以在管理网（安全区 III）上启动运行。在管理网上配置 CIM/CIS 服务器，它通过单向物理隔离装置从安全 II 区镜像 DTS 数据，包括图形数据，管理网上的 DTS 也可以像安全 II 区的 DTS 一样运行，但是它的服务对象将更广。

【思考与练习】

　　1. DTS 子系统除了培训调度员，还有哪些用途？

　　2. DTS 子系统为什么部署在 II 区？

▲ 模块 2　电力系统分析的主要内容和常用分析
软件与仿真设备简介（Z18G2002 III）

　　【模块描述】本模块介绍电力系统分析的主要内容、常用分析软件与仿真设备的主要功能，包括 BPA、PSASP、PSS/E、EMTP、RTDS 等。通过概念讲述和功能介绍，了解电力系统分析的主要内容和常用应用工具。

【正文】

调度管理系统（OMS）、设备（资产）运维管理系统（PMS）气象、山火、覆冰及智能变电站监控等系统包含了丰富的变电站设备运行、台账、检修、缺陷等数据，随着现代计算机技术和大数据工具的发展，对海量数据进行挖掘可以成为有用的预警信息和知识经验，从而提高电网及设备状态和趋势的可观性、可控性。

一、电力系统分析的主要内容

通过设备实时数据分析、设备历史数据分析、电网事件分析，实现对设备监控数据、检修数据、缺陷数据等进行深度运行信息挖掘，大幅度提高监控信息分析智能化水平，为集中监控运行提供更加有效和实用性的技术支撑。

1. 设备实时数据分析

设备运行分析包括母线电压越限分析、设备有功越限分析、设备油温越限分析、输变电在线监测装置遥测越限分析、软压板状态分析、变压器档位分析、直流系统运行状态分析、消弧线圈运行状态分析、视频监视系统运行状态统计分析、通道运行状态统计分析、设备故障频次统计分析等内容。

设备告警分析包括告警信息总量统计分析、频发告警信息统计分析、未复归告警信息统计分析、设备告警原因及处置策略推理分析等内容。

监控处置分析包括告警信息确认情况分析、信息处置操作情况分析、监控职责移交（收回）分析等内容。

设备控制分析包括设备远方操作条件分析、远方操作结果分析、远方操作类型分析、AVC 控制情况分析等内容。

2. 设备历史数据分析

设备历史数据分析主要包括历史告警分析、频发告警分析、设备家族性缺陷预警分析、设备寿命分析等内容。

3. 电网事件分析

电网事件分析主要包括跳闸事件浏览、事件全过程分析、事件报告、事件后评价等内容。

二、系统总体框架

基于监控数据的变电站设备运行大数据分析系统作为设备监控专业的技术支持系统，规划在调度Ⅲ区建设，该系统实现变电站设备监控数据的智能分析。系统总体架构如图 9-2-1 所示。

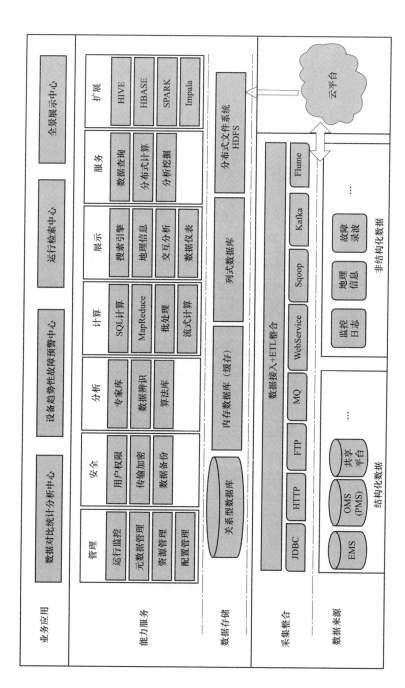

图 9-2-1　系统总体架构

1. 数据接入

基于监控数据的变电站设备运行大数据分析系统从监控系统接入设备模型、监控数据（五遥）、输变电在线监测信息、二次设备在线监测数据（录波数据等）等电网及设备运行数据，从 OMS 系统接入设备检修、设备故障、设备缺陷、设备台账等基础管理数据，从气象、操作票、雷电监测、视频、GIS 系统等其他系统接入相关辅助信息。

2. 大数据平台框架

平台采用 B/S 架构，包括数据接入、数据存储、数据辨识、计算服务、搜索服务及应用展示等功能，用于支撑数据对比统计分析中心、设备趋势性故障预警中心、运行检索中心、全景展示中心等数据应用。大数据平台框架如图 9-2-2 所示。

图 9-2-2 大数据平台框架

3. 数据存储软件

可以采用多种方式存储，其相应特点如下：

（1）关系型数据库是建立在关系模型基础上的数据库。

（2）时序数据库是专门针对时间序列数据有效存储与处理的数据库。

（3）分布式文件系统是通过计算机网络与节点相连的文件分布存储系统。

4. 数据集成软件

通过数据采集、数据转换、数据装载三个阶段完成各系统数据集成，实现大数据分析存储系统的数据导入，具体包括：

（1）数据采集，将各模块相关数据根据其结构及类型进行提取。

（2）数据转换，对数据格式、类型进行转换。

（3）数据装载，把采集、转换后的数据按照一定的装载规则进行数据装载。

5. 分布式计算软件

离线计算指在用户查询计算产生的数据之前，计算就已经完成，用户仅仅是查询计算的最终结果，一般是批量处理数据的过程，如采用 Hadoop 的 Map/Reduce。

在线计算（流计算）是一种高实时性的计算模式，是指当一定时间、数据点数、滑动、跳动等窗口内应用系统产生的流动数据到达后不进行存储，而是将流式数据直接导入内存进行实时计算，从流动的、无序的数据中获取有价值的信息输出。在线计算（流计算）具备分布式、低延迟、高性能、可扩展、高容错、高可靠、消息严格有序、定制开发等特点，流计算适用于对动态产生的数据进行实时计算并及时反馈结果的场景，如采用 Spark Streaming。

对于大数据分析及计算，该平台可以基于数据属性及用户要求，进行离线计算、在线计算（流计算）及采用相应的引擎及工具进行数据的处理、封装、挖掘等。

6. 平台中间层

平台中间层是一种通过软件在大数据平台上，对底层数据进行抽象和管理，对上层提供业务逻辑视图的技术实施方案。

大数据分析系统下层容纳各种数据源的数据接入，数据表之间的连接关系复杂，而平台上层的应用专注业务逻辑，通常不必关心底层的数据表结构。此外大数据平台由于应用需求的不同，会配备不同的计算引擎，如分布式计算平台计算能力强、但计算结果的实时性不好，多维分析引擎可进行实时或准实时的多维度计算、但计算容量受限。所以如何根据应用需求进行数据存储和计算的动态合理安排，是大数据平台有效运行的基础。基于大数据平台的特点，平台中间层需要实现如下功能：

（1）将下层数据表的复杂关联结构进行业务抽象，形成表达业务的统一逻辑视图。上层应用只需要访问逻辑视图层进行业务操作，无需关心底层的数据表连接。

（2）将上层的访问请求，转化解析为底层的计算逻辑任务，分发计算任务，并收集计算结果反馈给上层服务。

（3）按照业务需求，实现底层数据在不同的计算引擎中的自动搬迁，从而实现对数据访问和计算的加速和优化。

7. 数据辨识软件

由于数据本身的不完整、不一致、含噪声等原因，需要对数据进行辨识处理，可对数据的属性、解析规则、应用领域等进行辨识。

三、系统功能应用

系统基于大数据分析基础平台，通过大数据分析计算算法对设备监控运行数据、检修数据、缺陷数据等进行深度挖掘，提供变电站设备分析、电网事故分析、监控大数据关联分析等应用功能，并对数据分析结果进行可视化展示。系统功能应用框架如图 9-2-3 所示。

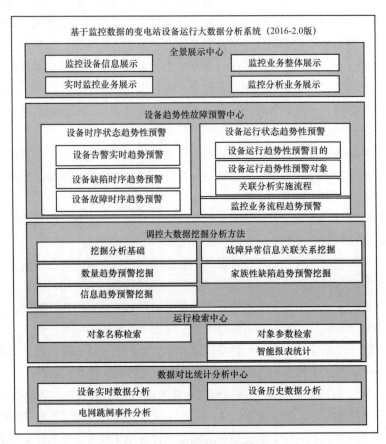

图 9-2-3 系统功能应用框架

【思考与练习】

1. 简述电力系统分析的主要内容。

2. 电网设备实时数据分析包括哪些主要内容？

3. 简述常用分析软件与仿真设备的主要功能之间的应用关联。

模块 3　操作仿真预警分析（Z18G2003Ⅲ）

【模块描述】本模块介绍仿真操作、模拟练习。通过案例介绍和图文结合，控制配电网从事故、异常、警戒向恢复、正常和坚强状态的转移，掌握仿真主站系统、主站设备、子站设备、终端设备、通信系统及设备等相关要求、分析判断和处理方法。

【正文】

一、故障现象

配网自动化管理系统故障模拟仿真。仿真交互式执行方式下配网仿真功能包含控制操作仿真功能、运行方式模拟、故障仿真。故障模拟仿真一次接线图见图 9-3-1。

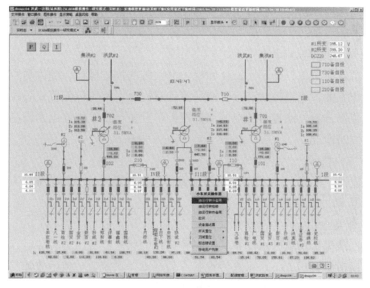

图 9-3-1　故障模拟仿真一次接线图

（1）馈线自动化依据配电网的网架结构和设备运行的实时信息，结合故障信号，进行故障的定位、隔离和非故障失电区域的恢复供电。

（2）生成的故障处理方案能够直接给出具体的操作开关、刀闸及其符合调度规程的操作顺序。具有与实际调度过程相一致的可操作性。

（3）DA 功能具有在线、离线、仿真三种运行状态和自动、交互两种执行方式。在自动执行方式下，故障处理程序根据分析得到的故障处理方案，隔离故障开关，并自动在所有的故障恢复方案中选择一个最优的方案，遥控执行。

（4）在交互执行方式下，故障分析程序将所有的方案列表显示，供运行调度人员选择，并辅助调度员执行方案。

二、故障处理方法

配网综合仿真培训实现配电自动化动作全过程的完全仿真。其中配电仿真软件配置与功能范本见表 9-3-1。

表 9-3-1 配电仿真软件配置与功能范本

序号	软件	主要实现功能
1	配电配网仿真	控制操作仿真功能；设备操作模拟；数据仿真功能；事故预演、操作预演、反演仿真；设备现场运行状态仿真；各种运行方式模拟；离线状态的模拟操作

配网仿真能够在所有配调工作站上运行，能够给操作人员提供具有真实感的仿真环境，起到运行模拟仿真、调度员仿真培训等作用。配网仿真操作不影响系统的正常监控，主要功能包括：

1. 控制操作仿真功能

能够模拟对变电站、开闭所、环网柜、开关等的控制操作。提供与实时监视及控制相同的操作界面。在模拟状态下，在所有计算机上，都可以配置权限拉合所属开关并进行停电范围分析，通过对停电区域的跟踪，分析导致区域停电的设备故障，直观反映模拟电网的情况。

2. 运行方式模拟

包括：模拟闭环/开环方式改变后停电操作票编制、系统优化运行方案编制。模拟事故的手动/自动处理方式。

3. 故障仿真

仿真软件能模拟所属区域的各类故障和系统的状态变化，为实际运行方式提供参考方案。在模拟研究模式下，可人为设置假想故障，系统自动演示故障的处理过程，包括故障定位、隔离过程及主站的恢复策略的预演等。

三、案例举例

1. 配网综合仿真培训

实现配电自动化动作全过程的完全仿真。任意拉合开关进行模拟停电范围的分析，开关状态变化后线路和设备会根据供停电状态动态着色，直观反映模拟电网情况。仿真软件应能模拟任意地点的各类故障和系统的状态变化，以利于配网工程系统验收及配网系统大修，为实际运行模式提供方案。具体包括：

（1）控制操作仿真功能。

（2）变电站仿真功能。

（3）数据仿真功能。

（4）事故的预演、操作预演、反演仿真功能。

（5）设备现场运行仿真状态。

（6）离线状态的模拟操作。

（7）DA 仿真培训功能。

DA 仿真培训范例见图 9-3-2。

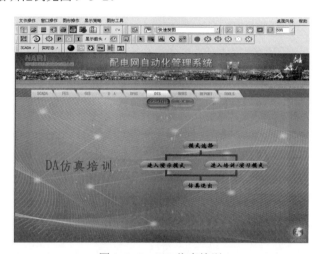

图 9-3-2　DA 仿真培训

模拟环境下操作事例，配电网自动化管理系统操作预演见图 9-3-3。

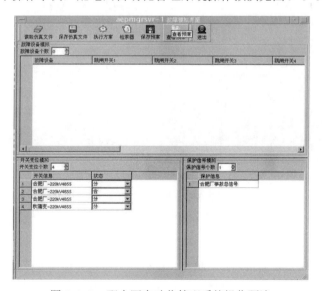

图 9-3-3　配电网自动化管理系统操作预演

配调操作操作计划单见图9-3-4。

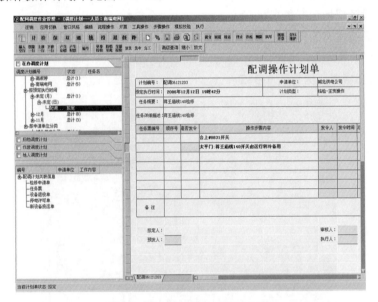

图9-3-4 配调操作操作计划单

配电站所模拟环境下及户外柱上开关模拟环境下的模拟环境下操作见图9-3-5。

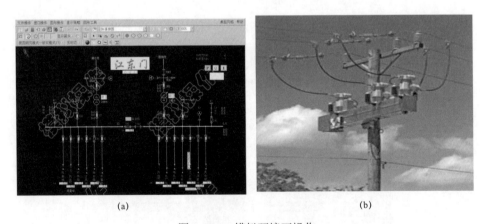

(a)   (b)

图9-3-5 模拟环境下操作

（a）配电站所模拟环境下操作；（b）户外柱上开关模拟环境下操作

2. 故障模拟仿真事例

利用仿真技术，实现事故动态模拟，提供故障应急处理训练，提高调度人员和生产运行人员应对电网突发事故的能力。在仿真态下，既可以通过任意拉合开关，系统自动启动动态拓扑分析，实现模拟停电范围的分析；也可以人工模拟环网柜、配网线路、开关等设备发生的故障，检测系统模型正确性和对各类故障的处理结果的合理性，达到对调度人员和维护人员的培训作用。图9-3-6是在配电网自动化管理系统故障模拟仿真环境下某线路故障模拟隔离与非故障段恢复。

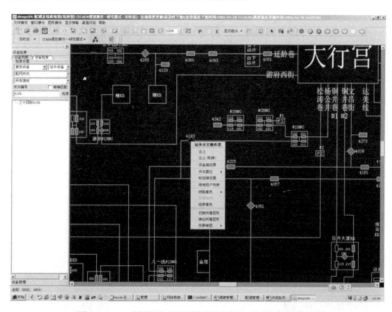

图9-3-6 某线路故障模拟隔离与非故障段恢复

仿真软件能够在所有配调工作站及有相应权限的 Web 客户终端上运行，并且模拟运行不能影响系统的正常监控。能够给操作人员提供具有真实感的仿真环境，达到对调度员的培训作用。在模拟状态下，所有计算机都可以任意拉合开关进行模拟停电范围的分析，开关状态变化后线路和设备会根据供停电状态动态着色，直观反映模拟电网情况。仿真软件应能模拟任意地点的各类故障和系统的状态变化，以利于配网工程系统验收及配网系统大修，为实际运行模式提供方案。在模拟研究模式下，可人为设置假想故障，系统自动演示故障的处理过程，包括故障定位、隔离过程及主站的恢复策略的预演等。

控制操作仿真功能能够模拟对变电站、开关站、环网柜、开关等的控制操作。提供与实时监视控制相同的控制操作界面。

设备操作模拟可实现对变电站站内的出线开关、刀闸等设备的模拟量（电流、电压、有功、无功等）、数字量（开关位置、保护信号等）的仿真模拟设置，同时可仿真模拟各种现场操作（现场拉合闸、现场检修等）时系统对应报警记录等功能。

数据仿真功能，运行环境数据要采用现有数据库中的图形及数据，不再进行大量的仿真参数设置。仿真系统数据也可根据仿真操作人员的要求灵活设置。

事故预演、操作预演、反演仿真可模拟线路上各区段的接地事故/相间短路事故、瞬时故障/永久故障等各种在实际电网运行中可能发生的各种故障情况，整个事故的处理过程与在线运行相同。

设备现场运行状态仿真，模拟配电网各种运行设备状态变化，对配电网运行影响。如现场开关的位置变化、终端本体异常等发生时，分析配电网停电的范围等。

各种运行方式模拟。模拟过负荷情况下操作方案、模拟闭环/开环方式改变后停电操作票编制、系统优化运行方案编制。图 9-3-7 为环网柜联络线路反事故仿真预演。

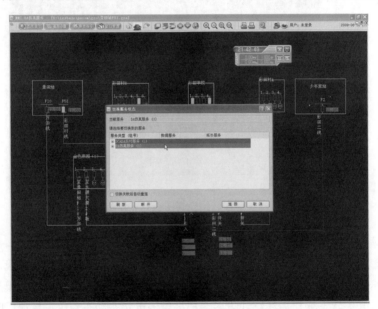

图 9-3-7　环网柜联络线路反事故仿真预演

【思考与练习】

1. 简述配电仿真软件配置与功能。

2. 简述配电配网仿真实现功能。

3. 简述配电网自动化管理系统操作预演过程。

4. 故障模拟仿真环境下 10kV 线路的故障模拟隔离与非故障段恢复。

第十章

现场验收检测及异常处理

◢ 模块 1 配电终端验收（Z18G3001Ⅱ）

【模块描述】本模块介绍了配电终端验收目的与要求，通过相关规程要点归纳、案例分析，主要包括配电终端的多种模式供电，通信规约，装置运行、通信、遥信等状态指示，模块化、可扩展、低功耗结构满足现场规范性和安全注意事项。掌握配电终端出厂验收、现场验收工作步骤及相关要求

【正文】

一、DTU 终端验收项目及要求

（1）终端设备外观：所有设备外壳均需接地；安装应牢固，垂直、水平误差不得超过相应质量标准。

（2）控制电缆施工应布线整齐、标识齐全清晰。

（3）三遥信息的调试。

1）遥测调试：每一单元的三相及零序电流在 TA 二次侧，按测试表格逐相加源测试，综合误差＜1%。

2）遥信调试：每点信息进行实际动作测试，同时检查与终端设备（DTU）上对应的指示灯是否正确。遥信防抖动时间一律为 20ms。

3）遥控调试：每一单元的开关必须经由现场调试监视终端下发的遥控命令，进行分/合实际操作。分/合操作过程必需与 DTU 终端设备上对应的指示灯吻合。

（4）智能后备电源检测。智能后备电源管理装置须完成对后备蓄电池组的充、放电管理，并对输入、输出及蓄电池组进行在线检测，提供各种异常告警信号等。

电池组应采用 40Ah/4 节，免维密封式安装。

电源部分应采用双模块，满足 $N-1$；交、直流电源异常告警；交、直流电源远程在线监测；可通过面板开关手动或远程遥控模式进行蓄电池组充放电。

DTU 终端功能及性能要求应符合 Q/GDW 514—2010《配电自动化终端/子站功能规范》及招标规范等。

二、验收评价项目及查证方法范例

验收评价项目及查证方法见表 10-1-1。

表 10-1-1　　　　　　　　　　验收评价项目及查证方法

项目	验收评价项目及要求	测试实际状态（值）	查证方法
模拟量	遥测综合误差≤1%		查资料、记录，现场验证
	遥测越限由终端传递到子站/主站： 光纤通信方式<2s 载波通信方式<30s 无线通信方式<60s		查资料、记录，进行现场抽测
	遥测越限由子站传递到主站<5s		查资料、记录，进行现场抽测
状态量	遥信正确率≥99.9%		查资料、记录，进行现场抽测
	站内事件分辨率<10ms		查资料、记录，进行现场抽测
	遥信变位由终端传递到子站/主站： 光纤通信方式<2s 载波通信方式<30s 无线通信方式<60s		查资料、记录，进行现场抽测
遥控	遥控正确率100%		查资料、记录，现场验证
	遥控命令选择、执行或撤销传输时间≤10s		查资料、记录，现场验证
设置	（1）设置定值及其他参数 （2）当地、远方操作设置 （3）时间设置、远方对时		在主站设置下载或在当地通过维护口设置。
	子站、远方终端平均无故障时间≥26 000h		查资料、记录，现场验证
	系统可用率≥99.9%		查资料、记录，现场验证
	配电自动化设备的耐压强度、抗电磁干扰、抗振动、防雷等满足 DL/T 721 要求		查资料、记录，现场验证
其他	户外终端的工作环境温度（-40～70℃）		查资料、记录，现场验证
	室内终端的工作环境温度（-25～65℃）		查资料、记录，现场验证
	户外终端的防护等级 IP65		查资料、记录，现场验证
	室内终端的防护等级 IP32		查资料、记录，现场验证

【思考与练习】

1. 简述 DTU 终端三遥信息的调试验收项目及要求。

2. 简述智能后备电源检测与验收项目及要求。

3. 以现场 DTU 终端验收为例，说明评价项目及查证方法。

▲ 模块 2　工厂验收标准与测试（Z18G3002Ⅲ）

【**模块描述**】本模块介绍了配网自动化设备工厂验收目的与要求，通过概念介绍、表图举例主要包括系统硬件检查，基础平台、系统功能和性能指标测试等内容，掌握配网自动化设备工厂验收的基本知识。

【**正文**】

配电终端的工厂验收为验收方以随机抽取方式对每一型号、批次设备进行验收测试（配电终端的制造厂商出厂测试为每台设备，并为每台设备提供合格证），对于扩建与改造的配电终端的工厂验收可单独进行。涉及配电主站、配电终端/子站及通信系统的工厂验收质量文件分别编制，统一归档。

一、工厂验收内容

主要包括系统硬件检查，基础平台、系统功能和性能指标测试等内容。工厂验收应具备的条件：

（1）被验收方已提交工厂验收申请报告。

（2）被验收方已搭建了模拟测试环境，提供专业的测试设备和测试工具，并完成相关技术资料的编写。

（3）配电主站、配电终端/子站、配电通信应通过有资质的检测机构的测试，应提供检测报告。

（4）新建配电自动化系统需在仿真模拟实验平台上进行配电自动化功能的仿真验证。

（5）被验收方已编写工厂验收大纲，并经工厂验收工作组审核确认后，形成正式文本。

二、工厂验收流程

（1）工厂验收条件具备后，按验收大纲进行工厂验收。

（2）严格按审核确认后的验收大纲所列测试内容进行逐项测试。

（3）测试中发现的缺陷和偏差，允许被验收方进行修改完善，但修改后必须对所有相关项目重新测试。

（4）若测试结果证明某一设备、软件功能或性能不合格，被验收方必须更换不合格的设备或修改不合格的软件，对于第三方提供的设备或软件，同样适用。设备更换或软件修改完成后，与该设备及软件关联的功能及性能测试项目必须重新测试。

（5）测试完成后形成验收报告，工厂验收通过后方可出厂。

三、工厂验收评价标准

（1）被验收方所提供的系统说明书及各功能使用手册等技术文档必须完整，并符合实际工程项目要求。

（2）所有软、硬件设备型号、数量、配置均符合项目合同、设计联络会纪要、技术规范书要求。

（3）配电终端的工厂验收为验收方以随机抽取方式对每一型号、批次设备进行验收测试（配电终端的制造厂商出厂测试为每台设备，并为每台设备提供合格证），配电子站的工厂验收为验收方以全检方式对被验收方进行验收。

（4）工厂验收结果无缺陷项目，偏差项目数不得超过被验收项目总数的5%。

（5）扩建与改造的配电终端/子站的工厂验收可单独进行。

四、工厂验收质量文件

（1）配电主站、配电终端/子站及通信系统的工厂验收质量文件分别编制，统一归档。

（2）工厂验收结束后，由验收工作组和被验收方共同签署工厂验收报告；被验收方和验收方汇编工厂验收质量文件。

（3）工厂验收质量文件应包含以下内容：

1）工厂验收申请文件：工厂验收测试大纲、工厂预验收测试报告、工厂验收申请报告。

2）工厂验收技术文件：系统硬件清单、出厂合格证书、设备型式试验报告、主站系统的第三方测试报告、项目招标技术文件、项目投标技术应答书、合同技术协议书、技术联络会纪要及备忘录、设计变更说明文件。

3）工厂验收报告，包括且不限于以下四项内容：工厂验收测试记录，工厂验收偏差、缺陷汇总，工厂验收测试统计及分析，工厂验收结论。

【思考与练习】

1. 简述配电终端的工厂验收的主要内容。

2. 简述配电终端工厂验收评价标准。

3. 简述工厂必须的验收质量文件。

▲ 模块3 现场验收标准与测试（Z18G3003Ⅲ）

【模块描述】本模块介绍了配网自动化设备现场验收目的与要求，通过概念介绍、表图举例，主要包括系统各部件的外观、安装工艺检查，基础平台、系统功能和性能指标测试，以及二次回路校验等内容，掌握配网自动化设备现场验收工作步骤及相关要求。

【正文】

现场验收内容主要包括系统各部件的外观、安装工艺检查，基础平台、系统功能和性能指标测试，以及二次回路校验等内容。

一、现场验收必备条件与验收流程

1. 应具备的条件

（1）配电终端已完成现场安装、调试并已接入配电主站或配电子站。

（2）配电子站已完成现场安装、调试并已接入配电主站。

（3）主站硬件设备和软件系统已在现场安装、调试完成，具备接入条件的配电子站、配电终端已接入系统，系统的各项功能正常。

（4）通信系统已完成现场安装、调试。

（5）相关的辅助设备（电源、接地、防雷等）已安装调试完毕。

（6）被验收方已提交上述环节与现场安装一致的图纸/资料和调试报告，并经验收方审核确认。

（7）被验收方依照项目技术文件及本规范进行自查核实，并提交现场验收申请报告。

（8）验收方和被验收方共同完成现场验收大纲编制。

2. 现场验收流程

（1）现场验收条件具备后，验收方启动现场验收程序。

（2）现场验收工作小组按现场验收大纲所列测试内容进行逐项测试。

（3）在测试过程中发现的缺陷、偏差等问题，允许被验收方进行修改完善，但修改后必须对所有相关项目重新测试。

（4）现场进行 72h 连续运行测试。验收测试结果证明某一设备、软件功能或性能不合格，被验收方必须更换不合格的设备或修改不合格的软件，对于第三方提供的设备或软件，同样适用。设备更换或软件修改完成后，与该设备及软件关联的功能及性能测试项目必须重新测试，包括 72h 连续运行测试。

（5）现场验收测试结束后，现场验收工作小组编制现场验收测试报告、偏差及缺陷报告、设备及文件资料核查报告，现场验收组织单位主持召开现场验收会，对测试结果和项目阶段建设成果进行评价，形成现场验收结论。

（6）对缺陷项目进行核查并限期整改，整改后需重新进行验收。

（7）现场验收通过后，进入验收试运行考核期。

二、现场验收评价标准

（1）硬件设备型号、数量、配置、性能符合项目合同要求，各设备的出厂编号与工厂验收记录一致。

（2）被验收方提交的技术手册、使用手册和维护手册为根据系统实际情况修编后的最新版本，且正确有效；项目建设文档及相关资料齐全。

（3）系统在现场传动测试过程中状态和数据正确。

（4）硬件设备和软件系统测试运行正常；功能、性能测试及核对均应在人机界面上进行，不得使用命令行方式。

（5）现场验收测试结果满足技术合同、项目技术文件和本规范要求；无缺陷；偏差项汇总数不得超过测试项目总数的 2%。

三、现场验收质量文件

（1）配电主站、配电终端、配电子站和通信系统的现场验收质量文件分别编制，统一归档。

（2）现场验收结束后，形成现场验收报告，汇编现场验收质量文件。

（3）现场验收质量文件应包括以下内容：

1）现场验收申请文件。

2）现场验收测试大纲。

3）现场安装调试报告。

4）现场验收申请报告。

5）现场验收技术文件。

6）工厂验收文件资料及现场核查报告（附工厂验收清单和文件资料清单）。

7）与现场安装一致的图纸/资料。

8）系统联调报告。

9）现场验收报告，包括且不限于：现场验收测试记录，现场验收偏差、缺陷汇总，现场验收测试统计及分析，现场验收结论。

【思考与练习】

1. 简述配电终端现场验收必备条件与验收流程。

2. 简述配电终端现场验收评价标准。

3. 配电终端现场验收质量文件应包括哪些内容？

▲ 模块 4　测试异常及处理（Z18G3004Ⅲ）

【模块描述】本模块介绍了配网自动化设备测试目的与要求，通过概念介绍、表图举例，主要包括测试项目、异常描述、差异属性、处理方法等内容，掌握配网自动化设备测试的工作步骤及相关要求。

【正文】

一、测试检查内容

1. 箱体检查

（1）终端箱有无锈蚀、损坏，终端箱门是否变形。

（2）终端箱内有无进水，有无小动物、杂物。

（3）终端箱内标识、标牌是否齐全。

（4）所有空气开关是否在合位（正常运行时要求空开全部在合位）。

（5）TV 外观有无异常。

（6）SF_6 压力表读数是否正常，有无漏气。

（7）电缆进出孔封堵是否完好。

（8）二次接线有无明显松动。

（9）设备的接地是否牢固可靠。

2. 电源检查

（1）用万用表检查双路交流电源是否正常。

（2）用万用表检查直流操作电源和电池充电电源是否正常。

3. 装置检查

（1）自动化终端设备各指示灯是否正常，应做好记录并将其复归等。

（2）通信设备各指示灯是否正常，线缆连接是否牢固。

（3）箱内其他设备运行是否良好。

（4）有无异常声音或气味。

4. 蓄电池检查

（1）蓄电池是否有漏液现象。

（2）蓄电池壳体是否有鼓胀现象。

（3）测量蓄电池电压是否正常。

二、终端常见缺陷分类

1. 自动化装置

（1）严重缺陷：

1）电压或电流回路故障引起相间短路。

2）交直流电源异常。

3）指示灯信号异常。

4）通信异常，无法上传数据。

5）装置故障引起遥测、遥信信息异常。

（2）一般缺陷：设备表面有污秽，外壳破损。

2. 辅助设施

（1）严重缺陷：端子排接线部分接触不良。

（2）一般缺陷：

1）标识不清晰。

2）电缆进出口未封堵或封堵物脱落。

3）柜门无法正常关闭。

4）设备未可靠接地。

3. 二次保护装置缺陷类别

（1）二次回路。

1）危急缺陷：开路；短路；断线。

2）严重缺陷：通信中断；端子排松动、接触不良。

（2）保护装置。

1）危急缺陷：装置黑屏；频繁重启；交直流电源异常。

2）严重缺陷：不能复归；对时不准；操作面板损坏；指示灯信号异常；各自投装置故障；显示异常。

3）一般缺陷：设备无可靠接地；标识不清晰；各自投功能不完善。

（3）直流装置。

1）危急缺陷：直流接地，对地绝缘电阻<10MΩ。

2）严重缺陷：交流电源故障、失电；蓄电池容量不足；直流电源箱、直流屏指示灯信号异常；蓄电池鼓肚、渗液；蓄电池电压异常；蓄电池浮充电流异常；10MΩ≤对地绝缘电阻<100MΩ；充电模块故障；装置黑屏、花屏。

3）一般缺陷：蓄电池桩头有锈蚀现象；柜门无法关闭，影响直流系统运行。

三、测试处理方法与步骤

1. 组织措施

（1）成立现场处置小组，明确工作负责人。

（2）明确工作许可人、负责人、工作班成员的职权和职责。

（3）明确项目的主要工作量及工作范围；工作分工、进度，应停电的范围、时间。

2. 技术措施

（1）依据现场处置工作要求选择合理的施工方案。

（2）明确抢修（检修）的质量标准。

（3）选择主要抢修（检修）工器具的规格型号。

（4）针对电压或电流回路、交直流电源、指示灯信号、通信、装置故障引起遥测、遥信信息异常；设备表面污秽清洁，外壳破损；端子排接线部分接触不良、标识不清晰；电缆进出口未封堵或封堵物脱落；柜门无法正常关闭；设备有无可靠接地；二次保护回路开路、短路、断线，通讯中断；端子排松动、接触不良；装置黑屏，频繁重启，不能复归等抢修、检修与校核。

3. 安全措施

（1）危险点分析及其预防。

（2）执行标准作业卡。

（3）执行电力安全工作规程中保证安全的组织措施。

（4）执行电力安全工作规程中保证安全的技术措施。

（5）工器具检查和试验要求。

（6）维护、检修操作项目的指挥及工作班成员的相互配合。

（7）出现异常情况时的处理预案。

4. 工作过程

（1）上级主站通信、校时检测。与上级主站通信主站发召唤遥信、遥测和遥控命令后，RUT 应正确响应，主站应显示遥信状态、召测到遥测数据，RTU 应正确执行遥控操作；主站发校时命令，RTU 显示的时钟是否与主站时钟一致。

（2）断路器位置信号异常与检查。检查状态指示；检测 RTU 的状态量输入端连接到实际开关信号回路，主站显示的各开关的开、合状态是否与实际开关的开、合状态一一对应；确认 RTU 状态信息是否正确、完整。

（3）遥控投入/解除信号异常与检查。检查状态指示；检测就地向 RTU 发开/合控制命令，控制执行指示应与选择的控制对象一致，选择/返校过程正确，实际开关应正确执行合闸/跳闸；主站向 RTU 发开/合控制命令，控制执行指示应与选择的控制对象一致，选择/返校过程正确，实际开关应正确执行合闸/跳闸；确认 RTU 状态信息是否正确、完整。

（4）SF_6 气体异常警告。检查指示信号是否异常，气压表在闭锁区域范围，气压表在告警区域范围速断、过流、重合闸、零序电流动作信号。

检查状态指示；通过 RTU 设置故障电流整定值后，用三相功率源输出大于故障电流整定值的模拟故障电流，RTU 产生相应的事件记录，并将该事件记录即刻上报主站判断故障动作信号正确与否；确认 RTU 控制信息是否正确、完整。

（5）中压母线 I 段（II 段）线电压，中压母线三相电流，馈线单相电流、零序电流。

检查状态指示；通过程控三相功率源向 RTU 输出电压、电流，主站显示的电压、电流、有功功率、无功功率、功率因数的准确度等级应满足规程要求；RTU 的电压、电流输入端口直接连接到二次 PT/CT 回路时，主站显示的电压、电流值应与实际电压、电流值一致；用三相程控功率源向 RTU 输出三相不平衡电流，RTU 产生相应的三相不平衡告警及记录，主站召测后应显示告警状态、发生时间及相应的三相不平衡电流值；确认 RTU 模拟量信息是否正确、完整。

（6）保护定值调整与检查。定值的当地及远方修改整定；当地参数设置，RTU 当地设置限值、整定值等参数；远方参数设置，主站通过通信设备向 RTU 发限值、整定值等参数后，RTU 的限值、整定值等参数应与主站设置值一致。

（7）当地功能检查。RUT 在进行上述检查与维护时，运行、通信、遥信等状态指示是否正确一致；确认 DTU 控制参数、告警信息、状态信息是否正确、完整。

【思考与练习】

1. 简述配电终端的测试检查内容。

2. 简述配电终端的常见缺陷分类。

3. 以现场配电终端为例编制其测试异常及处理工作方案。

◢ 模块 5　配电终端技术资料（Z18G3005Ⅲ）

【模块描述】本模块介绍了配网自动化设备技术资料要求，通过规程规范介绍、表图举例，主要包括新安装配电终端必须具备的技术资料，正式运行的配电终端应具备的技术资料等内容，掌握配网自动化设备技术资料的收资要求。

【正文】

配电自动化设备应具备完整的技术资料，主要包括系统及各部件的出厂验收和现场验收报告、系统用户手册（说明书）、安装调试记录等资料。

一、技术资料

1. 工厂验收质量文件

（1）配电主站、配电终端，子站及通信系统的工厂验收质量文件分别编制，统一归档。

（2）工厂验收结束后，由验收工作组和被验收方共同签署工厂验收报告；被验收方和验收方汇编工厂验收质量文件。

（3）工厂验收质量文件清册及证明材料。

2. 现场验收质量文件

（1）配电主站、配电终端、配电子站和通信系统的现场验收质量文件分别编制，统一归档。

（2）现场验收结束后，形成现场验收报告，汇编现场验收质量文件。

（3）现场验收质量文件清册及证明材料。

二、施工单位安装、调试、验收资料

应具备下列设备安装、调试单位资料，但不局限于以下资料。

（1）施工资料：施工中的有关协议及文件；设计图；设计变更文件（有变更时）；竣工图；安装过程技术记录。

（2）设备资料：终端设备出厂合格证书；型式试验报告；安装手册；使用手册；维护手册；结构布置图及内部线缆连接图；设备配置清册（单元设备、插件、元器件数量及型号）；备品备件、专用工器具。

（3）现场验收调试资料：现场验收测试报告（包含终端至子站庄站系统联调报告）；现场验收结论；现场验收技术文件，包括参数、定值配置表，"三遥"信息表。

（4）试验资料：出厂试验报告；相关验收单位需要的试验报告。

三、安装调试质量检验记录范例

1. 控制及保护屏台安装分项工程质量检验评定表（见表 10-5-1）

表 10-5-1 控制及保护屏台安装分项工程质量检验评定表

表号：DL/T 5161.8

安装位置		某配电所			数量	1套	
工序	检验项目		性质	单位	质量标准	质量检验结果	单项评定
屏台就位找正	安装位置		主要		按设计规定	符合设计规定	合格
	垂直度误差（每米）		主要	mm	<1.5	0.8	合格
	水平误差	相邻两盘顶部	一般	mm	<2		
		成列盘顶部	一般	mm	<5		
	盘面误差	相邻两盘边	一般	mm	<1		
		成列盘面	一般	mm	<5		
	盘间接缝		一般	mm	<2		
屏台固定	固定连接		主要		牢固	牢固	合格
	紧固件检查		一般		完好、齐全、紧固	完好、齐全、紧固	合格
	紧固件表面处理		一般		镀锌	镀锌	合格
屏台接地	底架与基础间接触		主要		牢固，导通良好	牢固，导通良好	合格
	有防震垫的盘接地		一般		每段盘有两点以上明显接地		
	装有电器可开启屏门的接地		一般		用软铜导线可靠接地	已用软铜导线接地	合格

续表

工序	检验项目		性质	单位	质量标准	质量检验结果	单项评定
屏台设备检查	盘面检查		一般		平整、齐全	平整、齐全	合格
	设备及附件检查		主要		按设计规定	按设计规定	合格
	设备外观检查		一般		完好,无损伤	完好,无损伤	合格
	电器元件固定		一般		牢固	牢固	合格
	盘上标志		一般		正确齐全、清晰、不易脱色	正确齐全、清晰	合格
	安全距离	电气间隙	一般	mm	按 DL/T 5161.8 规定	符合规定要求	合格
		爬电距离	一般	mm		符合规定要求	合格
小母线安装检查	铜棒或铜管直径		一般	mm	≥6	6	
	安装间距	电气间隙	一般	mm	≥12	符合要求	
		爬电距离	一般	mm	≥20	符合要求	
	固定		一般		牢固	牢固	
	平直度		一般		无局部扭曲	无局部扭曲	
	接触面处理		一般		搪锡	已搪锡	
	母线标志		一般		正确清晰、不易脱色	正确清晰	

验收结论:合格

质检机构	质量检验评定意见	签 名
施工队		年 月 日
项目部		年 月 日
监理		年 月 日

2. 二次回路及控缆接线检验评定(见表 10-5-2)

表 10-5-2   二次回路检查及控制电缆接线分项工程质量检验评定

表号:DL/T 5161.8

安装位置					某配电所		
工序	检验指标		性质	单位	质量标准	质量检验结果	单项评定
配线	导线外观		主要		绝缘层完好,无中间接头	绝缘层完好	合格
	配线连接(螺接、插接、焊接或压接)		主要		牢固、可靠	牢固、可靠	合格
	导线配置		主要		按背面接线图	按背面接线图	合格

续表

工序	检验指标		性质	单位	质量标准	质量检验结果	单项评定
配线	导线端头标志		一般		清晰正确，且不易脱色	清晰正确	合格
	盘内配线绝缘等级		一般		耐压≥500V	符合要求	合格
	盘内配线截面积	电流回路	一般	mm²	≥2.5	符合要求	合格
		信号、电压回路	一般	mm²	≥1.5	符合要求	合格
		弱电回路	一般	mm²	在满足载流量和电压降以及机械强度情况下≥0.5	符合要求	合格
控制电缆接线	用于可动部位的导线		主要		多股软铜线	多股软铜线	合格
	控制电缆接引		一般		按设计规定	按设计规定	合格
	线束绑扎松紧和形式		一般		松紧适当、匀称，形式一致	符合要求	合格
	导线束的固定		一般		牢固	牢固	合格
	每个接线端子并接芯线数		一般	根	≤2	符合要求	合格
	备用芯预留长度		一般		至最远端子处	至最远端子处	合格
	导线接引处预留长度		一般		适当，且各线余量一致	符合要求	合格
	电气回路连接（螺接、插接、焊接或压接）		一般		紧固可靠	紧固可靠	合格
	导线芯线端部弯圈		一般		顺时针方向，且大小合适	符合要求	合格
	导线芯线外观		主要		无损伤	无损伤	合格
	多股软导线端部处理		主要		加终端附件或搪锡	符合要求	合格
	紧固件配置		一般		齐全，且与导线截面相匹配	齐全，且与导线截面相匹配	合格
	导线端部标志		主要		正确、清晰，不易脱色	正确、清晰	合格
	接地检查	二次回路	一般		设有专用螺栓	已设有专用螺栓	合格
		屏蔽电缆	主要		屏蔽层按设计要求可靠接地	屏蔽层已按设计要求可靠接地	合格
	裸露部分对地距离		主要	mm	按 DL/T 5161.8 规定	符合规定要求	合格
	裸露部分表面漏电距离		一般	mm		符合规定要求	合格
验收结论：合格							

质检机构	质量检验评定意见	签　名
施工队		年　月　日
项目部		年　月　日
监理		年　月　日

3. 干式互感器安装检验评定（见表 10–5–3）

表 10–5–3 干式互感器安装分项工程质量检验评定

表号：DL/T 5161.3

安装位置					某配电所 2A3 开关柜		
工序	检验指标		性质	单位	质量标准	质量检验结果	单项评定
本体检查	铭牌标志		一般		完整、清晰	完整、清晰	合格
	外观		主要		完整，无损伤	完整，无损伤	合格
	二次接线板	引线端子	一般		连接牢固	连接牢固	合格
		绝缘检查	主要		绝缘良好	绝缘良好	合格
	变比及极线检查		主要		正确	符合要求	合格
互感器安装	极性方向		一般		三相一致	符合要求	合格
	接线端子位置		一般		在维护侧	符合要求	合格
	等电位弹簧	固定	主要		牢固	牢固	合格
		与母线接触	主要		紧密可靠	紧密可靠	合格
	零序电流互感器铁芯与其他导磁体间		主要		不构成闭合磁路	符合要求	合格
	所有连接螺栓		一般		齐全，紧固	齐全，紧固	合格
接地	外壳接地		一般		牢固可靠	牢固可靠	合格
	电流互感器备用二次绕组接地		主要		短路后可靠接地	符合要求	合格

验收结论：合格

质检机构	质量检验评定意见	签　名
施工队		年　月　日
项目部		年　月　日
监理		年　月　日

【思考与练习】

1. 简述配电终端现场验收的质量文件。

2. 简述施工单位应提交的安装、调试、验收资料。

3. 简述二次回路及控缆接线检验评定项目及标准。

◢ 模块 6 配电终端试运行标准与测试（Z18G3006Ⅲ）

【模块描述】 本模块介绍了配网自动化设备试运行目的与要求，通过规范介绍、表图举例，主要包括终端功能、性能测试及核对均在人机界面上进行，硬件设备和软件系统测试符合试运行标准等内容，掌握配网自动化设备试运行测试方法和标准要求。

【正文】

配电自动化终端安装完成数量达到批复方案要求，配电自动化系统已在现场安装调试完毕并投入试运行。工程验收均结合改造工程进行验收、整改、复验、试运行，且移交资料完整、规范。

一、终端试运行必备的条件

1. 试运行的基本要求

硬件设备和软件系统测试运行正常；功能、性能测试及核对均应在人机界面上进行，不得使用命令行方式。

新研制的产品（设备），必须经过试运行和技术鉴定后方可投入正式运行，试运行期限不得少于半年。

现场验收通过后，进入验收试运行考核期。

2. 应具备下列技术资料

（1）配电自动化系统相关的运行维护管理规定、办法。

（2）设计单位提供的设计资料。

（3）现场安装接线图、原理图和现场调试、测试记录。

（4）设备投入试运行和正式运行的书面批准文件。

（5）各类设备运行记录（如运行日志、巡视记录、现场检测记录、系统备份记录等）。

（6）设备故障和处理记录（如设备缺陷记录）。

（7）软件资料（如程序框图、文本及说明书、软件介质及软件维护记录簿等）。

3. 巡视维护基本要求

配电终端运行维护人员应定期对终端设备进行巡视、检查、记录，发现异常情况及时处理，做好记录并按有关规定要求进行汇报。

配电终端应建立设备的台账（卡）、设备缺陷、测试数据等记录。

配电终端进行运行维护时，如可能会影响到调度员正常工作时，应提前通知当值调度员，获得准许并办理有关手续后方可进行。

二、缺陷响应与运行指标要求

1. 缺陷处理响应时间及要求

危急缺陷：发生此类缺陷时运行维护部门必须在 24h 内消除缺陷。

严重缺陷：发生此类缺陷时运行维护部门必须在 7 日内消除缺陷。

一般缺陷：发生此类缺陷时运行维护部门应酌情考虑列入检修计划尽快处理。

当发生的缺陷威胁到其他系统或一次设备正常运行时必须在第一时间采取有效的安全技术措施进行隔离。

缺陷消除前设备运行维护部门应对该设备加强监视防止缺陷升级。

2. 运行指标

（1）配电终端月平均在线率。基本要求：≥95%。

（2）遥控使用率。基本要求：≥90%。

（3）遥控成功率。基本要求：≥98%。

（4）遥信动作正确率。基本要求：≥95%。

三、测试方法、内容、注意事项

（1）终端通信工况分析。与上级主站通信，主站发召唤遥信、遥测和遥控命令后，配电终端应正确响应，主站应显示遥信状态、召测到遥测数据，配电终端应正确执行遥控操作；校时，主站发校时命令，配电终端显示的时钟应与主站时钟一致。

（2）状态量采集分析。主站显示的各开关的开、合状态应与实际开关的开、合状态一一对应。

（3）模拟量采集分析。主站显示的电压、电流值应与实际电压、电流值一致。

（4）控制功能分析。就地（或远程）向配电终端发开/合控制命令，实际开关应正确执行合闸/跳闸。

（5）维护功能。配电终端应具备相应的三相不平衡告警及记录，主站召测后应显示告警状态、发生时间及相应的三相不平衡电流值。

四、有关实用化验收工作准备事项

试运行以来，配电自动化系统未发生重大故障，如主站系统全停、主服务器双机全停、DSCADA 主要功能丧失等。为实用化验收准备应满足下列必备条件：

（1）项目已通过现场验收，现场验收中存在的问题已整改，配电自动化系统已投入试运行六个月以上，并至少有三个月连续完整的运行记录。

（2）配电自动化运维保障机制（如运维机构、运维制度等）已建立并有效开展工作。

（3）被验收单位已按本细则完成了实用化自查工作，并编制了自查报告。

（4）实用化验收资料完整、规范、真实，与本细则的相关条款要求相符。

【思考与练习】

1. 简述配电终端试运行必备的条件。

2. 简述试运行期间配电终端缺陷响应与运行指标要求。

3. 结合配电终端试运行情况综合分析终端通信，状态量采集，模拟量采集，控制功能，维护功能等运行工况。

第十一章

数据网设备异常处理

◢ 模块 1　网络测试命令的使用介绍（Z18G4001 Ⅰ）

【模块描述】本模块介绍常用网络测试命令的使用方法。通过功能描述和举例说明，掌握 ping、tracert 命令的功能、参数配置及其使用方法。

【正文】

1. ping 命令的结构、功能及参数配置

（1）ping 命令的功能。

ping 命令用来检查 IP 网络连接及主机是否可达。

ping 执行过程为：向目的地发送 ICMP ECHO–REQUEST 报文，如果到目的地网络连接工作正常，则目的地主机接收到 ICMP ECHO–REQUEST 报文后，向源主机响应 ICMP ECHO–REPLY 报文。

（2）ping 命令的参数配置。

可以用 ping 命令测试网络连接是否出现故障或网络线路质量等，其输出信息包括：

1）目的地对每个 ECHO–REQUEST 报文的响应情况，如果在超时时间内没有收到响应报文，则输出"Request time out."，否则显示响应报文的字节数、报文序号、TTL 和响应时间等。

2）最后的统计信息，包括发送报文个数、接收到响应报文个数、未响应报文数百分比和响应时间的最小、最大和平均值。

```
<Quidway> ping 10.11.113.26
PING 10.11.113.26：56　data bytes，press CTRL_C to break
Reply from 10.11.113.26：bytes=56 Sequence=1 ttl=128 time=8 ms
Reply from 10.11.113.26：bytes=56 Sequence=2 ttl=128 time=7 ms
Reply from 10.11.113.26：bytes=56 Sequence=3 ttl=128 time=7 ms
Reply from 10.11.113.26：bytes=56 Sequence=4 ttl=128 time=8 ms
Reply from 10.11.113.26：bytes=56 Sequence=5 ttl=128 time=8 ms
```

——10.11.113.26 ping statistics——

5 packet（s）transmitted

5 packet（s）received

0.00%packet loss

round−trip min/avg/max=7/7/8ms

2. tracert 命令的结构、功能及参数配置

（1）tracert 命令的结构、功能。

tracert 命令用来测试数据包从发送主机到目的地所经过的网关，主要用于检查网络连接是否可达，以及辅助分析网络在何处发生了故障。

tracert 命令的执行过程：首先发送一个 TTL 为 1 的数据包，因此第一跳发送回一个 ICMP 错误报文以指明此数据包不能被发送（因为 TTL 超时），之后此数据包被重新发送，TTL 为 2，同样第二跳返回 TTL 超时，这个过程不断进行，直到到达目的地。执行这些过程的目的是记录每一个 ICMP TTL 超时报文的源地址，以提供一个 IP 数据包到达目的地所经历的路径。

（2）tracert 命令的参数配置。

当用 ping 命令测试发现网络出现故障后，可以用 tracert 测试网络何处有故障。

tracert 命令的输出信息包括到达目的地所有网关的 IP 地址，如果某网关超时，则输出"***"。

测试数据包到 IP 地址为 18.26.0.115 的目的主机所经过的网关。

＜Quidway＞tracert 18.26.0.115

tracert to allspice.lcs.mit.edu（18.26.0.115），30 hops max

1 helios.ee.lbl.gov（128.3.112.1）0ms 0ms 0ms

2 lilac−dmc.Berkeley.EDU（128.32.216.1）39ms 19ms 19ms

3 ccn−nerif22.Berkeley.EDU（128.32.168.22）20ms 39ms 39ms

4 131.119.2.5（131.119.2.5）59ms 59ms 39ms

5 129.140.71.6（129.140.71.6）139ms 139ms 159ms

6 129.140.72.17（129.140.72.17）300ms 239ms 239ms

7 128.121.54.72（128.121.54.72）259ms 499ms 279ms

8 * * *

9 ALLSPICE.LCS.MIT.EDU（18.26.0.115）339ms 279ms 279ms

【思考与练习】

1. 请问 ping 命令与 tracert 命令各自用来定位什么种类的问题？

2. ping 命令过程，是网络设备对什么命令进行响应？

▲ 模块 2 网络设备指示灯状态介绍（Z18G4002Ⅰ）

【模块描述】本模块介绍网络设备的各种指示灯。通过功能描述，熟悉网络设备各类指示灯及其状态含义，掌握根据网络设备各类指示灯的状态判别网络设备故障的方法。

【正文】

通过网络设备指示灯的状态，可判断出网络设备的运行情况，见表 11-2-1。

表 11-2-1 网络设备指示灯含义

指示灯位置	指示灯名称	指示灯含义
路由交换单元	RUN	路由交换单元正常运行，RUN 灯亮（绿色）
	FAIL	路由交换单元复位或故障，FAIL 灯亮（红色）
	DOMA DOMB	路由器配置为主备模式时，DOMA/DOMB 灯亮（绿色），标识此 RSU 为主控路由交换单元
通用接口单元	RUN	通用接口单元正常运行，RUN 灯亮（绿色）
	FAIL	通用接口单元复位或故障，FAIL 灯亮（红色）
	热插拔指示灯	在拆卸单板过程中：当扳开单板扳手时，系统的单板热插拔保护完成后，指示灯亮（蓝色），表示单板可以拔出；当单板拔下或单板的插头与背板脱离时，指示灯熄灭。 在安装单板过程中：当单板的插头与背板接触时，指示灯亮（蓝色）；当单板的插头与背板吻合后即单板扳手扳到适当位置时，指示灯熄灭
高可靠控制单元	DOMA DOMB	路由器配置为主备模式时，DOMA/DOMB 灯亮（绿色），标识此 HAU 为主用高可靠控制单元
网络接口模块	LINK	灯灭表示链路没有连通，灯亮表示链路已经连通
	ACTIVE	具体模块的指示灯显示略有不同，请参见相关说明
告警单元	运行灯（RUN）	系统告警功能打开并且正常运行，RUN 灯亮（绿色）； 系统告警功能打开并且发现错误，RUN 灯亮（红色）； 系统告警功能关闭，RUN 灯灭
	一般告警灯（ALM）	系统配置为一般告警且有错误时，ALM 灯亮（红色）； 系统告警功能关闭或无错误时，ALM 灯灭
	严重告警灯（CR1）	系统配置为严重告警且有错误时，CRL 灯亮（红色）； 系统告警功能关闭或无错误时，CRL 灯灭
	硬盘 1 指示灯（HD1）	硬盘 1 进行读写操作，HD1 灯亮（绿色）； 硬盘 1 无读写操作，HD1 灯灭
	硬盘 2 指示灯（HD2）	硬盘 2 进行读写操作，HD2 灯亮（绿色）； 硬盘 2 无读写操作，HD2 灯灭

【思考与练习】

1. 指示灯通常在什么颜色下，表明系统运行存在故障？
2. 硬盘指示灯不亮，表示什么含义？

▲ 模块 3 数据网的结构及工作原理（Z18G4003Ⅰ）

【模块描述】本模块介绍 BGP/MPLS VPN 模型及实现、多角色主机特性、跨域 VPN 等知识，通过概念讲解、方法介绍和要点归纳，掌握数据网的结构及工作原理。

【正文】

一、BGP/MPLS VPN 的模型

传统 VPN 使用第二层隧道协议（12TP、L2F 和 PPTP 等）或者第三层隧道技术（IPSec、GRE 等），获得了很大成功，被广泛应用。但是，随着 VPN 范围的扩大，传统 VPN 在可扩展性和可管理性等方面的缺陷越来越突出。

通过多协议标签交换（Multiprotocol Label Switching，MPLS）技术可以非常容易地实现基于 IP 技术的 VPN 业务，而且可以满足 VPN 可扩展性和管理的需求。利用 MPLS 构造的 VPN，通过配置，可将单一接入点形成多种 VPN，每种 VPN 代表不同的业务，使网络能以灵活方式传送不同类型的业务。

Comware 目前提供比较完全的 BGP/MPLS VPN 组网能力。

地址隔离，允许不同 VPN 之间和 VPN 与公网之间的地址重叠。

支持 MP-BGP 协议穿越公网发布 VPN 的路由消息，构建 BGP/MPLS VPN。

通过 MPLS LSP 转发 VPN 的数据流。

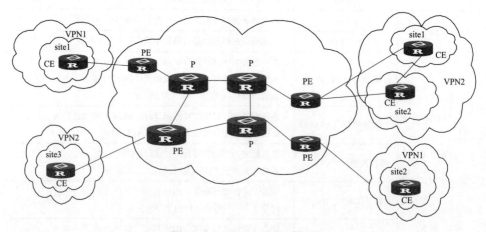

图 11-3-1　MPLS VPN 模型

提供了 MPLS VPN 的性能监视和故障检测工具。

1. BGP/MPLS VPN 模型

MPLS VPN 模型（见图 11-3-1）中，包含三个组成部分：CE、PE 和 P。

（1）CE（Customer Edge）设备：网络边缘设备，有接口直接与服务提供商相连，可以是路由器或是交换机等。CE"感知"不到 VPN 的存在。

（2）PE（Provider Edge）路由器：即服务提供商边缘路由器，是服务提供商网络的边缘设备，与 CE 直接相连。MPLS 网络中，对 VPN 的所有处理都发生在 PE 路由器上。

（3）P（Provider）路由器：服务提供商网络中的骨干路由器，不和 CE 直接相连。P 路由器需要支持 MPLS 能力。

CE 和 PE 的划分主要是从服务提供商与用户的管理范围来划分的，CE 和 PE 是两者管理范围的边界。

2. BGP/MPLS VPN 中的基本概念

（1）vpn-instance。vpn-instance 是 MPLS VPN 中实现 VPN 路由的重要概念。在 MPLS VPN 的实现中，每个 Site 在 PE 上对应一个专门的 vpn-instance（vpn -instance 通过与接口绑定实现与 Site 的关联）。如果一个 Site 中的用户同时属于多个 VPN，则该 Site 对应的 vpn-instance 中将包括所有这些 VPN 的信息。

具体来说，vpn-instance 的信息中包括：标签转发表、IP 路由表、与 vpn-instance 绑定的接口以及 vpn-instance 的管理信息（包括 RD、路由过滤策略 VPN Target、成员接口列表等）。可以认为，它综合了该 Site 的 VPN 成员关系和路由规则。

PE 负责更新和维护 vpn-instance 与 VPN 的关联关系。为了避免数据泄漏出 VPN 之外，同时防止 VPN 之外的数据进入，在 PE 上，每个 vpn-instance 有一套相对独立的路由表和标签转发表，报文转发信息存储在该 vpn-instance 的 IP 路由表和标签转发表中。

（2）MP-BGP。MP-BGP（multiprotocol extensions for BGP-4）在 PE 路由器之间传播 VPN 组成信息和路由。MP-BGP 向下兼容，既可以支持传统的 IPv4 地址族，又可以支持其他地址族（比如 VPN-IPv4 地址族）。使用 MP-BGP 确保 VPN 的私网路由只在 VPN 内发布，并实现 MPLS VPN 成员间的通信。

（3）VPN-IPv4 地址族。由于 VPN 网络是一个私用网络，不同的 Site 可以使用相同的 IP 地址来表示。而 PE 路由器之间使用 MP-IBGP 来发布与之相连的 CE 的路由时，是假定 IP 地址是全球唯一的，二者之间不同的含义会导致路由错误。为了解决这个问题，在发布路由之前 MP-BGP 需要实现 IPv4 地址到 VPN-IPv4 地址族的转换，使之成为全球唯一的地址（故 PE 路由器需要支持 MP-BGP）。

一个 VPN–IPv4 地址有 12 个字节,开始是 8 字节的 RD (Route Distinguisher,路由识别符),下面是 4 字节的 IPv4 地址。服务供应商可以独立地分配 RD,但是,需要把他们专用的 AS (Autonomous System——自治系统)号作为 RD 的一部分。通过这样的处理以后,即使 VPN–IPv4 地址中包含的 4 字节 IPv4 地址重叠,VPN–IPv4 地址仍可以保持全局唯一。RD 纯粹是为了区别不同的路由,仅在运营商网络内部使用,RD 为零的 VPN–IPv4 地址相当于普通的 IPv4 地址。

PE 从 CE 接收的路由是 IPv4 路由,需要引入 vpn–instance 路由表中,此时需要附加一个 RD。在我们的实现中,为来自同一个用户 Site 的所有路由设置相同的 RD。

(4) VPN Target 属性。VPN Target 属性是 MP–BGP 扩展团体属性之一,主要用来限制 VPN 路由信息发布。它标识了可以使用某路由的 Site 的集合,即该路由可以被哪些 Site 所接收,通过它可以明确每一个 PE 路由器可以接收哪些 Site 传送来的路由。与 VPN Target 中指明的 Site 相连的 PE 路由器,都会接收到具有这种属性的路由。

PE 路由器存在两个 VPN Target 属性集合:一个集合称为 Export Targets,在发布本地路由到远端 PE 路由器时,附加到从某个直连的 Site 上接收到的路由上;另一个集合称为 Import Targets,在接收远端 PE 发布的路由时,决定哪些路由可以引入此 Site 的 VPN 路由表中。

当通过匹配路由所携带的 VPN Target 属性来过滤 PE 路由器接收的路由信息时,如果 Export VPN Target 集合与 Import VPN Target 集合存在相同项,则该路由被安装到 VPN 路由表中,进而发布给相连的 CE;如果 Export VPN Target 集合与 Import VPN Target 集合没有相同项,则该路由被拒绝。

图 11–3–2 为通过匹配 VPN Target 属性过滤路由。

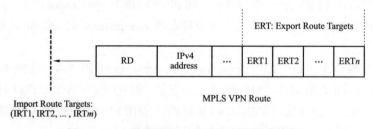

图 11–3–2 通过匹配 VPN Target 属性过滤路由

二、BGP/MPLS VPN 的实现

BGP/MPLS VPN 的主要原理是:利用 BGP 在运营商骨干网上传播 VPN 的私网路由信息,用 MPLS 来转发 VPN 业务流。

以下从 VPN 路由信息的发布和 VPN 报文转发两个方面介绍 BGP/MPLS VPN 的

实现。

（一）VPN 路由信息发布

1. CE 到 PE 间的路由信息交换

CE 与直接相连的 PE 建立邻接关系后,把本站点的 VPN 路由发布给 PE。CE 与 PE 之间可以使用静态路由、RIP、OSPF、IS-IS 或 BGP。

2. 入口 PE 到出口 PE 的路由信息交换

PE 从 CE 学到 VPN 路由信息后,为这些标准 IPv4 路由增加 RD 和 VPNTarget 属性,形成 VPN-IPv4 路由,存放到为 CE 创建的 VPN 实例中。入口 PE 通过 MP-BGP 把 VPN-IPv4 路由发布给出口 PE。出口 PE 根据 VPN-IPv4 路由的 ExportTarget 属性与自己维护的 VPN 实例中的 ImportTarget,决定是否将该路由加入到 VPN 实例的路由表。

3. PE 之间的 IGP 建立

PE 之间通过 IGP 来保证内部的连通性。

4. PE 到 CE 间的路由信息交换

远端 CE 有多种方式可以从出口 PE 学习 VPN 路由,包括静态路由、RIP、OSPF、IS-IS 和 BGP。

（二）VPN 报文的转发

VPN 报文在入口 PE 路由器上形成两层标签栈:

（1）内层标签,也称 MPLS 标签,是由出口 PE 向入口 PE 发布路由时分配的(安装在 VPN 转发表中),在标签栈中处于栈底位置。当从公网上发来的 VPN 报文到达出口 PE 时,根据标签查找 MPLS 转发表就可以从指定的接口将报文发送到指定的 CE 或者 Site。

（2）外层标签,也称 LSP 的初始化标签,指示了从入口 PE 到出口 PE 的一条 LSP,在标签栈中处于栈顶位置。VPN 报文利用这层标签的交换,就可以沿着 LSP 到达对端 PE。

以图 11-3-3 所示 VPN 报文转发示意为例:

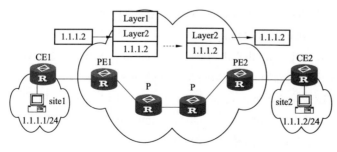

图 11-3-3　VPN 报文转发示意

Site1 发出一个目的地址为 1.1.1.2 的 IPv4 报文到达 CE1，CE1 查找 IP 路由表，根据匹配的表项将 IPv4 报文发送至 PE1。

（1）PE1 根据报文到达的接口及目的地址查找 VPN-instance 表项，获得内层标签、外层标签、BGP 下一跳（PE2）、输出接口等。进行标签封装后，PE1 通过输出接口转发 MPLS 报文到 LSP 上的第一个 P。

（2）LSP 上的每一个 P 路由器利用交换报文的外层标签转发 MPLS 报文，直到报文传送到倒数第二跳路由器，即到 PE2 前的 P 路由器。倒数第二跳路由器将外层标签弹出，并转发 MPLS 报文到 PE2。

（3）PE2 根据内层标签和目的地址查找 VPN 转发表，确定标签操作和报文的出接口，最终弹出内层标签并由出接口转发 IPv4 报文至 CE2。

（4）CE2 查找路由表，根据正常的 IPv4 报文转发过程将报文传送到 Site2。

三、多角色主机特性简介

从 CE 进入 PE 的报文的 VPN 属性由入接口绑定的 VPN 决定，这样，就实质上决定了由同一个入接口经过 PE 转发的所有 CE 设备必须都属于同一个 VPN。但是，在实际组网环境中，存在一个 CE 设备经过一个物理接口访问多个 VPN 的需求，这种需求也许可以通过设置不同的逻辑接口来实现，但是这种折中的解决方式会增加额外的配置负担，使用起来也有很大的局限性。为了解决该问题，利用多角色主机的构思，通过配置针对 IP 地址的策略路由来区分报文对不同 VPN 的访问，而从 PE 到 CE 的下行数据流，是通过静态路由来实现的，多角色主机情形下的静态路由跟普通的不一样，是通过一个 VPN 里面的静态路由指定其他 VPN 中的接口作为出接口来实现的，从而达到在一个逻辑接口访问多个 VPN 的目的。

四、跨域 VPN

实际组网应用中，某用户一个 VPN 的多个 Site 可能会连接到使用不同 AS 号的多个服务提供商，或者连接到一个服务提供商的多个 AS。这种 VPN 跨越多个自治系统的应用方式被称为跨域 VPN（Multi-AS BGP/MPLS VPN）。

VPN-INSTANCE-to-VPN-INSTANCE：ASBR 间使用子接口管理 VPN 路由，也称为 Inter-Provider Backbones Option A；

EBGP Redistribution of labeled VPN-IPv4 routes：ASBR 间通过 MP-EBGP 发布标签 VPN-IPv4 路由，也称为 Inter-Provider Backbones Option B；

Multihop EBGP redistribution of labeled VPN-IPv4 routes：PE 间通过 Multi-hop MP-EBGP 发布标签 VPN-IPv4 路由，也称为 Inter-Provider Backbones Option C。

（一）ASBR 间使用子接口管理 VPN 路由

这种方式下，两个 AS 的 PE 路由器直接相连，PE 路由器同时也是各自所在自治系统的边界路由器 ASBR。

作为 ASBR 的 PE 之间通过多个子接口相连,两个 PE 都把对方作为自己的 CE 设备对待,使用传统的 EBGP 方式向对端发布 IPv4 路由。每个子接口对应一个 VPN,需要将 ASBR 的子接口绑定在对应的 vpn-instance 下,但不需要使能 MPLS。报文在 AS 内部作为 VPN 报文,采用两层标签转发方式;在 ASBR 之间则采用普通 IP 转发方式。

理想情况下,每个跨域的 VPN 都有一对子接口,用来交换 VPN 路由信息。

ASBR 间使用子接口管理 VPN 路由组网如图 11-3-4 所示。

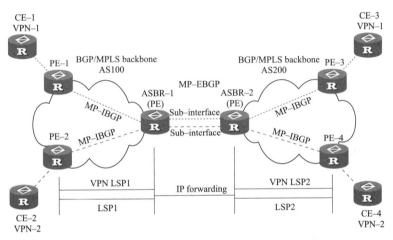

图 11-3-4 ASBR 间使用子接口管理 VPN 路由组网

使用子接口实现跨域 VPN 的优点是实现简单,两个作为 ASBR 的 PE 之间不需要为跨域进行特殊配置。

缺点是可扩展性差,作为 ASBR 的 PE 需要管理所有 VPN 路由,为每个 VPN 创建 VPN 实例。这将导致 PE 上的 VPN-IPv4 路由数量过于庞大。并且,为每个 VPN 单独创建子接口也提高了对 PE 设备的要求。

(二)ASBR 间通过 MP-EBGP 发布标签 VPN-IPv4 路由

这种方式下,两个 ASBR 通过 MP-EBGP 交换它们从各自 AS 的 PE 路由器接收的标签 VPN-IPv4 路由。

路由发布过程可分为以下步骤:

(1)AS100 内的 PE 先通过 MP-IBGP 方式把标签 VPN-IPv4 路由发布给 AS100 的边界路由器 PE,或发布给为 ASBR PE 反射路由的路由反射器;

(2)作为 ASBR 的 PE 通过 MP-EBGP 方式把标签 VPN-IPv4 路由发布给 AS200

的 PE（也是 AS200 的边界路由器）；

（3）AS200 的 ASBR PE 再通过 MP–IBGP 方式把标签 VPN–IPv4 路由发布给 AS200 内的 PE，或发布给为 PE 反射路由的路由反射器。

这种方式的 ASBR 需要对标签 VPN–IPv4 路由进行特殊处理，因此也称为 ASBR 扩展方式。

ASBR 间通过 MP–EBGP 发布标签 VPN–IPv4 路由组网如图 11–3–5 所示。

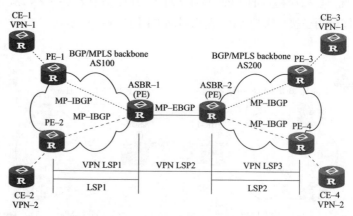

图 11–3–5　ASBR 间通过 MP–EBGP 发布标签 VPN–IPv4 路由组网

在可扩展性方面，通过 MP–EBGP 发布标签 VPN–IPv4 路由优于 ASBR 间通过子接口管理 VPN。

采用 MP–EBGP 方式时，需要注意：

（1）ASBR 之间不对接收的 VPN–IPv4 路由进行 VPN Target 过滤，因此，交换 VPN–IPv4 路由的各 AS 服务提供商之间需要就这种路由交换达成信任协议。

（2）VPN–IPv4 路由交换仅发生在私网对等点之间，不能与公网交换 VPN–IPv4 路由，也不能与没有达成信任协议的 MP–EBGP 对等体交换 VPN–IPv4 路由。

（三）PE 间通过 Multi-hop MP–EBGP 发布标签 VPN–IPv4 路由

前面介绍的两种方式都需要 ASBR 参与 VPN–IPv4 路由的维护和发布。当每个 AS 都有大量的 VPN 路由需要交换时，ASBR 就很可能成为阻碍网络进一步扩展的瓶颈。

解决上述可扩展性问题的方案是：ASBR 不维护或发布 VPN–IPv4 路由，PE 之间直接交换 VPN–IPv4 路由。

两个 ASBR 通过 MP–IBGP 向各自 AS 内的 PE 路由器发布标签 IPv4 路由。

ASBR 上不保存 VPN–IPv4 路由，相互之间也不通告 VPN–IPv4 路由。

ASBR 保存 AS 内 PE 的 32 位掩码带标签的 IPv4 路由，并通告给其他 AS 的对等

体。过渡自治系统中的 ASBR 也通告带标签的 IPv4 路由。这样，在入口 PE 和出口 PE
之间建立起一条 LSP。

不同 AS 的 PE 之间建立 Multihop 方式的 EBGP 连接，交换 VPN–IPv4 路由。

PE 间通过 Multi–hop MP–EBGP 发布标签 VPN–IPv4 路由组网如图 11–3–6 所示。

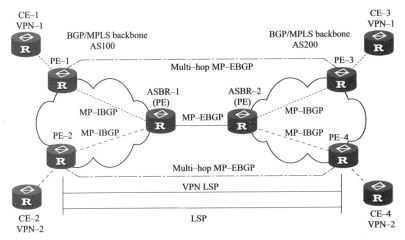

图 11–3–6　PE 间通过 Multi–hop MP–EBGP 发布标签 VPN–IPv4 路由组网

为提高可扩展性，可以在每个 AS 中指定一个路由反射器 RR（Route Reflector），
由 RR 保存所有 VPN–IPv4 路由，与 AS 的 PE 交换 VPN–IPv4 路由信息。两个 AS 的
RR 之间建立跨域 VPNv4 连接，通告 VPN–IPv4 路由。

采用 RR 的跨域 VPN OptionC 方式组网如图 11–3–7 所示。

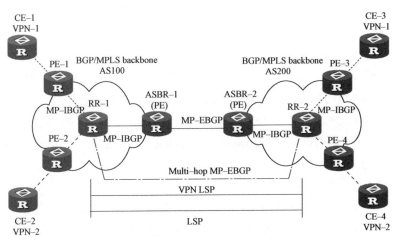

图 11–3–7　采用 RR 的跨域 VPN OptionC 方式组网

【思考与练习】

1. BGP/MPLS VPN 与传统 VPN 有哪些异同之处？

2. BGP/MPLS VPN 的核心思想是什么？

◢ 模块 4 线缆连接错误引起的通信故障现象
及排查方法（Z18G4004Ⅱ）

【模块描述】 本模块介绍线缆连接错误引起的通信故障现象及排查方法。通过方法介绍，掌握以太网、广域网线缆故障处理的故障定位思路、查询、调试和维护的方法及其命令的使用方法。

【正文】

一、以太网线路故障处理

（一）故障定位思路

Ethernet 接口是应用非常普遍的接口，接口不通也是经常出现。以下步骤可以根据实际情况有选择的进行检查。

1. 排除物理连接引起的故障

可以通过 display interface 查看接口的运行状态。

（1）接口的物理层为 DOWN，产生的原因是最好按照检查错误的一般原则进行排序。

1）网线接触不良或 VIEU 板没有插紧，在两端插紧网线，插紧后板。

2）网线存在问题，用在其他可正常的网线更换进行测试。

3）中间互连的 HUB 或 SWITCH 有问题，用直连网线进行测试。

4）双方硬件不兼容或是硬件故障。

5）两端配置不一致。（用命令强制使双方配置一致，如都配置全双工，速率 100M）。

（2）接到大量的物理错误的报文如 CRC 错报文，排查物理层原因。

（3）物理是 UP，并且已配置 IP 地址的情况下链路层没有 UP，这种情况下一般是不可能出现，可以考虑用 shutdown/undo shutdown 命令进行恢复（一般是接口管理出现 BUG 或者是板间通信存在问题）。

2. 物理层收发包是否正常

用 display interface 查询两端接口的报文收发情况。

（1）如果中间有交换机，要查一下交换机的两个端口是否在同一个 VLAN。

（2）其他可能是物理层问题。

3. 链路层的处理是否正常

查一下日记信息是否有相同 IP 的主机存在，查看 ARP 表项是否正常生成。

（1）如没有生成，可能是 ARP 表项满。

（2）有表项但表项显示为 Incomplete（可能是配置问题或路由有问题，请使用 debug arp 查看 ARP 报文）。

4. Ethernet 链路层收发报文是否正常

通过 debug ethernet packet 命令查看链路层报文的收发情况，有时 ping 出现丢包现象也可能是由物理接触不良引起，这时一般会有 CRC 等错误出现。

（二）以太网故障定位查询命令

1. display arp 命令（见表 11–4–1）

表 11–4–1　　　　　　　　　显示单板 arp 表项

命令格式	display arp［slot slotnumber］［static | dynamic | all］［{ begin | include | exclude } text］
功能描述	显示系统各单板的 ARP 表项

2. display vlan statistics 命令（见表 11–4–2）

表 11–4–2　　　　　　　　显示 vlan 收发报文统计信息

命令格式	display vlan statistics interface interface–type interface–number/display vlan statistics vid vid
功能描述	显示 VLAN 收发报文的统计信息

（三）以太网故障定位调试命令

1. debugging ethernet packet（见表 11–4–3）

表 11–4–3　　　　　　　　打开链路层收发报文信息

命令格式	debugging ethernet packet［interface interface–type interface–number］
功能描述	打开 ethernet 链路层收发报文的显示信息

2. debugging arp packet（见表 11–4–4）

表 11–4–4　　　　　　　　　arp 调 试 信 息

命令格式	debugging arp　packet
功能描述	打开 arp 报文收发的调试信息

3. debugging vlan packet（见表 11-4-5）

表 11-4-5　　　　　　　　　打开 vlan 报文收发信息

命令格式	Debugging vlan packet { interface interface-type interface-number| vid vlanno]
功能描述	打开 vlan 报文收发的调试信息

（四）日志/告警说明（见表 11-4-6）

表 11-4-6　　　　　　　　　日 志 告 警 简 要 说 明

日志/告警格式	%Feb 16 09:50:10 2004 Quidway ARP/5/ARP_DUPLICATE_IPADDR: Slot=0; Receive an ARP packet with duplicate ip address 10.110.98.75 from Ethernet0/2/0，source MAC is 0050-bf1f-3613
说明	表示检测到同一子网上有一主机的 IP 地址配置与本路由器冲突

（五）故障信息采集（见表 11-4-7）

表 11-4-7　　　　　　　　　以太口收发报文信息统计

命令格式	采集内容	使用说明
display interface Ethernet	收集以太口的收发报文统计信息	常用的故障信息采集方法

二、广域网线路故障处理

（一）故障定位思路

首先执行 dispalay interface 看接口显示情况，如：

<RTA> display interface serial0/1/0:25

Serial0/1/0:25 current state:UP

Line protocol current state:UP

Description:HUAWEI,Quidway Series,Serial0/1/0:25 Interface

The Maximum Transmit Unit is 1500 bytes,Hold timer is 10(sec)

Baudrate is 64 000 bps,Timeslot(s)Used:25

Link layer protocol is PPP

LCP opened,IPCP opened,MPLSCP opened

Internet Address is 221.130.1.2/24

Physical layer is Channelized E1(4 ports),Crc type is 16

Output queue: (Urgent queue:Size/Length/Discards)0/50/0

Output queue: (Protocol queue:Size/Length/Discards)0/500/0

Output queue: (FIFO queuing:Size/Length/Discards)0/75/0

Last 5 minutes input rate 9 bytes/sec,0 packets/sec

Last 5 minutes output rate 2 bytes/sec,0 packets/sec

Input:420 packets,21 302 bytes

0 errors,0 runts,0 giants

0 CRC,0 overruns,0 aborts

Output:273 packets,12 108 bytes

0 errors,0 underruns

显示 LCP opened，IPCP opened，MPLSCP opened 中表明链路正常。

（1）LCP 没有 OPENED 的情况。

先确认两边是否都配置的是 PPP，两端的物理都是 UP 的（即上面显示的 Serial0/1/0:25 current state：UP）。

确认两边是否都执行过 shut/undo shut。

接下来看接口显示的收发包是否增长，如果发包增长是本端物理设备有问题。

如果收包不增长，说明对端发的包本端没有收到，请检查线路、对端是否连接正确。这些可以通过线路打环测试（先近端、然后逐步向对端设备推进），在一个位置打环后，等 1min 时间后执行 display interface 显示这个被打环的接口，如果显示：Link layer protocol is PPP，loopback is detected，说明从这个位置打环正常，否则不正常，就可以查这一点到上次打环正常的点这一段传输是否有问题。

如果收包有大量错包，可以用上面打环测试查一查传输的问题，这个也可能是两端的物理配置不一致或线路误码比较高。

如果接口有收有发，而且两边没有收到错包，则可以打开调试开关记录信息，命令为：debug ppp lcp packet interface 接口 接口号

注意，请打开 debug 开关时指定到接口级，这样只会输出本接口的信息，比较清楚。

下面是一次正常的协商调试信息：

0.861 305 1 RTD PPP/8/debug2:Slot=1;

PPP Packet:

Serial1/0/0 Output LCP(c021)Pkt,Len 18

State reqsent,code ConfReq(01),id 2,len 14（发出 LCP 协商请求包）

MRU(1),len 4,val 05dc（MRU 协商选项）

MagicNumber(5),len 6,val 008188cd（魔术字协商选项）

*0.861 305 3 RTD PPP/8/debug2:Slot=1;

PPP Packet:

Serial1/0/0 Input LCP(c021)Pkt,Len 18

State reqsent,code ConfAck(02),id 2,len 14（收到 LCP 协商确认包，对端同意本端的协商请求）

MRU(1),len 4,val 05dc

MagicNumber(5),len 6,val 008188cd

*0.861 487 5 RTD PPP/8/debug2:Slot=1;

PPP Packet:

Serial1/0/0 Input LCP(c021)Pkt,Len 18

State ackrcvd,code ConfReq(01),id 2b,len 14（收到对端的 LCP 协商请求包）

MRU(1),len 4,val 05dc

MagicNumber(5),len 6,val 476d5ab5

*0.861 487 5 RTD PPP/8/debug2:Slot=1;

PPP Packet:

Serial1/0/0 Output LCP(c021)Pkt,Len 18

State ackrcvd,code ConfAck(02),id 2b,len 14（同意对端的协商请求，发出 LCP 协商确认包）

MRU(1),len 4,val 05dc

MagicNumber(5),len 6,val 476d5ab5

这个过程中可能会出现 ConfNak、ConfRej、ProtoRej 的报文，但是如果最后本端发的 ConfReq 对端回应了 ConfAck，收到对端的 ConfReq 并发送了 ConfAck，则协商肯定是通过了。ConfNak 是不同意选项的内容，ConfRej 是拒绝此选项，ProtoRej 是拒绝对发要协商的协议。如果接口统计有收包，打开 LCP 的调试开关，没有收包，则可能是底层收到包不正确。

如果互相都收到了对方的协商请求和协商确认包，但是 LCP 还是不 OPENED。实际这时 LCP 已经 OPENED 过了，但是由于对端或者本端发了 TermReq 报文导致马上又 Closed，LCP 处于 OPENED 的时间很短，无法观测到稳定的 LCP 的 OPENED 状态，TermReq 报文在 LCP 的调试信息中可以看到。这个时候你会发现路由器上这两条日志（两条日志时间几乎同时）会立即出现：

%Jan 3 06:58:42 2004 RTD IFNET/5/UPDOWN:Link layer protocol on the interface Serial1/0/0 turns into UP state

%Jan 3 06:58:42 2004 RTD IFNET/5/UPDOWN:Link layer protocol on the interface Serial1/0/0 turns into DOWN state

这种情况在一端配置要协商 MultilinkPPP，一端没有配置的情况下肯定会出现。

　　如果互相都收到了对方的协商请求和协商确认包，但是 LCP 也 OPENED，但是一会儿（几十秒）又 Closed，出现的日志如下：

%Jan 3 07:05:04 2004 RTD IFNET/5/UPDOWN:Link layer protocol on the interface Serial1/0/0 turns into UP state

%Jan 3 07:05:34 2004 RTD IFNET/5/UPDOWN:Link layer protocol on the interface Serial1/0/0 turns into DOWN state

　　这时需要看看两端是否配置了验证，配置的验证方法和验证用户名密码是否正确。可以通过打开验证的协商调试信息命令查看协商不通过的原因，具体命令如下：

debug ppp {pap|chap} packet 接口　接口号

　　下面是一次验证通过的 PAP 的调试信息（在验证端看的）：

*0.598 541 24 RTC PPP/8/debug2:Slot=1;

PPP Packet:

Serial1/1/1:0 Input PAP(c023)Pkt,Len 14

State ServerListen,code Request(01),id 1,len 10

Host Len:2 Name:aa

Pwd Len:2 Pwd:aa

*0.598 542 44 RTC PPP/8/debug2:Slot=1;

PPP Packet:

Serial1/1/1:0 Output PAP(c023)Pkt,Len 52

State WaitAAA,code Ack(02),id 1,len 48

Msg Len:43 Msg:Welcome to use Quidway ROUTER,Huawei Tech.

　　下面是一次验证不通过的 PAP 的调试信息（在验证端看的）：

*0.600 371 33 RTC PPP/8/debug2:Slot=1;

PPP Packet:

Serial1/1/1:0 Input PAP(c023)Pkt,Len 14

State ServerListen,code Request(01),id 1,len 10

Host Len:2 Name:aa

Pwd Len:2 Pwd:a

*0.600 373 00 RTC PPP/8/debug2:Slot=1;

PPP Packet:

Serial1/1/1:0 Output PAP(c023)Pkt,Len 9

State WaitAAA,code Nak(03),id 1,len 5

Msg Len:0 Msg:

如果发现用户发送的用户名密码正确验证通不过，可以参考 AAA 部分的可维护性手册，里面有 AAA 的调试手段。

（2）LCP 稳定 OPENED，但是 IPCP 没有 OPENED 的情况。

1）既然 LCP 可以起来，说明链路是好的，先确认两端都配置了 IP 地址是否相同，相同则不正确。确认无误，如果是开局，确认两边是否都执行过 shut/undo shut，没有先进行这些操作。

如果还不行，可以通过打开 IPCP 的协商调试信息命令查看协商不通过的原因，具体命令如下：

debug ppp ipcp packet interface

2）如果某一端为另一端分配 IP 地址，请检查配置了地址池那一端，地址池中地址是否用完。

请检查两端配置的地址是否一样了，导致 IPCP 无法协商通过。

（3）LCP 稳定 OPENED，IPCP OPENED，MPLSCP 没有 OPENED 的情况。

这种情况一般是有一端没有配置 MPLS，或者有一端不支持，可以通过打开 MPLSCP 的协商调试信息命令查看协商不通过的原因，具体命令如下：

debug ppp mplscp packet interface

（4）LCP 稳定 OPENED，IPCP OPENED，配置了 ISIS，但是 OSICP 没有 OPENED 的情况，导致 ISIS 邻居无法建立。

这种情况一般是有一端没有配置 ISIS，或者有一端不支持，可以通过打开 OSICP 的协商调试信息命令查看协商不通过的原因，具体命令如下：

debug ppp osicp packet interface

（5）上面主要针对的是普通 PPP 的情况，如果碰到 Multilink PPP 不通的情况：

首先检查是否存在几个捆绑的接口在不同的 VIU 上的情况，如果有，把接口调整到一个 VIU，如果没有，转到 b。

1）通过 display ppp mp 看是否该捆绑的链路都捆绑上了，以便分辨出问题是没有捆绑上，还是捆绑成功但是不通（如果是以 mp-group 接口为捆绑后的接口的情况，可以显示这个接口状态查看一下），连续执行几次这个命令，记录这些信息。

2）如果所有的链路都无法捆绑上，请打开其中某一条链路的 LCP 的调试开关，记录信息。如果有捆绑上的链路，也有没捆绑上的链路，把那些没有捆绑上的链路 shutdown，过 40~50s，这时观察是否正常（ping 大包是否通），正常说明是没有捆绑上链路影响的，这时需要查看日志，是否这些链路的问题。

3）如果两端大包还是不通，查看两端捆绑的串口上是否有错包。如果有错包，说明链路质量不好。如果没有错包，则打开 virtual-template 或 mp-group 接口的 mp event

和 mp packet 的 debug 开关（debug ppp mp event/packet 接口　接口名），记录信息。

4）对于始终无法捆绑的链路，按照单链路的方法处理。

（二）查询、调试和维护命令

1. 查询命令

该部分主要是各种 display 命令的说明，注意请在命令的显示说明中详细说明查询命令显示各字段的含义。

（1）display interface（见表 11–4–8）

表 11–4–8　　　　　　显 示 接 口 状 态

命令格式	display interface
功能描述	该命令用来显示封装了 PPP 的接口的状态
使用视图	所有视图

（2）display ppp mp〔interface {mp–group|virtual–template} 接口号〕（见表 11–4–9）

表 11–4–9　　　　　　显 示 mp 接 口 信 息

命令格式	display ppp mp〔interface interface–type interface–num〕
功能描述	命令用来查看 MP 的全部接口信息及统计信息

2. 调试命令（见表 11–4–10～表 11–4–14）

表 11–4–10　　　　　　打开 LCP 协商调试开关

命令格式	Debugging ppp lcp〔error|event|packet|state〕interface 接口名
功能描述	打开封装了 PPP 的指定接口的 LCP 协商调试开关
使用视图	用户视图
参数说明	Error 输出 LCP 协商过程中的错误信息 Event 输出 LCP 协商过程的导致 PPP 状态机转换的事件 State 输出 LCP 协商过程的 PPP 状态机的转换 Packet 输出 LCP 协商过程中收发的 LCP 报文
显示说明	请详细说明调试信息输出的含义
使用说明	在查问题时主要关注 Packet 基本就可以了

表 11–4–11　　　　　　打 开 IPCP 调 试 开 关

命令格式	Debugging ppp ipcp〔error|event|packet|state〕interface 接口名
功能描述	打开封装了 PPP 的指定接口的 IPCP 协商调试开关

表 11-4-12 打开 OSICP 调试开关

命令格式	Debugging ppp osicp［error|event|packet|state］interface 接口名
功能描述	打开封装了 PPP 的指定接口的 OSICP 协商调试开关

表 11-4-13 打开 MPLSCP 调试开关

命令格式	Debugging ppp mplscp［error|event|packet|state］interface 接口名
功能描述	打开封装了 PPP 的指定接口的 MPLSCP 协商调试开关

表 11-4-14 打开接口验证调试开关

命令格式	Debugging ppp {pap|chap}［error|event|packet|state］interface 接口名
功能描述	打开封装了 PPP 的指定接口的验证协商调试开关

3. 日志/告警说明（见表 11-4-15）

表 11-4-15 日 志 告 警 说 明

日志/告警格式	%Jan 30 09:58:07 2004 RTC IFNET/5/UPDOWN:Link layer protocol on the interface Serial1/1/1:0 turns into UP state
说明	这条日志说明封装 PPP 的接口的 LCP OPENED
日志/告警格式	%Jan 30 09:58:07 2004 RTC IFNET/5/UPDOWN:Link layer protocol on the interface Serial1/1/1:0 turns into DOWN state
说明	这条日志说明封装 PPP 的接口的 LCP 由 OPENED 转为非 OPENED 状态
日志/告警格式	%Jan 30 09:58:10 2004 RTC IFNET/5/UPDOWN:Slot=1;PPP IPCP protocol on the interface Serial1/1/1:0 turns in UP state
说明	这条日志说明封装 PPP 的接口的 IPCP OPENED
日志/告警格式	%Jan 30 09:58:10 2004 RTC IFNET/5/UPDOWN:Slot=1;PPP IPCP protocol on the interface Serial1/1/1:0 turns in DOWN state
说明	这条日志说明封装 PPP 的接口的 IPCP 由 OPENED 转为非 OPENED 状态

4. 故障信息采集

（1）一般信息采集见表 11-4-16。

表 11-4-16 一 般 信 息 收 集

命令格式	采集内容	使用说明
Display interface 接口　接口号	接口上的统计信息	每隔 1~2s 执行一次，连续执行 15 次
Display logbuffer	系统的日志信息	
Dislplay ppp mp	MP 的统计信息	MP 问题时使用
Display current-config	查看配置	

（2）在 LCP 没有 OPENED 的情况的故障信息采集见表 11–4–17。

表 11–4–17　　　　　　　LCP 诊 断 信 息 收 集

命令格式	采集内容	使用说明
Display interface	查看接口	
debug ppp lcp packet interface	查看 lcp 诊断信息	
Debug ppp {pap|chap} packet	查看 ppp 诊断信息	配置了验证的情况收集

（3）在 LCP OPENED 但是 IPCP 没有 OPENED 的情况的故障信息采集见表 11–4–18。

表 11–4–18　　　　　　　打 开 ppp 调 试 开 关

命令格式	采集内容	使用说明
Debug ppp ipcp packet interface 接口　接口号		

【思考与练习】

1. 查看接口信息，发现存在 CRC 错误表明什么问题？
2. 当 LCP 没有 OPENED 时，通常应该如何处理？

◢ 模块 5　硬件设备模块更换的注意点（Z18G4005Ⅱ）

【模块描述】本模块介绍数据网设备电源模块、路由器散热风扇、单元单板、路由交换单元的更换方法及其注意事项。通过方法介绍和要点归纳，掌握数据网设备模块更换的方法和注意事项。

【正文】

一、路由器硬件维护概述

路由器的硬件维护主要包括各种单板以及电源模块等设备部件的更换，本模块主要描述设备部件如何进行拆卸和安装。

为避免静电引起器件损坏，进行部件更换时，必须佩带防静电手腕。另外建议穿好防静电服，戴上绝缘手套，确保人身安全。

为了避免单板损坏，在单板的更换过程中，请将单板暂时存放在 PCB 托盘中，如图 11–5–1 所示；如果没有 PCB 托盘，可放置在相应的绝缘袋中。

二、电源模块的更换

1. 电源模块的卸载

（1）卸载原模块塑胶面板上的防尘网。

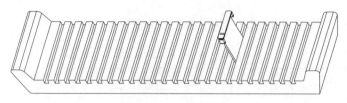

图 11-5-1　PCB 托盘

（2）　使用螺丝刀松开电源模块的松不脱螺钉。

（3）　使拉手到水平位置，从电源插槽中拉出电源模块。

路由器电源模块比较重，在拉出的过程中，要一只手拉电源模块的拉手，另一只手托住电源模块的底部，缓慢地拔出。另外，尽快装好新的电源模块，以保证路由器的 2+1 备份用电需求，且避免灰尘。

2. 电源模块的安装

（1）　拆下新电源模块塑胶面板上的防尘网。

路由器有两种电源模块，一种是交流输入电源模块，另一种是直流输入电源模块。请确认所要安装的电源模块与机箱的配电盒一致；

（2）　抓住电源模块的拉手，另一只手托住电源模块的底部将电源模块，沿导轨，缓慢插入，确认接触良好；平稳地插入电源模块。在插入的过程中，插销端子的跳起将会导致系统告警，插销不会进入插槽。为了避免损坏或弯曲电源端子，在插入过程中，如果位置没有对正，必须使被插入的模块后退，然后重新插入。

（3）　拧紧松不脱螺钉。

（4）　将模块拉手扳下，装好防尘网。

3. 注意事项

安装松不脱螺钉时，如果发现螺钉不能拧紧，很可能是因为电源模块没有正确安装引起的，请仔细检查。电源模块的塑胶挡板上有滤网，使用一段时间后，应该注意清洗，以免灰尘阻碍散热，清洗滤网时不要使用任何清洗剂，用清水洗净，晾干即可。在通电的情况下，更换单电源模块配置的电源模块，将新的电源模块安装在空的电源插槽上，再将要更换的电源模块拆下进行更换。

三、路由器散热风扇的更换

路由器的散热风扇框安装在单板插槽上方，具体更换步骤如下：

（1）　拇指轻按接触式按钮，四指扣住风扇框下面的孔槽，如图 11-5-2 所示。

（2）拇指按下按钮，四指用力均匀水平地拉出风扇框，如图 11-5-3 所示。

（3）更换新的风扇框，将风扇框缓慢推入槽内。

四、单元单板更换方法

路由器的一些单板，如路由交换单元、路由交换扩展单元、路由交换热插拔控制单元、通用接口单元、通用接口扩展单元、高可靠控制单元、告警单元，安装结构基本相同，拆卸与安装方法也基本相同。

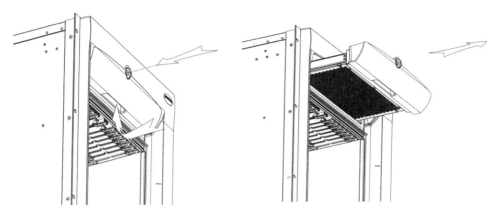

图 11-5-2　路由器风扇框拆卸（一）　　　　图 11-5-3　路由器风扇框拆卸（二）

1. 卸载单板

（1）用十字螺丝刀松开单板的固定螺钉。

（2）两手抓住板上的扳手，使扳手向外翻，使单板的插头与母板脱离。

（3）沿着插槽导轨平稳滑动，拔出单板。

单元单板拆卸示意如图 11-5-4 所示。

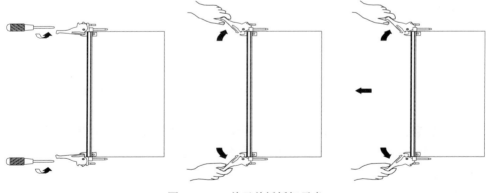

图 11-5-4　单元单板拆卸示意

2. 安装单板

（1）用螺丝刀逆时针方向松开要安装单板挡板的安装螺钉，拆下挡板。

（2）两手抓住板上的扳手，使扳手向外翻，沿着插槽导轨平稳滑动插入单板，当该单板的拉手条上的定位插销与机箱上插销定位孔接触时停止向前滑动。

（3）使扳手向内翻，使拉手条的插销进入底盘上的插销定位孔。

（4）用螺丝刀沿顺时针方向拧紧安装螺钉，固定单板。

单元单板安装示意如图 11-5-5 所示。

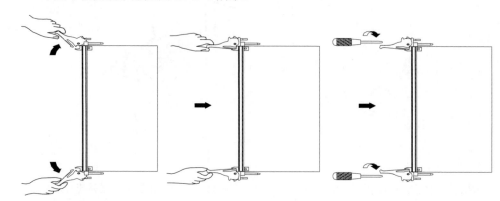

图 11-5-5　单元单板安装示意

五、电源、风扇、单板等更换注意点

（1）注意防静电操作。

（2）注意轻拿轻放，避免影响其他好件运行。

（3）注意观察更换后单板运行状态。

【**思考与练习**】

1. 更换电源模块有哪些注意事项？

2. 在更换硬件时要提前做好哪些准备工作？

◢ 模块 6　网络调试命令的使用（Z18G4006Ⅱ）

【**模块描述**】本模块介绍数据网设备环境及单板硬件状态观测、CPU 及内存状态观测、告警日志信息查看命令的功能、参数配置，通过命令介绍，掌握网络调试命令的使用方法。

【**正文**】

本模块用表格的方式介绍了环境及单板硬件状态、CPU 及内存状态、告警日志信息及系统状态和信息的查看命令的功能、参数配置。

1. 环境及单板硬件状态观测（见表 11-6-1）

表 11-6-1　　　　　　　　　**单 板 硬 件 状 态 观 测**

项目	操作指导	参考标准	备注
环境状况	display environment 查看单板温度	所有主控板，接口板温度都应该在门限以内	display environment 命令参考
单板指示灯状况	观察所有单板的运行灯及告警灯的运行状况	单板板运行灯慢闪，告警灯常灭	参见前文指示灯的含义
单板运行状况	display device 查看单板运行状况	所有单板设备应该都是 Normal，MPU 的 slave、master 状态正确	参见 display device 命令参考

2. CPU 及内存状态观测（见表 11-6-2）

表 11-6-2　　　　　　　　　**CPU、内存状态观测**

项目	操作指导	参考标准	备注
各单板 CPU 占用率状况	display cpu	正常情况下 CPU 占用率应当不超过 60%，如果太高为不正常	参见 display cpu 命令参考
系统内存占用率状况	display memory	正常情况下系统内存占用率应在 80%以下，否则为不正常	参见 display memory 命令参考
各接口板内存占用率状况	display memory slot <slotnum>	正常情况下接口板内存占用率应在 80%以下，否则为不正常	参见 display memory slot <slotnum>命令参考

3. 告警日志信息查看（见表 11-6-3）

表 11-6-3　　　　　　　　　**系 统 日 志 查 看**

项目	操作指导	参考标准	备注
系统告警缓冲区查看	display trapbuffer	正常情况下无严重告警记录，否则为不正常	参见 display trapbuffer 命令参考
系统日志缓冲区查看	display logbuffer	正常情况下无严重出错日志记录，否则为不正常	参见 display logbuffer 命令参考
所有系统日志查看	display log	正常情况下无严重告警记录和严重出错日志，否则为不正常	参见 display log 命令参考

【思考与练习】

1. 用那些命令排查常见的路由故障？

2. 一般来讲，设备内存使用率达到多少设备运行就存在隐患？使用什么命令进行查看？

◢ 模块 7 设备参数设置错误引起的通信故障现象 及排查方法（Z18G4007Ⅱ）

【模块描述】 本模块介绍 TCP/IP、路由、BGP、MPLS 故障排查命令。通过功能描述，掌握设备参数设置错误引起的通信故障的排查方法。

【正文】

一、TCP/IP 故障排查

（1）Display interface 命令（见表 11-7-1）。

表 11-7-1 查 看 接 口 信 息

命令格式	Display interface
功能描述	查看 IP 地址配置信息

（2）Display arp 命令（见表 11-7-2）。

表 11-7-2 查 看 arp 表 项 信 息

命令格式	Display arp
功能描述	查看 arp 表项是否学习成功

二、路由故障排查

1. 调试命令

（1）debugging ip rtpro routing 命令（见表 11-7-3）。

表 11-7-3 查 看 路 由 调 试 信 息

命令格式	debugging ip rtpro routing
功能描述	用于显示路由的添加，删除，变化的过程，已经对路由表的操作

（2）debugging ip rtpro interface 命令（见表 11-7-4）。

表 11-7-4 查 看 接 口 状 态 上 报 信 息

命令格式	debugging ip rtpro interface
功能描述	用于显示接口状态发生变化的时候的上报信息

（3）debugging ip rtpro kernel 命令（见表 11-7-5）。

表 11–7–5　　　　　　　　查看路由上送 **FIB** 信息

命令格式	debugging ip rtpro kernel
功能描述	用于公网路由往 FIB 和私网路由向 LSPM 下刷的相关信息

（4）debugging ip rtpro task 命令（见表 11–7–6）。

表 11–7–6　　　　　　　　查 看 路 由 调 度 信 息

命令格式	debugging ip rtpro task
功能描述	用于路由主循环中定时器，作业，消息接受的调度信息

（5）debugging ip rtpro task task 命令（见表 11–7–7）。

表 11–7–7　　　　　　　　查看消息接受调度信息

命令格式	debugging ip rtpro task task
功能描述	用于路由主循环中作业，消息接受的调度信息

（6）debugging ip rtpro task timer 命令（见表 11–7–8）。

表 11–7–8　　　　　　　　查 看 定 时 器 信 息

命令格式	debugging ip rtpro task timer
功能描述	用于路由主循环中定时器的调度信息

2. 维护命令

（1）display ip routing 命令（见表 11–7–9）。

表 11–7–9　　　　　　　　显示公网路由表信息

命令格式	display ip routing–table
功能描述	该命令用来显示公网路由表信息

（2）display ip routing A.B.C.D 命令（见表 11–7–10）。

表 11–7–10　　　　　　　　显 示 路 由 前 缀 信 息

命令格式	display ip routing–table A.B.C.D
功能描述	该命令用来显示公网路由表一条指定路由前缀的路由信息

（3）display ip routing protocol 命令（见表 11–7–11）。

表 11-7-11 　　　　　　　　　显 示 IP 路 由 信 息

命令格式	display ip routing-table protocol { direct | bgp | ospf | o_ase | o_ase | isis | static | rip }

（4）display ip routing verbose 命令（见表 11-7-12）。

表 11-7-12 　　　　　　　　　查 看 路 由 表 信 息

命令格式	display ip routing-table verbose
功能描述	该命令用来查看路由表路由条目的详细内容

（5）display ip routing vpn-instance 命令（见表 11-7-13）。

表 11-7-13 　　　　　　　　　查 看 VPN 路 由 信 息

命令格式	display ip routing-table vpn-instance vpn-name
功能描述	该命令用来显示私网路由表信息

（6）display ip routing vpn-instance vpn-name verbose 命令（见表 11-7-14）。

表 11-7-14 　　　　　　　　　查看路由条目详细信息

命令格式	display ip routing-table vpn-instance vpn-name verbose
功能描述	该命令用来查看私网路由表路由条目的详细内容

三、BGP 故障排查

1. BGP 故障定位思路

（1）确保 BGP 的配置是否正确。

（2）是否能够 ping 通对端地址。

（3）看邻居是否已经建立。

（4）查看 BGP 的路由信息是否正常，是否符合预期目标。

（5）开 BGP 调试开关跟踪邻居建立过程、路由的发布过程。

（6）查询、调试和维护命令。

2. BGP 调试命令（见表 11-7-15～表 11-7-26）

表 11-7-15 　　　　　　　　　显 示 BGP 路 由 信 息

命令格式	display　bgp［vpnv4 { all | vpn-instance vpn-instance-name}］routing-table
功能描述	显示 BGP 的路由信息，或者公网或者私网； 可以通过该命令查看接收和发送路由的概要信息

表 11-7-16　　　　　　　显示 BGP 路由详细信息

命令格式	display bgp［vpnv4 { all ｜ route-distinguisher rd-value ｜ vpn-instance vpn-instance-name }］routing-table dest［mask］
功能描述	可以通过该命令显示某条具体的 BGP 路由的详细信息

表 11-7-17　　　　　　　显示 peer 收发路由状况

命令格式	display bgp routing-table peer x.x.x.x { received ｜ advertised }
功能描述	该命令用来显示从某个 peer 的收发路由的状况

表 11-7-18　　　　　　　显 示 当 前 peer 信 息

命令格式	display bgp peer {x.x.x.x }
功能描述	该命令用于显示当前的所有 peer 的建连信息

表 11-7-19　　　　　　　显 示 bgp 调 试 信 息

命令格式	debug bgp all
功能描述	该调试开关打开所有的 BGP 调试信息（除 VPN 路由报文外），包括：keepalive 报文的收发、BGP 邻居的建立过程、notification 报文的收发、路由报文的收发、BGP 的时间处理

表 11-7-20　　　　　　　显 示 bgp 收 发 报 文

命令格式	debug bgp packet［receive ｜ send］［verbose］
功能描述	打开 BGP 的报文发送的调试开关，包括：keepalive、open、update、notification、route-refresh

表 11-7-21　　　　　　　打开 event 调试开关

命令格式	debug bgp event
功能描述	打开 BGP 的 event 调试开关。在 BGP 中，事件用来控制状态机的迁移，通过调试信息可以看到 BGP 状态机的迁移过程，可以查看是否异常

表 11-7-22　　　　　　　打开 bgp 报文调试开关

命令格式	debug bgp open［receive ｜ send］［verbose］
功能描述	打开 BGP 的 open 报文的调试开关。OPEN 报文主要是用来邻居之间的协商使用。通过调试信息，可以看到在 OPEN 报文中携带的信息有：版本号、AS 号、holdtime 时间、bgp_id（router-id）、多协议扩展能力。可以通过这些信息来查看本端配置是否正确

表 11-7-23　　　　　　　　　　　　　打开 keepalive 调试开关

命令格式	debug bgp keepalive［receive｜send］［verbose］
功能描述	打开 BGP 的 keepalive 报文调试开关。keepalive 报文的调试信息很简单，唯一的调试信息就是标明报文长度为 19 字节。keepalive 报文的发送周期是一个 keepalive 时间（默认情况 60 秒），如果有三个周期收不到对端的 keepalive 报文，就会中断邻居关系。 使用 keepalve 报文调试开关的主要作用是：通过查看 keepalive 报文的收发情况，来判断邻居关系维持是否正常；可以判断是哪台路由器收发报文错误，从而定位到哪台路由器出了问题

表 11-7-24　　　　　　　　　　　　打开 route-refresh 报文的调试开关

命令格式	debug bgp route-refresh［receive｜send］［verbose］
功能描述	打开 BGP 的 route-refresh 报文的调试开关。route-refresh 报文的主要作用是：当本地路由器入口策略发生变化时，向对端发送该报文，请求对端重新发送路由表。报文类型为 5

表 11-7-25　　　　　　　　　　　　　开启 update 报文调试开关

命令格式	debug bgp update［receive｜send］［verbose］
功能描述	打开 BGP 的 update 报文调试开关。在 BGP 中，update 报文的作用主要是用来传递路由更新消息。通过 update 报文的调试信息可以看到 update 报文携带的信息主要有：路由属性（一系列属性）、不可达路由信息、可达路由信息。可以通过这些调试信息来查看路由发送是否正常，可以看到路由是由于什么原因被丢弃，从而缩小问题的范围，在问题定位过程中很有用

表 11-7-26　　　　　　　　　　　　打开 BGP 的 VPN 路由报文调试开关

命令格式	debug bgp mp-update［receive｜send］［verbose］
功能描述	打开 BGP 的 VPN 路由报文调试开关。该命令用来显示 VPN 路由信息收发是否正常

四、MPLS 故障排查

（一）故障定位思路

1. LDP Session 建立不起来

如果接口上使能了 LDP，SESSION 一般都可以建立起来。遇到的不可以建立 SESSION 的情况有：

（1）LSR ID 冲突。在网络中，LSR ID 和 ROUTER ID 一样，需要保持全局唯一。查看冲突与否的方法就是 display mpls lsr-id。

（2）LDP 的配置不同。LDP SESSION 能够建立，对双方的配置还是有一些要求的。比如一边配置了 loopdetect，另一边却没有配置就会导致 session 建立不起来。确认双方配置相同的方法就是 display current，然后查看 ldp 模式下的配置是否相同。

（3）链路不通。LDP 需要在邻居之间建立 tcp 连接。如果 IP 转发都不通，session 当然也建立不起来了。这个一般不会成为问题。

（4）如果确认不满足上面的条件，就很可能是 LDP 本身存在问题了。这时候可以打开调试开关，查看有关信息。LDP 的调试信息很多，也很难懂。一般情况下，打开 all 全部抓下来再仔细分析就可以了。

2. LDP 的 session 经常断

和其他协议一样，很可能是 keepalive 或者 hello 报文的时间设置的太小，加上链路忙等原因，导致断连。这个问题一般很少见。

3. LDP 不能发布 LSP

在当前版本中 LDP 发布 LSP 的实现规格为：

（1）缺省情况下对本地 LOOPBACK 接口 32 位地址发布 MAPPING 消息，建立 LSP。如果在 LDP 下配置 LSP TRIGGER ALL，则对所有本地路由发布 MAPPLING 消息，建立 LSP（对于非 LOOPBACK 接口的主机地址是不发布 MAPPLING 消息的，因为上游是不可能得到其 32 位掩码的精确路由的）。

（2）对非本地路由，如果 LDP 收到了 MAPPING，并且路由存在，则建立 LSP（并可能发布 MAPPLING 消息）。

所以查看 LDP 是否应当建立 LSP 和发布 MAPPLING 消息的方法为：

1）查看是否满足上面的条件（1）。如果满足，并且 SESSION 存在，则应当发布 MAPPLING 消息，创建 LSP。

2）查看是否收到了下游发送的 MAPPLING 消息。然后查看是否路由的出接口和下一跳正好是 MAPPLING 中给出的出接口和下一跳。如果是，则应当建立 LSP，如果还有其他邻居，则发布 MAPPING 消息；否则不应当建立（处于 liberal 状态）。

4. MPLS 转发不通

MPLS 转发不通的可能情况很多，下面是常见的定位方法：

（1）确定报文在哪里丢弃。这个一般在实验室可以做到，最简单的方法就是用 ping–c 10000–t 0 来进行测试。查看各个接口收发报文的情况。不过在网上，一般很难奏效。但是作为一种快速确定哪里出问题的方法，还是有价值的。

（2）查看 MPLS 转发项是否正确。

1）确认报文走了 MPLS 转发，这个有时候比较困难。但一般来说，在入口路由器上可以认为正确。

2）执行 display mpls lsp verbose（公网）或者 display mpls lsp vpn–instance verbose（私网），查看 LSP 的信息。如果只关心某一条 LSP，可以通过 INCLUDE 选项进行过滤。一般情况下信息可能如下：

```
ID              : 6
I/O–Label       : ——/3
```

```
In–Interface        : ——————
Out–Interface       : Atm2/0/1
Prefix/Mask         : 2.2.2.2/32
Next–Hop            : 10.3.1.2
Token               : 12
Status              : Established
```

下面对各个字段的信息进行描述：

ID：这个相当于计数功能，用来表示这个项目是当前显示的所有 LSP 中的位置。基本上没有意义。

I/O–Label：这个字段用于显示这条 LSP 的入标签和出标签。在上面给出的例子中，含义为没有入标签，只有出标签（对应于 PUSH 操作）。

In–Interface：入接口。如果 I/O–Label 中有入标签，这个入接口也会有效。表明这条 LSP 的入口是什么。在本例中正好没有入接口。

Out–Interface：出接口。指出本 LSP 的出接口是什么。也就是说如果报文属于这条 LSP，将从这个接口发出。

Prefix/Mask：相当于路由中的目的地址和掩码。也就是 MPLS 中的 FEC。

Next–Hop：对有些链路，比如以太网的链路，除了知道出接口外，还需要知道下一跳才可以正常转发。这个字段就是显示的下一跳。和路由中的下一跳意义相同。

Token：这是个很关键的字段。这个字段表明了这条 LSP 在下行表中信息的位置。

Status：这个字段表明此 LSP 是否生效。如果不是 Established，则表明不生效。也就是说执行 display mpls lsp 或者 display mpls lsp vpn–instance 看不到这条 LSP。对公网来说，在最近的版本中这个状态不可能不是 Established。但是对私网来说，很可能不是 Established，而是 Wait For Agent 等字样。出现这种情况可能的原因见下面的"私网转发不通"部分的定位信息。

（3）查看转发项。对公网来说，/08E/05 路由器无法查看对应的信息（实际上就是 IP 转发表）。debug mpls packet 调试开关对报文进行查看。另外也可以通过 ACL 过滤查看对应的 IP 报文的信息。

5. 私网转发不通

在实际组网中，目前最可能使用的是 MPLS VPN。在这种组网下，很可能由于配置的关系导致转发不通。下面针对各种情况一一进行分析。

（1）没有私网路由。要想在两个 PE 之间正常转发，必须存在路由。这个可以通过路由管理提供的两条命令查看：

display bgp v a routing

和 display ip routing vpn xxx。如果这里面就没有相应的私网路由，则需要查看对应的 BGP 配置。这里不再多作讨论。

（2）已经有 BGP 路由，但是转发仍然不通。这时候可以查看是否存在 MPLS 转发项。查看的方式就是：

display mpls lsp vpn−instance verbose。看是否存在指定路由的 LSP。如果 BGP 路由已经存在，则这里是一定会存在的。不过如果状态不是 Established，也不可能转发成功。如果状态不是 Established，则查看 display mpls lsp vpn−instance verbose 中指定的下一跳的 MPLS LSP 是否存在。查看方式见上面的描述。需要注意的是，这条 LSP 必须是 32 位掩码的。也就是说，PE 之间建立 BGP 邻居的时候，必须使用 32 位 LOOPBACK 接口的地址建连。否则不可能形成正确的转发项。

（3）ASBR 转发方式。路由器目前支持两种 ASBR 方式，一种是背靠背，另一种是 PE——ASBR——ASBR——PE 方式。在后一种方式下，如果转发不通，应当查看三个方面的内容：

1）ASBR 之间的 BGP 是否以直连接口建连。

2）ASBR 之间的 BGP 传递私网路由的时候是否携带了出标签。

3）ASBR 到 PE 之间的私网路由是否改变了下一跳。

（二）查询、调试和维护命令

1. 查询命令

display mpls lsp［vpn−instance］［brief | verbose］

display mpls ldp session

debug mpls packet

2. 调试命令（见表 11−7−27）

表 11−7−27　　　　　　　　　开 启 ldp 调 试 开 关

命令格式	Debug ldp［all	advertisement	interface	main	notification	pdu	session］
功能描述	LDP 的有关调试信息。一般说来，对于 session 相关的调试信息可以打开 session 的调试开关、notification 开关，其他情况下建议打开所有调试开关

3. 故障信息采集（见表 11−7−28）

表 11−7−28　　　　　　　　　mpls 信 息 采 集 命 令

命令格式	采集内容
display mpls ldp［interface	peer	session］	显示 LDP 配置、session 等有关信息
display mpls lsp verbose	采集公网 LSP 的信息

续表

命令格式	采集内容
display mpls lsp vpn-instance verbose	查看私网 LSP 的信息
display bgp v a routing	查看 BGP 私网路由情况
display ip routing vpn xxx	查看有效的私网路由情况
display ip routing	查看公网路由情况

【思考与练习】

1. 如何判断 BGP 路由存在问题，分为哪几个步骤？

2. 如何采集 mpls 的故障信息？

▲ 模块 8 网络设备的重启知识（Z18G4008Ⅲ）

【模块描述】本模块介绍重启网络设备的基本知识。通过方法介绍，掌握重启网络设备的方式和方法。

【正文】

当设备运行出现故障时，可以根据实际情况，通过重启设备来排除故障。重启的方式有两种：

（1）通过断电后重新上电立即重启设备（该方式又称为硬件重启或者冷启动）。该方式对设备冲击较大，如果对运行中的设备进行强制断电，可能会造成数据丢失或者硬件损坏。一般情况下，建议不要使用这种方式。

（2）通过命令行立即重启设备。该方式下，可以设置一个时间，让设备定时自动重启，或者设置一个时延，让设备经过指定时间后自动重启。命令行重启又称为热启动，该操作等效于给设备断电后又上电启动，主要用于远程维护时，可以直接重启设备，而不需要到设备所在地进行硬件重启。

1）通过命令行重启设备（见表 11-8-1）。

表 11-8-1　　　　　　　　重 启 子 卡 命 令

操作	命令	说明
立即重启设备或者指定子卡	reboot［slot slot-number］	必选 该命令在用户视图下执行

2）通过命令行定时重启设备（见表 11-8-2）。

表 11-8-2 定 时 重 启 设 备 命 令

操作	命令	说明
开启设备定时重启功能，并指定重启的具体时间和日期	schedule reboot at hh: mm［date］	二者必选其一 缺省情况下，设备定时重启功能处于关闭状态 两命令均在用户视图下执行
开启设备定时重启功能，并指定重启的等待时延	schedule reboot delay { hh: mm | mm }	

【思考与练习】

1. 重启设备的方法有几种？

2. 重启设备前要注意哪几点？具体如何操作？

◢ 模块9 故障判断相关知识（Z18G4009Ⅲ）

【模块描述】本模块介绍数据网故障判断及处理方法。通过现象描述、方法介绍和举例说明，掌握数据网常见故障的现象及其处理方法。

【正文】

一、常见处理故障处理方法及步骤

1. 电源系统问题

（1）故障现象。电源运行指示灯 PWR 不亮。

（2）故障处理。应进行如下检查：

1）设备电源开关是否打开。

2）设备供电电源开关是否打开。

3）设备电源线是否连接正确。

4）设备供电电源与设备所要求的电源是否匹配。

2. 配置系统

设备上电后，如果系统正常，将在配置终端上显示启动信息；如果配置系统出现故障，配置终端可能无显示或者显示乱码。

3. 终端无显示

（1）故障现象。设备上电后，配置终端无显示信息。

（2）故障处理。

1）首先要进行以下检查：① 电源系统是否正常；② 配置口（console）电缆是否正确连接。

2）如果以上检查未发现问题，很可能是配置电缆的问题或者终端（如超级终端）

参数的设置错误，进行相应的检查。

4. 终端显示乱码

（1）故障现象。设备上电启动后，配置终端上显示乱码。

（2）故障处理。确认终端（如超级终端）的参数设置为：波特率为 9600，数据位为 8，奇偶校验为无，停止位为 1，流量控制为无，终端仿真为 VT100。如参数设置与上不符，应重新配置。

二、故障判断举例

（1）举例说明。一台 PC 通过串口线缆连接到网络设备，串口无任何显示。

（2）处理方法：

1）检查设备电源系统，是否正常加电启动机器。结果：正常。

2）检查 PC 串口连接网络设备是否正确，应连接至 console 端口。结果：正常。

3）检查 PC 超级终端的参数设置是否正确，应设置为 9600。结果：正常。

4）检查网络设备及 PC 串口硬件是否损坏。结果：PC 串口损坏，更换串口，问题解决。

【思考与练习】

1. 如果终端显示乱码故障应该如何处理？

2. 如何判定设备电源存在故障？

模块 10 常见网络故障分析命令（Z18G4010Ⅲ）

【模块描述】本模块介绍常用网络故障分析命令的功能及参数配置。通过功能描述和举例说明，掌握常用网络故障分析命令的基本使用方法。

【正文】

一、基本维护命令 display 命令集

设备设置了一系列参数来显示设备的运行状态，可以通过使用 display 命令进行系统状态和系统中的各种信息的查看，见表 11-10-1。

表 11-10-1　　　　　　　　　display 命令集

命令	说明	命令	说明
display current-configuration	查看系统当前配置	display logbuffer	查看设备系统日志
display version	查看系统软件版本	display diagnostic-information	查看设备的诊断信息。当设备发生故障时，可以通过此命令帮助定位故障原因

续表

命令	说明	命令	说明
display environment	查看系统环境状态	display interface	查看设备中各个端口的状态，包括物理接口和逻辑 VLAN 接口
display cpu	查看系统 CPU 利用率	display ip routing–table	查看设备中的路由表
display memory	查看系统内存使用状况	display ospf Interface	查看 OSPF 接口状态
display device	查看系统各板卡状态	display ospf Peer	查看 OSPF 邻居状态
display fan	查看系统风扇状态	display ospf error	查看 OSPF 错误信息
display power	查看系统电源状态	display ospf routing	查看 OSPF 路由表

二、基本维护命令举例

（1）display current–configuration 命令。使用此命令可以查看系统当前配置。

DIS CURR

\#

version 5.20, Release 1618, Basic

\#

sysname YK–RT–01

\#

super password level 3 simple h3c

\#

ipsec cpu-backup enable

\#

undo cryptoengine enable

\#

domain default enable system

\#

telnet server enable

\#

vlan 1

\#

domain system

access-limit disable

state active

```
idle-cut disable
self-service-url disable
#
local-user admin
password cipher.]@USE=B, 53Q=^Q`MAF4<1!!
service-type telnet
level 3
#
interface Aux0
async mode flow
link-protocol ppp
#
interface Serial5/0
link-protocol ppp
#
interface Serial6/0
fe1 unframed
link-protocol ppp
description To_ZQ-RT-01_Serial0/0: 0
ip address 10.8.255.29 255.255.255.252
……
```

（2）display version 命令。使用此命令可以查看软件版本。

```
<MSR> display version
Huawei Versatile Routing Platform Software
VRP software, Version 3.40, Release 0201P08
Copyright(c)1998—2007 Huawei Technologies Co., Ltd.All rights reserved.
Without the owner's prior written consent, no decompiling
nor reverse-engineering shall be allowed.
Quidway AR28-11 uptime is 0 week, 0 day, 1 hour, 0 minute
Last reboot 2007/09/27 16: 13: 13
System returned to ROM By Power-on.

CPU type: PowerPC 8241 200MHz
```

128M bytes SDRAM Memory

32M bytes Flash Memory

PCB　　　　　Version: 1.0

Logic　　　　Version: 1.0

BootROM　　Version: 9.19

[SLOT 0]AUX　　　(Hardware)1.0, (Driver)1.0, (CPLD)1.0

[SLOT 0]1FE　　　(Hardware)1.0, (Driver)1.0, (CPLD)1.0

[SLOT 0]1FE　　　(Hardware)1.0, (Driver)1.0, (CPLD)1.0

[SLOT 0]WAN　　(Hardware)1.0, (Driver)1.0, (CPLD)1.0

……

（3）display environment 命令。使用此命令可以查看系统环境状态。

<MSR> display environment

GET 3 TEMPERATUREPOINT VALUE SUCCESSFULLY

environment information:

Temperature information:

local CurrentTemperature LowLimit HighLimit

	(deg c)	(deg c)	(deg c)
RPU	34	0	80
VENT	31	0	80

（4）display cpu 命令。使用此命令可以查看系统 CPU 利用率。

<MSR> display cpu-usage

=====Current CPU usage info=====

CPU Usage Stat.Cycle　　:　　60(Second)

CPU Usage　　　　　　　:　　4%

CPU Usage Stat.Time　　　:　　2007-09-37 17: 14: 43

CPU Usage Stat.Tick　　　:　　0x15(CPU Tick High)0xc1f15586(CPU Tick Low)

Actual Stat.Cycle　　　　:　　0x0(CPU Tick High)0x5969b103(CPU Tick Low)

TaskName	CPU	Runtime(CPU Tick High/CPU Tick Low)
VIDL	96%	0/56a506f0
TICK	0%	0/39e932
FTPS	0%	0/6e1973

（5）display memory 命令。使用此命令可以查看系统内存使用状况。

<MSR> display memory

System Available Memory(bytes): 63816192

System Used Memory(bytes): 34984140

Used Rate: 54%

（6） dsplay device 命令。使用此命令可以查看系统各板卡状态。

<MSR> display device

AR46-40's Device status:

Slot #	Type	Online	Status
0	1FE	Present	Normal
0	1FE	Present	Normal
0	WAN	Present	Normal

（7） display logbuffer 命令。使用此命令可以查看设备系统日志。

<MSR> dis logbuffer

Logging buffer configuration and contents: enabled

Allowed max buffer size: 1024

Actual buffer size: 512

Channel number: 4, Channel name: logbuffer

Dropped messages: 0

Overwritten messages: 0

Current messages: 110

%Sep 27 16: 13: 19: 102 2007 ar46-jl IC/7/SYS_RESTART:

System restarted--

Quidway Router Platform Software

%Sep 27 16: 14: 20: 691 2007 ar46-jl SHELL/5/CMD: task: CFM ip: ** user: ** command: interface Aux0

%Sep 27 16: 14: 20: 692 2007 ar46-jl SHELL/5/CMD: task: CFM ip: ** user: ** command: interface Ethernet0/0

%Sep 27 16: 14: 20: 692 2007 ar46-jl SHELL/5/CMD: task: CFM ip: ** user: ** command: interface Ethernet0/1

%Sep 27 16: 14: 20: 692 2007 ar46-jl SHELL/5/CMD: task: CFM ip: ** user: **

command: interface Serial0/0

%Sep 27 16: 14: 20: 693 2007 ar46-jl SHELL/5/CMD: task: CFM ip: ** user: **
command: interface NULL0

%Sep 27 16: 14: 20: 826 2007 ar46-jl SHELL/5/CMD: task: CFM ip: ** user: **
command: sysname Quidway

%Sep 27 16: 14: 21: 155 2007 ar46-jl SHELL/5/CMD: task: CFM ip: ** user: **
command: cpu-usage cycle 1min

%Sep 27 16: 14: 21: 155 2007 ar46-jl SHELL/5/CMD: task: CFM ip: ** user: **
command: radius scheme system

（8）display diagnostic-information 命令。使用此命令可以查看设备的诊断信息。
当设备发生故障时，可以通过此命令帮助定位故障原因。

<MSR> display diagnostic-information

==

================display clock===============

==

17: 06: 07 UTC Thu 09/27/2007

==

================display version============

==

Huawei Versatile Routing Platform Software

VRP software, Version 3.40, Release 0201P08

Copyright(c)1998—2007 Huawei Technologies Co., Ltd.All rights reserved.

Without the owner's prior written consent, no decompiling

nor reverse-engineering shall be allowed.

Quidway AR28-11 uptime is 0 week, 0 day, 0 hour, 52 minutes

Last reboot 2007/09/27 16: 13: 13

System returned to ROM By Power-on.

……

（9）display interface 命令。使用此命令可以查看设备中各个端口的状态，包括物
理接口和逻辑 VLAN 接口。

<MSR> dis int e0/0

Ethernet0/0 current state: UP

Line protocol current state: UP

Description: Ethernet0/0 Interface

The Maximum Transmit Unit is 1500, Hold timer is 10(sec)

Internet Address is 192.168.1.1/24

IP Sending Frames' Format is PKTFMT_ETHNT_2, Hardware address is 00e0-fc48-9163

Media type is twisted pair, loopback not set, promiscuous mode not set

100Mb/s, Full-duplex, link type is autonegotiation

Output flow-control is disabled, input flow-control is disabled

Output queue: (Urgent queuing: Size/Length/Discards)0/50/0

Output queue: (Protocol queuing: Size/Length/Discards)0/500/0

Output queue: (FIFO queuing: Size/Length/Discards)0/75/0

Last clearing of counters: Never

Last 300 seconds input rate 37.76 bytes/sec, 302 bits/sec, 0.46 packets/sec

Last 300 seconds output rate 0.90 bytes/sec, 7 bits/sec, 0.01 packets/sec

Input: 1637 packets, 131565 bytes, 1637 buffers

901 broadcasts, 302 multicasts, 0 pauses

0 errors, 0 runts, 0 giants

0 crc, 0 align errors, 0 overruns

0 dribbles, 0 drops, 0 no buffers

0 frame errors

Output: 410 packets, 28608 bytes, 411 buffers

3 broadcasts, 0 multicasts, 0 pauses

0 errors, 0 underruns, 0 collisions

0 deferred, 0 lost carriers

<MSR> dis int s0/0

Serial0/0 current state: DOWN

Line protocol current state: DOWN

Description: to_zx(2, 3)

The Maximum Transmit Unit is 1500, Hold timer is 10(sec)

Internet protocol processing: disabled

Link layer protocol is PPP

LCP initial

Output queue: (Urgent queuing: Size/Length/Discards)0/50/0

Output queue: (Protocol queuing: Size/Length/Discards)0/500/0

Output queue: (FIFO queuing: Size/Length/Discards)0/75/0

Physical layer is synchronous, Baudrate is 64 000 bps, Interface has no cable

Last clearing of counters: Never

Last 300 seconds input rate 0.00 bytes/sec, 0 bits/sec, 0.00 packets/sec

Last 300 seconds output rate 0.00 bytes/sec, 0 bits/sec, 0.00 packets/sec

Input: 0 packets, 0 bytes

0 broadcasts, 0 multicasts

0 errors, 0 runts, 0 giants

0 CRC, 0 align errors, 0 overruns

0 dribbles, 0 aborts, 0 no buffers

0 frame errors

Output: 0 packets, 0 bytes

0 errors, 0 underruns, 0 collisions

0 deferred

DCD=DOWN   DTR=DOWN   DSR=DOWN   RTS=DOWN   CTS=DOWN

（10）display ip routing-table 命令。使用此命令可以查看设备中的路由表。

<MSR> display ip routing-table

Routing Table: public net

Destination/Mask	Protocol	Pre	Cost	Nexthop	Interface
0.0.0.0/0	STATIC	60	0	10.1.100.254	Vlan-interface100
10.1.100.0/24	DIRECT	0	0	10.1.100.1	Vlan-interface100
10.1.100.1/32	DIRECT	0	0	127.0.0.1	InLoopBack0
127.0.0.0/8	DIRECT	0	0	127.0.0.1	InLoopBack0
127.0.0.1/32	DIRECT	0	0	127.0.0.1	InLoopBack0

【思考与练习】

1. 如何查看设备当前温度是否超过阈值？

2. 日常维护需要注意哪些事项？

▲ 模块 11　数据网故障排查原则及步骤（Z18G4011Ⅲ）

【模块描述】本模块介绍数据网故障排查原则及步骤。通过现象描述和方法介绍，掌握数据网单板故障、整机重启、直连不通、内存利用率过高等数据网故障的现象和排查步骤。

【正文】

数据网的故障包括单板故障、整机重启、直连不通、内存利用率过高等。

一、单板故障现象和排查步骤

（一）单板不能上电，反复重启或注册失败

1. 如果是主控板

（1）把 console 线插到出问题的单板上，记下启动信息。

（2）检查机房供电电源是否有电、整机电源开关是否打开、整机电源是否安装到位、整机风扇是否已经开始运转。

（3）检查主控板是否安装到位，扳手是否合上；检查 HAU 板是否安装到位，扳手是否合上。

（4）依次将主控板和 HAU 拔出，检查单板连接器是否有损坏现象，背板是否有倒针现象。

（5）依次将 HAU 和主控板插好，看是否恢复。

（6）反馈单板的型号和 Bom 编码。

（7）取近 2 个月的日志文件。

（8）收集 DIA 记录。

使用命令：display diagnostic-information

（9）收集例外信息。

使用命令：display exception 10 verbose history

2. 如果是接口板

（1）更换槽位，看是否能正常启动。

（2）更换单板，看是否能正常启动。

（3）把 console 线插到出问题的单板上，记下启动信息。

（4）反馈单板的型号和 Bom 编码。

（5）取近 2 个月的日志文件。

（6）收集 DIA 记录。

使用命令：display diagnostic-information

（7）收集例外信息。

使用命令：display exception 10 verbose slot n history

（二）单板复位

（1）取近 2 个月的日志文件。

（2）收集 DIA 记录。

使用命令：display diagnostic–information

（3）在隐含模式下收集 sysmon 信息。

使用命令：display sysmon–log history（slot n record 1）

注意，此命令需多收集几次。

（4）收集例外信息。

使用命令：display exception 10 verbose slot n history

二、整机重启的故障排查原则及步骤

（1）取近 2 个月的日志文件。

（2）收集 DIA 记录。

（3）查看上一次系统的重启原因。

使用命令：display version

（4）查询主备倒换的原因。

使用命令：display hsc state

（5）收集系统的例外信息。

使用命令：display exception 10 verbose history

（6）收集系统的重启记录。

使用命令：display sysmon–log history list

（7）收集系统的重启监控记录。

使用命令：display sysmon–log history

三、直连不通的故障排查原则及步骤

（1）检查物理层信息，如接口是否 up 等。

（2）检查网络层信息，如 ip 地址配置是否正确。

（3）检查应用层信息，如防火墙设置是否正确。

四、内存利用率过高

（1）取近 2 个月的日志文件。

（2）收集 DIA 记录。

使用命令：display diagnostic–information

【思考与练习】

1. 如何收集系统的诊断信息？

2. 在哪种情况下，系统的主控板与备用板之间会发生倒换？

第四部分

配网馈线自动化故障处理能力

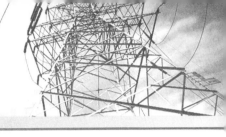

第十二章

馈线故障定位、隔离能力

▲ 模块 1 故障定位、隔离与非故障区域恢复
（Z18H1001 I ）

【模块描述】本模块包含故障定位、隔离与非故障区域恢复等基本概念。通过要点介绍、概念解释，掌握故障定位、隔离与非故障区域恢复方法和步骤。

【正文】

馈线的故障定位、隔离和非故障区域自动恢复供电是馈线自动化的一个独特功能，由重合器、分段器和联络开关所组成的系统，能在馈线发生永久性故障时，自动对故障进行定位，通过开关设备的顺序动作实现故障隔离；在环网运行或环网结构但开环运行的配电网中实现负荷转供，恢复供电。在发生瞬时性故障时，通常因切断故障电流后，故障自动消失，可以由重合器自动重合而恢复对负荷的供电。

一、馈线故障介绍

馈线故障处理功能的实现依靠配电自动化主站根据各配电终端或故障指示器检测到的故障报警，结合变电站、开闭所等继电保护信号、开关跳闸等故障信息，启动故障处理程序，确定故障类型和发生位置。报警形式有声光、语音、打印事件等。在自动推出的配网单线图上，通过网络动态拓扑着色的方式明确地表示出故障区段。根据需要，主站可提供故障隔离和恢复供电的一个或两个以上的操作预案，辅助调度员进行遥控操作，以达到快速隔离故障和恢复供电的目的。

故障处理从简单故障和复杂故障两个层面来考虑。如果环网是双电源供电，且满足 $N-1$ 原则，即当一个电源点发生故障时，对端电源能带动环网上的所有负荷，系统按简单故障处理模式进行处理。如果环网具有多电源（大于2），或是双电源供电，但不满足 $N-1$ 原则，系统将按复杂故障处理模式进行处理。手拉手简单故障如图 12-1-1 所示。

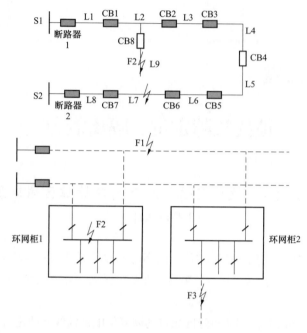

图 12-1-1 手拉手简单故障

对于简单的环网结构，一旦确认故障，首先预估双侧电源的容量，确认满足 $N-1$ 原则，并且对端电源能全部带动环网上的所有负荷或者是故障下游所有非故障区域负荷，则采用简单故障处理的模式。对于瞬时故障，若变电站出线开关重合成功，恢复供电，则不启动故障处理，只报警和记录相关事项。对于永久性故障，变电站出线开关重合不成功后，则启动故障处理。故障处理分故障分析及定位、故障隔离和非故障区域恢复供电三个步骤进行。

二、故障分析及定位

馈线故障处理需要支持各种拓扑结构的故障分析，客户扩充、修改网络结构及电网运行方式的改变不会影响馈线自动化的处理。故障分析需要对故障进行全面、可靠地分析。要求能够分析处理配电网各种类型的故障，具有多重故障同时处理的能力，并对故障的重要程度进行优先级划分，使得调度员能够优先处理严重故障。对于近距离相干的故障点，故障处理程序能够协调目标电源区域，保证结果的正确、合理。故障分析时，主站根据配电终端传送的故障信息，结合网络拓扑分析，快速自动定位故障区段。依据的判断信号可以是配电终端或故障指示器检测到的故障报警。

三、故障隔离

隔离故障操作受现场的环境影响（如故障区域边界设备不可控、边界设备上挂牌不可操作等），故障隔离将进一步扩展隔离边界，直到确保故障区域的隔离。同区域内的多重故障合并之后，经扩大隔离范围形成区域故障边界，检查边界设备，形成隔离操作方案。故障隔离方案可以自动或经调度员确认后进行。

四、非故障区域恢复供电

非故障区域负荷转供方案的确定需要根据以下判据来产生：

（1）转供电源的优先级别，剩余容量越大的，优先级越高。

（2）实现恢复供电所需的开关操作次数，操作越便捷，优先级越高。

转供路径的可操作性，避免操作挂牌设备。综合考虑路径上是否出现挂牌、接地等情况。若对端电源容量不满足转供需求，需要对转供负荷进行拆分，分别转由多个电源供电。

五、馈线故障处理功能要求

当配电线路发生故障时，根据故障信息进行故障定位、隔离和非故障区域的恢复供电。具体功能要求如下：

（1）支持各种拓扑结构的故障分析，电网的运行方式发生改变对馈线自动化的处理不造成影响。

（2）能够根据故障信号快速自动定位故障区段，并调出相应图形以醒目方式显示（如特殊的颜色或闪烁）。

（3）能够并发处理多个故障，能根据每条配电线路的重要程度对故障进行优先级划分，重要线路的故障可以优先进行处理。

（4）根据故障定位结果确定隔离方案，故障隔离方案可自动执行或者经调度员确认执行。

（5）可自动设计非故障区段的恢复供电方案，避免恢复过程导致其他线路的过负荷。

（6）在具备多个备用电源的情况下，能根据各个电源点的负载能力，对恢复区域进行拆分恢复供电。

六、故障处理的操作和设置

系统的故障诊断、隔离与恢复分为实时运行和模拟研究两种运行状态。在实时运行状态下，系统根据电网运行的拓扑状态自动完成开关设备的操作，达到故障的诊断与隔离，并提出可实施的恢复方案。在模拟研究模式下，可人为设置假想故障，系统自动演示故障的处理过程，包括主站的隔离、恢复策略的预演等。故障处理的全部过程信息保存在历史数据库中，以备故障分析时使用。

故障启动条件可以灵活设置，启动条件有开关分闸+事故总信号、开关分闸+保护信号、断路器重合闸最大等待时间内的分闸—合闸—分闸、正常操作以外的分闸动作

（含误跳）等。同时，可以定义有无重合闸、重合闸次数、重合闸等待时间等参数。

【思考与练习】

1. 什么叫故障定位及隔离？

2. 非故障区域恢复供电负荷转供方案判据是什么？

3. 故障定位、隔离和非故障区域的恢复供电的功能要求有哪些？

4. 故障处理的操作和设置具体有哪些？

◢ 模块 2 故障处理安全约束控制方式（Z18H1002Ⅱ）

【模块描述】 本模块包括故障处理安全约束控制方式的基本要求。通过相关规程要点归纳、介绍，掌握故障处理安全约束控制方式及步骤。

【正文】

故障处理安全约束是指在故障处理过中应具备必要的安全闭锁措施（如通信故障闭锁、设备状态异常闭锁等），保证故障处理过程不受其他操作干扰，并可灵活设置故障处理闭锁条件，避免保护调试、设备检修等人为操作的影响。

一、故障处理安全约束要求

1. DA 流程图说明

在配电自动化系统馈线故障处理过程中，要求对合环运行、FTU 故障、遥控失败、信息矛盾、设备挂牌等多种非正常状态能够进行正确判断并及时终止 DA，DA 流程如图 12-2-1 所示。

（1）监听到动作信号。动作信号是指：开关分合信号、保护信号、事故总信号。

（2）定义故障启动条件（四选一）。故障启动条件有：分闸加事故总、分合分、非正常分闸、分闸加保护。监听到的故障信号必须在故障信号有效期内，有效期可自行设定。同时，跳闸开关是已定义的故障处理设备。监听到的故障信号不满足故障启动条件时，程序返回，继续监听；否则，继续判断动作设备的方式设备是否正确。

（3）动作设备对应的方式设备状态是否正确，若正确，则启动故障分析；否则，程序返回，继续监听。

（4）故障分析启动后，会根据系统参数中的设置，等待一定时间，保证相关信号完全上送。目前，上海现场的等待时间设置为 60s，可自行设定。

（5）等待时间结束后，再次判断该环的通信是否正常（通信是否正常以通信故障信号为准），若为真，中止分析并告警；否则，继续故障分析。

（6）开始全网拓扑、进行故障分析得到隔离和恢复的方案。故障定位的依据是故障指示器信号，故，要求故障指示器信号能正确反映出现场故障状态。

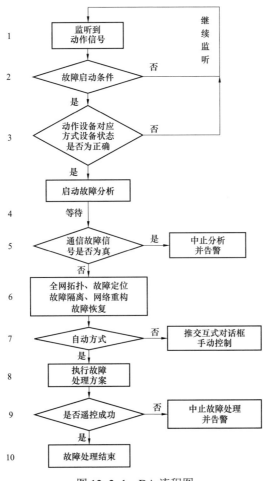

图 12-2-1 DA 流程图

（7）判断执行方式。如果为自动方式，则直接执行故障处理方案；为交互方式，则推交互式对话框，用户可以手动执行故障方案。

自动方式，执行故障处理方案，进行遥控，如果一次遥控失败，再次遥控（目前，上海设置遥控3次，次数可以设置），若遥控全部成功，故障处理成功；否则，中止故障处理并告警。

2. DA 程序闭锁的条件

从图 12-2-1 可以看到，在整个 DA 处理过程中，程序都设置有安全闭锁条件，保证不出现误判、误动的情况，具体情况如下：

（1）监听到的信号是否满足故障启动条件。故障启动条件有：分闸加事故总、分合分、非正常分闸、分闸加保护。跳闸开关是否为已定义的故障处理设备。

（2）动作设备对应的方式是否正确。对变电站出线开关或配电网开关的遥控操作，在完成常规的遥控执行之后，会判断该开关是否正确执行，若该开关未动作，则停止自动执行，并提示系统运行人员，同时，DA 程序转入交互执行的模式执行。

（3）故障分析启动后，等待故障指示器信号上送的时间内，通信故障信号是否为真。（等待时间，可以根据载波通信轮讯时间，并留一定的裕度）。

（4）同一环路内的多重故障闭锁分两种情况：

本侧连续多点故障。当实际电力系统发生多个故障时，如果故障点在不同的变电站出口断路器的馈线分支上，则启动多个 DA 进程分别处理；而如果故障点在同一个变电站出口断路器的馈线分支上，则启动单个 DA 进程就可以处理。第一种情况下，对于远距离不相干的故障点，处理方式同单点策略；对于近距离相干的故障点，则协调它们的目标电源区域，确保不发生冲突，保证结果的正确、合理。

本侧单点故障，对侧再次发生单点故障。如果对侧线路故障处理方案涉及本侧已处理过的开关设备时，则方案失效。

（5）标志牌识别：DA 程序在定位故障、隔离故障以及恢复故障下方的失电区时，将自动判别设备标志牌的类型，考虑到拆搭，跳线即各种标志牌的影响，以确保方案的正确性。

（6）非正常状态处理：当故障发生时，如果设备的故障电流标志发生不连贯等情况，DA 程序将自动判别状态的合理性，不合理则停止 DA 故障处理过程，同时计算相关设备开关有故障电流或者无故障电流标志时的可信度值的大小，供运行调度人员参考。

二、故障处理控制方式

（1）对于不具备遥控条件的设备，系统通过分析采集遥测、遥信数据，判定故障区段，并给出故障隔离和非故障区域的恢复方案，通过人工介入的方式进行故障处理，达到提高处理故障速度的目的。

（2）对于具备遥测、遥信、遥控条件的设备，系统在判定出故障区间后，调度员可以选择远方遥控设备的方式进行故障隔离和非故障区域的恢复，或采用系统自动闭环处理的方式进行控制处理。

【思考与练习】

1. 什么是故障处理安全约束？

2. 简述 DA 流程情况。

3. DA 程序闭锁条件有哪些？

4. 故障处理控制方式主要有哪些？

模块 3　主站集中式和就地分布式故障处理配合项目（Z18H1003Ⅱ）

【模块描述】本模块主站集中式和就地分布式故障处理配合项目。通过相关规程要点归纳、介绍，掌握主站集中式和就地分布式故障处理配合的相关要求。

【正文】

分布式控制和集中式控制相结合是 10kV/35kV 线路故障处理原则。分布式控制作为主要手段，采用故障状态差动保护方式，通过 FTU 之间相互通信甄别故障地点，断开故障点两侧开关，隔离故障，保证健康段线路供电。集中式控制作为后备手段，在保护拒动情况下，由主站系统进行故障判别、隔离。

一、馈线自动化

早期的馈线自动化采用重合器、断路器与分段的熔断器配合使用来实现，对提高供电可靠性，减少维护工作有一定的作用，但是自动化程度不高。

目前，国内大多数的馈线自动化主要分为两大类：一类是不需要配电主站或配电子站控制的就地型 FA 模式；另一类是通过配电终端和配电主站/子站配合的集中型 FA 模式。由就地型 FA 模式发展为集中型 FA 模式代表馈线自动化的终端智能控制发展趋势。

二、基于馈线差动技术的就地型馈线自动化

该模式基于馈线差动技术的故障处理方案，分段开关处装设 FTU，不依赖上级配网自动化系统主站或子站，但是要求同一配电环路上的 FTU 之间具备可靠、快速的数据通信通道。它具有快速故障自动定位、隔离和恢复供电的功能。

1. 基于馈线差动技术的就地型 FA 实现条件

（1）FTU 之间必须建立可靠、快速、易于维护的数据通信通道。

当发生馈线故障时，该馈线上的所有 FTU 会同时启动通信，请求相邻 FTU 的故障标志。因此，FTU 之间的通信必须采用支持对等模式的网络通信（如以太网，现场总线等）或者点对点的全双工通信。随着光纤通信技术的发展，以光纤为通信介质的通信网络，在配网自动化系统中得到广泛应用。利用光纤介质，可以建立光纤以太通信网和 FTU 之间点对点通信两种通信网络。光纤以太网不仅可实现主站、子站与 FTU 之间通讯，FTU 之间也可以进行通信，通信速率高，但造价昂贵。FTU 之间点对点光纤通信仅适用于相邻 FTU 之间交换数据，是 FTU 之间交换数据的专用通道。

（2）FTU 必须具有故障处理的全部功能。

采用该模式处理馈线故障不仅要求 FTU 具有故障检测功能，而且要求通过与相邻

FTU 之间交换故障信息，实现故障的定位、隔离与恢复供电。正常情况下，FTU 对线路进行正常的监视；故障情况下，FTU 启动馈线故障处理过程。

（3）FTU 启动故障处理的条件是它检测到线路上发生了故障。

对分段开关，当 FTU 检测到线路过流或线路失压，就认为线路上出现了故障，启动故障处理；对联络开关，当 FTU 检测到线路一侧失压，启动故障处理。若线路上分段开关选用负荷开关，由于负荷开关无故障电流切除和闭合能力，必须在馈线出线开关分闸之后才能进入故障处理过程；若分段开关选用断路器，FTU 检测到线路故障后，可直接进入故障处理过程，而无需馈线出线开关的配合。

（4）FTU 故障差动定位、隔离原则。

FTU 启动故障处理之后，通过通信通道与相邻的两个 FTU 进行通信，请求过电流标志信息。若相邻的两个 FTU 返回的过流标志不一致（如检测到一侧有过电流标志，另一侧无过电流标志），FTU 认为线路故障出现在本 FTU 的某一侧，此时，对分段开关，必须进行分闸，隔离故障区段；对联络开关，必须保持在分闸位置，避免合闸到故障区段。若相邻的两个 FTU 返回的过流标志一致（如都检测到过电流标志或都没有检测到过电流标志），FTU 认为线路故障不是出现在本 FTU 的两侧，此时，对分段开关，必须保持在合闸位置；对联络开关，则应进行延时（等待故障隔离后）合闸操作，以恢复健全区段供电。

2. 基于馈线差动技术的就地型 FA 故障案例

以图 12-3-1 为例，CB1、CB2 均为变电站出口短路器，A、B、C、D、E、F 均采用断路器，开环点在 D 点，每个断路器均配有带保护功能的 FTU。

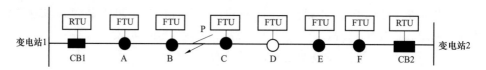

图 12-3-1 基于馈线差动技术的就地型 FA 说明图

假设 P 点发生故障，CB1、A、B 有过电流流过，C 无过电流。A 询问到 CB1、B 都有相同的过电流标志，保持在合闸位置；B 询问到 A 有过电流标志而 C 无过电流标志，B 就分闸以隔离故障点；C 询问到 B 有过电流标志而 D 没有，C 就分闸以隔离故障点；D 检测到一侧失电，延时询问到 C、E 都无过电流标志，D 就合闸以恢复健全区域的供电。

三、基于 FTU 的馈线自动化

1. 基于 FTU 馈线自动化的组成

集中型馈线自动化是目前馈线自动化普遍采用的模式，通过安装配电终端监控设备，并建设可靠有效的通信网络将监控终端与配电主站/子站相连，再配以相关的处理软件所构成的高性能系统。该系统在正常的情况下，远方实时监视馈线分段开关与联络开关的状态和馈线电流、电压情况，并实现线路开关的远方合闸和分闸操作以优化配网的运行方式，从而达到充分发挥现有设备容量和降低线损的目的；在故障时获取故障信息，配网主站/子站根据 FTU 送上来的信息进行故障定位，自动或手动隔离故障点，恢复非故障区段的供电，从而达到减小停电面积和缩短停电时间的目的。FTU 启动故障处理的条件是它检测到线路上发生了故障。对于分段开关，当 FTU 检测到线路过电流或线路失电压时，就认为线路上出现了故障，启动故障处理；对于联络开关，当 FTU 检测到线路一侧失电压时，就启动故障处理。若线路上分段开关选用负荷开关，由于负荷开关无故障电流切除和闭合能力，因此必须在馈线出线开关分闸之后才能进入故障处理过程；若分段开关选用断路器，FTU 检测到线路故障后，可直接进入故障处理过程，而无需馈线出线开关的配合。

典型的基于 FTU 馈线自动化系统的构成如图 12-3-2 所示。

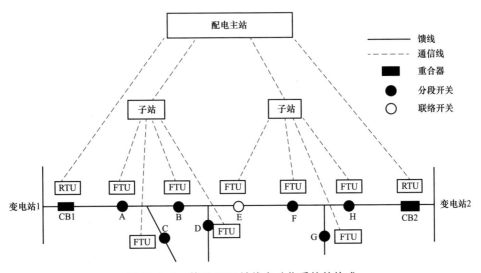

图 12-3-2　基于 FTU 馈线自动化系统的构成

图 12-3-2 采用的是主站—子站—终端的三层馈线自动化系统结构。各 FTU 分别采集相应柱上开关的运行情况，如负荷、电压、功率和开关当前位置、储能等信息，并将上述信息由通信网络发向远方的配电网自动化控制中心。各 FTU 还可以接受配网自动化控制中心下达的遥控命令。在故障发生时，各 FTU 记录故障前及故障时的重要信息，如最大故障电流和故障前的负荷电流和最大故障功率等，并将上述信息传至配电主站或子站，经软件分析后确定故障区段和最佳供电恢复方案，最终以遥控方式隔

离故障区段、恢复健全区段供电。

目前，配电自动化网络通常直接采用主站–终端的两层结构，减少运维成本。

2. 集中型馈线自动化的判据

集中型馈线自动化的判据：检测馈线是否有故障电流，集中到主站（子站），比较相邻开关故障状态，确定故障区段。

以图 12–3–2 为例，说明集中型 FA 的实现方法。假设 AB 间发生故障，变电站 1 出口断路器 CB1 因故障电流跳闸，经延时后重合，若是瞬时故障，则合闸成功，恢复供电；若为永久性故障，CB1 重合失败，启动主站故障处理。当主站检测到 A 有故障电流流过，而其他开关均无故障电流流过时，判定故障发生在 A、B 之间，主站以遥控方式让 A、B、C 分闸，隔离故障区域，让 CB1 合闸恢复故障区域左侧供电，让 E 合闸恢复故障区域右侧供电。

随着 FTU 功能的扩展以及网络控制技术的发展，既能远方集中控制又能依靠 FTU 就地控制的综合智能控制方式将成为以后发展的方向，且两者可互为后备。这种方式下，FTU 不仅具有数据采集功能，还具有保护功能。FTU 就地控制采用差动保护方式，并通过相邻 FTU 相互通信判别故障点，断开两侧开关，隔离故障，保证健全区段供电；远方集中式可作为后备手段，在保护拒动的情况下，由主站系统进行故障判别、隔离。另外，现场还应具备快速通信通道，如光纤以太网，以提高动作的快速性。

四、就地型与集中型馈线自动化的比较

目前，就地型与集中型两种馈线自动化模式均有广泛应用，以下从结构、总体价格、主要设备、故障处理、应用场合等方面对两者进行比较。

1. 就地型 FA 模式

基于重合器—分段器的馈线自动化模式结构简单，但要求配电网运行方式相对固定，只适用于配电网络相对简单的系统。其建设费用低，故障隔离和恢复供电只需要重合器和分段配合完成，不需要主站控制，不需要建设通信网络，投资省，见效快。它适用于农网、负荷密度小的偏远地区或供电途径少于两条的网络。在进行故障和故障隔离时，由于重合器及分段器动作频繁，对设备及系统冲击大，最终切除故障的时间较长（尤其是串联型网络远方故障时更为严重），会导致开关本体损坏，也有可能会导致相关联的非故障区域短时停电，扩大事故的影响范围。该种模式仅在线路发生故障时起作用，正常运行时不能起监控作用，因而无法掌握用户的用电规律，不能优化运行方式。

基于馈线差动技术的就地馈线自动化模式一般情况下只适用于双电源电网环路。对于多电源、复杂环路，不宜采用馈线差动技术。其建设费用相对较高，对 FTU 之间的点对点通信要求高，故障隔离靠 FTU 完成，对 FTU 功能要求高。正常运行时 FTU

对线路进行正常的监视；故障情况下由 FTU 启动馈线故障处理过程。该种模式故障隔离速度快，线路上各开关动作次数少，甚至不动作，减少了对系统的冲击。

2. 集中型 FA 模式

集中型 FA 模式适用于城网、负荷密度大的区域、重要工业园区、供电途径多的网状配电网或其他对供电可靠性要求较高的区域，但建设费用高，需要高质量的通信信道及计算机系统，工程设计面广、复杂。在线路故障时，要求相应的信息能及时传送到上级站，上级站发送的控制信息也能迅速传送到终端。该模式要求一次开关遥控操作电源必须是直流操作电源，同时必须配置蓄电池。在故障处理时，由配电自动化主站系统完成故障快速定位隔离，快速实现非故障区段的自动恢复供电，而且开关动作次数少，对配电系统的冲击小。该种模式正常运行时监控真个配网系统运行，还能根据线路负荷余量，进行负荷转带，优化重构方案，可识别多种故障类型。

五、馈线自动化的建设基本原则

实施馈线自动化的目标是实现在供电线路的某一区段发生故障时，配电系统具备自动隔离故障区段、自动恢复非故障区段的供电能力，缩小停电范围和减少用户的停电时间，提高对用户供电可靠性。馈线自动化的建设必须遵循以下基本原则：

（1）选择和设计线路应当具备互带能力，即接入 10kV 公用线路上的用户须具有两个以上电源供电的可能性，其中应有 2/3 及以上的用户享有 $N-1$ 可靠性准则的能力。

（2）实施线路分段原则、选择合理线路分段数量和设置合理分段点，缩小个别用户或线路故障带来的整体停电，使用户享有更高的供电可靠性。

（3）原有开关数量及位置基本保持不变，根据线路情况适当增加分段开关。干线的分段应遵循负荷均等、线路长度均等、用户数量均等原则，从中选择符合具体的应用条件来实施。

（4）负荷较重的分支线路布置分段分支开关，保证隔离分支故障、主干线畅通。

（5）馈线自动化建设应根据供电可靠性要求、一次设备现状和投资规模等情况分步实施。

（6）馈线自动化建设实施应充分考虑其自身功能扩展（如"二遥"至"三遥"）的可行性，避免大量更换设备，节省投资。

（7）馈线自动化建设应遵循安全、可靠、稳定的原则。从系统架构、软硬件技术、通信系统、功能体系等各个方面保证系统运行的安全、可靠和稳定。

（8）馈线自动化通信系统建设要立足现有电力网络，充分利用现有的各种通信资源，并在今后逐步扩大和发展配网自动化通信的专用网络。

（9）馈线自动化建设应遵循因地制宜的原则，根据不同的配网结构、供电可靠性要求以及当地的负荷密度等，合理采用不同的馈线自动化方案。

（10）配网线路和一次设备新建和改造时必须考虑馈线自动化的需求，配置配网自动化所需的配电终端、通信装置等设备。

（11）选择设备的必要条件：当线路故障时，具备自动隔离故障区段，自动恢复非故障区段的供电能力；满足馈线自动化向配网自动化升级的要求。

（12）联络开关位置布置合理。

六、主站集中式与就地分布式故障处理的配合原则

（1）可依据就地分布式故障处理投退信号，对主站的集中式馈线故障处理功能进行正确闭锁。

（2）就地分布式故障处理的运行工况异常时，主站集中式馈线故障处理能够自动接管相应区域的线路故障处理。

七、建设方案

目前，我国 10kV 馈线主要有两种供电结构：辐射网和环网。随着配网自动化的发展，许多辐射网正逐步向手拉手供电的环网结构改造。手拉手的线路结构是指一条出线经出线开关馈出后，由若干分段开关分段，到联络开关，再经若干分段开关，由另一出线开关到另一段母线，即闭环结构、开环运行。

馈线自动化建设是一个长期的任务，随着电网结构的不断变化，这项工作不可能一蹴而就，需要统一规划，根据供电可靠性要求、一次设备现状和投资规模等情况分步实施。

1. 就地型馈线自动化建设方案

在供电可靠性要求不高、负荷密度小、经济条件较差的偏远地区或供电途径少于两条、不需要建设通信网络的简单配电网络，一般建议采用就地型控制方案，该方案投资少、见效快。

基于重合器—分段器的馈线自动化主要有重合器与重合器配合方案、重合器与电压—时间型分段器配合方案、重合器与过流脉冲计数型分段器配合方案。

基于馈线差动技术的馈线自动化根据馈线分段开关是否采用断路器可分为两种方案：馈线分段保护方案和馈线差动方案。

（1）馈线分段保护方案。

1）实现馈线分段保护方案的条件：配电环路分段开关或环网柜进出线开关均选用具有切断故障电流能力的断路器；FTU 具有故障状态差动保护功能，并具有故障处理软件；相邻开关之间具有差动保护专用通信信道。

2）馈线分段保护方案的实现。具有故障状态差动保护功能。当配网环路任意一点故障时，通过相邻开关之间点对点通信，把本端故障电流状态与对端相比较，若两端状态不同，启动差动保护，跳开故障点两边的开关，完成故障自动隔离。联络开关（开

环点）应配置带时限备自投和投入后加速保护及故障状态差动保护；当联络开关一侧失电时，启动备自投，经一定逻辑判断和延时，合上联络开关，恢复非故障区段供电。采用馈线分段保护方案，实现供电时间秒级恢复，但投资比较大。

3）馈线分段保护方案实例。图 12-3-3 是典型电缆环网供电，通过环网柜 A、B、C、D、E 组成一个环路，环路上进出线开关均采用断路器，开环点设在 C2。每个站均配置具有保护功能的 FTU。通信采用光纤通信，子站/主站与 FTU 之间采用光纤自愈环，FTU 间通信采用光纤点对点通信，光缆选用 6 芯多模光缆。

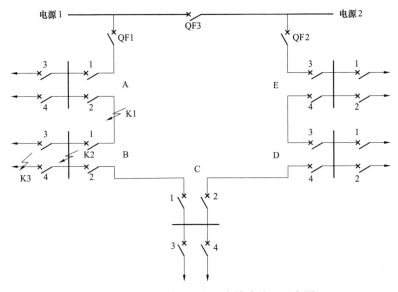

图 12-3-3 双电源配电环路故障处理示意图

a. 主环路 K1 点故障。故障处理过程：K1 点故障，QF1、A1、A2 有过电流流过，B1、B2、C1 无过电流。A1 询问到 QF1、A2 都有过电流标志，保持在合闸位置；A2 询问到 A1 有过电流标志，B1 无过电流标志，A2 分闸，隔离故障点，保证健全区段供电；B1 询问到 A2 有过电流标志，B2 无过电流标志，两边过电流标志相反，B1 分闸，隔离故障区段；B2 检测到失电，向 B1、C1 询问过电流标志，B1、C1 均无过电流标志，B2 保持在合闸位置；C1 检测到失电，向 B2、C2 询问过电流标志，B2、C2 均无过电流标志，C1 保持合闸；联络开关 C2 检测到一侧失电，经延时向 C1、D4 询问过电流标志，C1、D4 均无过电流标志，C2 合闸，从而恢复健全区段供电。

b. 环网柜内小母线 K2 故障。K2 点故障，故障处理过程类似于主环路 K1 点故障处理过程。遵循的原则是：对分段开关，若前后 FTU 的过电流标志一致，分段开关保持在合闸位置；若前后 FTU 的过电流标志相反，则分段开关分闸，进行故障隔离。对联络开关，若前后 FTU 的过电流标志一致，分段开关进行合闸，恢复健全区段供电；若前后 FTU 的过电流标志相反，则分段开关保持分闸，避免故障扩大。

c. 用户高压侧故障。若用户侧高压开关是断路器，则瞬时速断无延时保护动作，自动隔离故障。小母线进出线的故障处理是用户高压侧开关速断保护的后备。

（2）馈线差动方案。馈线差动方案与馈线分段保护方案的最大不同是在配网环路开关设备上，除了出线开关采用断路器或重合器外，环路中的其他开关均采用价格低廉的负荷开关或分段器。由于这些开关不能分断故障电流，当 FTU 检测到过流故障并且确定在本 FTU 的某一侧时，不能立即控制开关分闸，而要等待出线断路器的保护动作跳闸、切断电源、FTU 检测到失压后才能控制负荷开关在规定时间内分闸，隔离故障区段。出线断路器延时一段时间（以保证分段负荷开关可靠动作）后合闸，恢复非故障区段的供电。联络开关也延时一段时间（等待故障隔离后）合闸，恢复故障段中另一侧健全区段供电。

2. 集中控制型馈线自动化建设方案

该方案对一次网架结构及开关设备都有一定的要求，如线路要合理使用分段。可靠性要求高的场合采用环网供电方式，中压电网具体的联络方式留有一定的备用容量；选用的中压电网一次开关设备要具备电动操作机构并且配备必要的电压、电流互感器或传感器；馈线自动化的各个环节在停电时拥有可靠的备用工作电源。

集中控制方式不足之处是需要通信通道及控制主站，投资较大。但是，随着电子技术的发展，电子、通信设备的可靠性提高，造价也愈来愈低，已被广泛使用。

（1）架空环网 FA 方案。以图 12-3-4 为例，QF1、QF2 为变电站出口断路器（重合器），Qt 为联络开关，处于分闸位置。假设 F 点发生故障，出线断路器 QF1 保护动作，如果是瞬时故障，QF1 重合后线路恢复供电；如果是永久性故障，QF1 重合后再次断开，启动主站 DA 功能。具体的过程是：各终端将采集到的故障信息上传到主站；Q11 有故障电流流过，Q12、Q21、Q22、Qt 没有故障电流流过，主站确定故障发生在 Q11、Q12 之间；主站系统发遥控命令使 Q11 和 Q12 断开，隔离故障区域，闭合联络开关 Qt，恢复故障区域右侧供电，闭合出线断路器 QF1，恢复故障区域左侧的供电。若采用自动方式，整个过程可在 1~2min 的时间内完成。

本方案需要上级主（子）站、通信系统、测控终端的相互配合完成；终端需要配置不间断电源，一般采用蓄电池，并由蓄电池提供开关分合闸操作的操作电源（24V或 48V）。

开关要求：具备电流、电压采集接口，具有电动分合闸功能的智能开关。开关操作电源为直流电源，可以由 FTU 中的蓄电池提供，具有独立储能回路的开关，其储能电源可以采用由 PT 提供的交流 220V。开关类型可以为负荷开关或断路器。

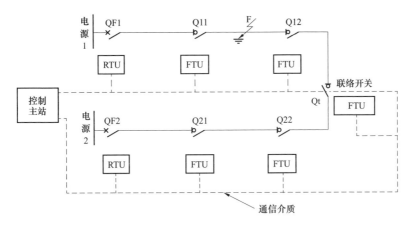

图 12-3-4　架空环网的馈线自动化说明图

通信系统：这种模式需要高速可靠的通信系统，一般采用光纤通信方式。

优点：DA 可以分层处理，建立有主站或子站系统，可实现系统应用功能；故障处理快速可靠；可以实现优化重构方案；开关动作次数少；适用各种一次网架结构；可识别相间故障、瞬时/永久故障等多种故障类型；具有常规 DSCADA 功能。

缺点：要求一次开关必须是直流操作电源；必须配置蓄电池；投资较大。

（2）电缆环网 FA 方案。图 12-3-5 为采用环网柜的电缆环网。正常情况下，联络开关 Q22 处于分闸位置。环网柜进线采用电动负荷开关，出线采用负荷开关加熔断器的配置。为节省投资，一般只监控进线开关。

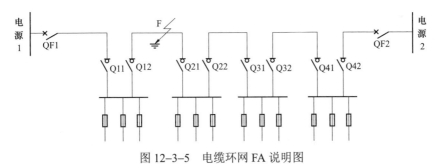

图 12-3-5　电缆环网 FA 说明图

以 F 点发生永久性故障为例，说明电缆环网上的故障处理过程。故障发生后，变电所出口断路器 QF1 跳开后重合，由于故障仍然存在，QF1 再次跳开，主站系统根据远方终端设备送上来的故障检测结果，判断出故障点位置，遥控分开故障段两侧开关 Q12 与 Q21，隔离故障区段，然后合上 QF1 及联络开关 Q22，恢复所有的环网柜供电。

（3）开闭所 FA 方案。为了解决供电网络可靠性和不同电源联络问题，开闭所的进线需要采用断路器并配备保护监控装置,出线需要采用负荷开关,如图 12-3-6 所示。开闭所 DTU 对所有的出线开关进行监控、检测并上报故障信息。

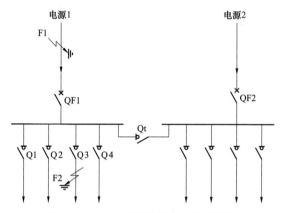

图 12-3-6 开闭所馈线自动化说明图

假设在电源进线上 F1 点发生故障,上一级保护动作,断路器跳开,进线断路器 QF1 检测到失压后跳开,备用电源自投装置动作,联络开关 Qt 闭合,开闭所恢复正常供电。若出线 F2 点故障,断路器 QF1 跳开,主站根据 DTU 送上来故障检测结果,判断出故障线路后,遥控开关 Q3 分闸,然后 QF1 合闸,恢复非故障线路供电。开闭所故障处理也可采取就地控制方案,利用 RTU 的可编程逻辑控制功能,按照上述逻辑动作,可不依赖主站就地完成故障线路的隔离。

【思考与练习】

1. 什么叫就地分布式 FA 模式?

2. 什么叫主站集中式 FA 模式?

3. 馈线自动化建设基本原则是什么?

4. 两种 FA 模式建设方案异同处有哪些?

▲ 模块 4 故障处理信息查询方法(Z18H1004Ⅲ)

【模块描述】本模块包含故障处理信息查询方法。通过相关规程要点归纳、介绍,掌握故障处理信息查询方法和步骤。

【正文】

故障处理信息查询是指按故障发生时间、发生区域、受影响客户等方式对故障信息进行检索和统计,并将故障处理的全部过程信息应保存在历史数据库中,以备故障分析时使用。

一、DA 故障信息处理

在发生故障进入 DA 处理环节时，DA 的启动时间、处理过程以及是否成功等信息全部自动保存在历史数据库中，可方便地进行查询，在故障分析时使用。

1. DA 启动条件

一般来说，DA 的启动条件主要有：开关分闸加事故总信号、开关分闸加保护信号、在断路器重合闸最大等待时间内的分闸—合闸—分闸、正常操作以外的分闸动作（含误跳），同时，可以定义有无重合闸，重合闸次数，重合闸等待时间等参数。

事实上，在目前典型的 DMS 系统中，不仅采集的信号可以作为 DA 的启动条件，调度员人工指定或者 95598 故障投诉也可以作为 DA 的启动条件，从而大大扩展了馈线自动化的应用范围。当没有下行控制条件时，应用 DA 功能可以给调度员自动提供所有可能的故障恢复方案并排序以方便人工干预的进行。

目前典型的配电自动化管理系统，具有完善的多上下文支持和 CASE 管理功能，具备了全部采集数据（模拟量、开关量等）的追忆能力，可以全方位地记录、保存电网的事故状态，并且能够真实、完整地反映电网的事故过程。

扰动数据记录通过检测到一些预定义的扰动触发条件或调度员请求自动触发。也可在事件/事故发生后 24h 内，由人工触发。一组触发点能被调度员定义和修改，它启动扰动数据的保存。这些触发点可以是布尔表达式、越限系统参数的计算结果和用户定义的条件，触发事件之一是调度员请求。其他的触发事件如下：

（1）指定的量测越限。

（2）电网频率偏差越限。

（3）指定的线路开关事故跳闸。

（4）其他预定义的组合事件。

2. 数据浏览

配电自动化系统根据给定的故障时刻自动匹配并调出相应的系统模型断面，再调出事故发生前的数据断面以重构当时的故障场景，并能以单线图/表重新显示扰动数据的变化，刷新周期能由调度员任意控制。

事故重演不仅逼真再现当时的电网模型与运行方式，而且具有实时运行时的全部特征，包括告警信息的显示、语音、推画面等，能够将事故信息自动保存到历史数据库，可按照时间、厂站、对象等进行检索、显示、打印。

二、以典型系统作仿真案例说明

DA 的仿真状态：全图形操作，可在画面上直接模拟各种情况下的 DA 故障定位、隔离及事故恢复，校验方案的正确性。以交互模式举例如下。

（1）打开 dbi，DA 相关类中的"断路器 DA 控制模式定义表"，将所要测试的断路器"运行状态"选择"仿真模式"，"执行模式"选择"交互模式"。也可以直接在图上进行修改，右键点击需修改运行状态或执行模式的断路器，菜单里有一个 DA 运行方式设置按钮，里面可以选择，如图 12-4-1 所示。

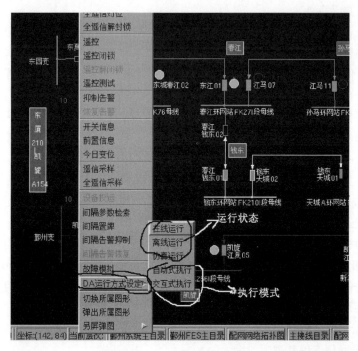

图 12-4-1　DA 运行方式设定

（2）在 DSCADA 主机上，启动 DAOp 进程。在做 DA 测试的工作站或服务器上启动 da_client 程序。故障模拟的断路器置分的状态，从断路器最近的开关保护开始加信号（即将保护信号置合状态，可以加两个到三个信号进行测试），其他保持分状态。若没有实际电源，需要在母线上加一个动态数据，将其与该母线的 ab 线电压幅值关联，并封锁一个数据。例如下图 12-4-2 要对东夏 210 开关进行故障模拟，首先断开东夏 210 开关，这时，东夏 210 开关到联络开关（联络开关正常状况下一直处于分状态）这段线路失电（线路颜色变灰）。此次模拟母线故障，所以将断路器连接的第一个站外开关到母线左侧的站外开关的保护信号都置合。此时要保证联络开关下游有电，这样才有下游的恢复方案。

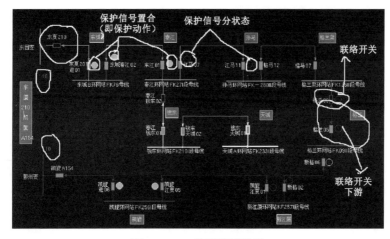

图 12-4-2　故障模拟设置

（3）右键点击断路器，执行故障模拟。如图 12-4-3 所示。

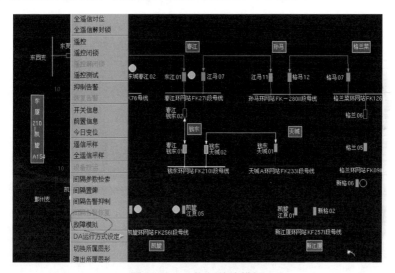

图 12-4-3　执行故障模拟

（4）等待 1min 左右，将会跳出 da_assistant 的界面，如图 12-4-4 所示，上面提供了故障信息，故障执行方案。此时根据给出方案，观察 DA 工作是否正常（正确的事故处理方案请参见后文的故障处理方案实例）在故障执行步骤中点击全部执行（也可单步执行），等待执行结果，界面显示绿色，表明执行成功，红色表明执行失败。观察画面上断路器是否合闸，故障部分开关是否分开，故障分闸开关位置定位是否准确（故障开关应处在有保护信号，和没有保护信号中间的开关）。

图 12-4-4 da_assistant

（5）故障处理完毕后，请点击该界面的右侧的故障处理完毕按钮，将故障信息保存到历史数据库中。

（6）若要查看历史故障信息，请点击历史事故按钮，将会弹出历史事故查询界面，如图 12-4-5 所示，可以根据时间段进行查询。

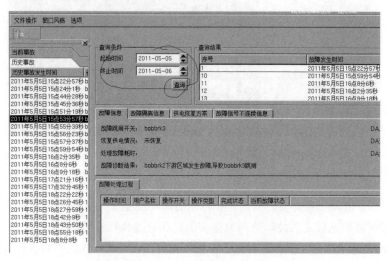

图 12-4-5 历史事故查询界面

【思考与练习】

1. 什么是故障处理信息查询？
2. 简述 DA 启动条件。
3. 如何 DA 仿真模拟事故并查询？

▲ 模块 5　配电网自愈（Z18H1005Ⅲ）

【模块描述】本模块包含配电网自愈的技术要求。通过相关规程要点归纳、介绍，掌握配电网自愈相关要求。

【正文】

配电网的自愈是指其在无需或仅需少量的人为干预的情况下，利用先进的监控手段对电网的运行状态进行连续的在线自我评估，并采取预防性的控制手段，及时发现快速诊断快速调整或消除故障隐患。

一、配电网自愈介绍

（1）所谓自愈就是要在故障发生时能够快速隔离故障自我恢复，实现快速复电，而不影响用户的正常供电或将影响降至最小。自愈功能使配电网能够抵御并缓解电网内部和外部的各种危害故障，保证电网的安全稳定运行和用户的供电质量。

（2）配电网自愈能力是配电网的自我预防、自我恢复的能力，来源于对电网重要参数的监测和有效的控制策略。自我预防指的是系统正常运行时，通过对电网进行实时运行评价和持续优化来完成的；而自我恢复是电网经受扰动或故障时，通过自动进行故障检测、隔离、恢复供电来实现的。

（3）配电网自愈控制通过共享和调用一切可用电网资源，实时并全面地预测电网存在的各种安全隐患和即将发生的扰动事件，采取配电网在正常运行下的优化控制策略和非正常情况下的预防校正、紧急恢复检修维护等控制策略，使得电网尽快从非正常运行状态转化为正常运行状态，应对电网可能发生的各种事件及组合，防止或遏制电力供应的重大干扰，以减少配电网运行时的人为干预，降低配电网经受扰动或故障时对电网和用户的影响，在实际运行过程中具有以下三种能力：

1）正常运行时，有选择性有目的地进行优化控制，改善电网运行性能，提高电网稳定裕度和抵御扰动的能力。

2）把预防控制作为主要控制手段及时发现、诊断和消除故障隐患。

3）在故障情况下，能够维持系统连续运行，不造成系统运行损失，并且通过自身修复功能从故障中恢复的能力。

二、配电网自愈目标及意义

（1）配电网自愈控制的目标是：首先，要通过配电网运行优化和预防校正控制，来避免故障发生；其次，如果故障发生，通过紧急恢复控制和检修维护控制，使得故障后不失去负荷或尽可能的少失去负荷。在控制逻辑和结构设计上，配电网自愈控制应当坚持分布自治原则、广域协调原则、工况适应原则。

（2）实施配电网自愈控制技术的重要意义在于：

1）解决负荷的持续增长的需求；适应市场驱动下的电网运行环境等。

2）成为预防和避免大停电事故发生的有效控制手段。

三、配电网自愈特点

（1）根据配电系统的实际运行情况，配电网运行状态可以分为四种：正常状态、警戒状态、故障状态和恢复状态。自愈功能以不同的方式体现在配电网运行状态的各个环节，全面监控配电网状态，保证对用户高质量、不间断供电，不同运行状态下实现自愈的过程不同，如图 12-5-1 所示。

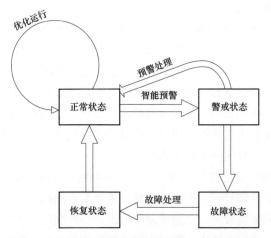

图 12-5-1 配电系统不同运行状态下的自愈过程

自愈作为智能配电网的主要特征和高级形式之一，就是要保证配电网可靠地运行在正常状态，一旦进入其他状态能迅速恢复到正常状态，同时尽量减少配电网的故障，即使发生了故障，故障影响范围也要尽可能小，不会扩大到影响输电网的程度，从而避免电力系统出现瓦解状态。自愈的具体内涵包括：有效减少停电，提高供电可靠性；防止或减轻外来攻击，提高电网安全性；优化电网运行，提高设备资产利用率；能够为电力消费者提供高可靠性和高质量的服务，同时消费者能够通过分布式电源和需求反馈装置的安装为电力市场提供商业产品，为配网提供新的收入；容纳各种低碳能源，减少排放和污染。

（2）配网自愈具有如下两个特征：

1）以预防性控制为主要控制手段，通过对系统运行状态的全面实时监测和风险评估，调整配网运行方式，使损耗更小、安全可靠性更好，并及时发现、诊断和消除故障隐患。

2）使系统具备持续运行的能力，在发生故障的情况下，系统能够智能化自治修复，快速从故障中恢复，同时考虑分布式电源接入对各种故障的影响。

（3）智能化配电网自愈功能的实现，需要以如下功能的实现为基础：事故预防功能能够及时发现并消除引起故障或者电能质量扰动的事故隐患；电能质量控制功能能够应用柔性配电设备抑制或消除电压骤降、谐波、闪变等电能质量扰动；不间断供电技术，以快速负荷转移技术，动态电压恢复技术以及分布式电源微网技术为主；故障自愈功能具体包括馈线故障自动隔离技术和小电流接地故障全电流补偿消弧技术，从而能够对配电网的短路故障和单相接地故障进行有效地定位和隔离。

四、配电网自愈控制

配电网自愈化控制是在馈线自动化的基础之上，结合配电网状态估计和潮流计算等分析的结果，自动诊断配电网当前所处的运行状态，并进行控制策略决策，实现对配电网一、二次设备的自动控制，消除配电网运行隐患，缩短故障处理周期，提高运行安全裕度，促使配电网转向更好的运行状态，赋予配电网自愈能力。自愈控制总体功能要求：

（1）智能预警。该功能支持配电网在紧急状态、恢复状态、异常状态、警戒状态和安全状态等状态划分及分析评价机制，为配电网自愈控制实现提供理论基础和分析模型依据。

（2）校正控制。包括预防控制、校正控制、恢复控制、紧急控制，各级控制策略保持一定的安全裕度，满足 $N-1$ 准则。

（3）具备相关信息融合分析的能力，在故障信息漏报、误报和错报条件下能够容错故障定位。

（4）支持配电网大面积停电情况下的多级电压协调、快速恢复功能。

（5）支持大批量负荷紧急转移的多区域配合操作控制。

（6）自愈控制宜延伸至配电高电压等级统一考虑。

五、配电网自愈实现条件

配网自愈性对配电网的接线方式、配电自动化实现方式以及一次设备功能相应的要求分述如下：

1. 对一次网架结构的要求

网架结构与分段开关和联络开关的配置是实现配电网自愈功能的基础。不同的馈线之间通过联络开关进行互联，通常联络开关处于常开状态，保证配网正常运行时，网架结构仍然保持辐射状。各条馈线之间进行互联的要求如下：

（1）同等条件下，优先考虑不同变电站 10kV 馈线之间互联，同一变电站，不同母线分段的 10kV 馈线之间互联。

（2）互联原则按网络重构时，负荷转带能力的需求为基本原则。

（3）联络点数量应以双电源环网供电为主体，网络以简单、清晰为主。

（4）联络点开关按闭环联接，开环运行设计。正常情况采用环网供电开环运行方式。

2. 对配电自动化系统（DAS）的要求

（1）配电自动化主站是整个配电自动化监控和管理的核心，主要负责从各区域配电子站采集实时信息，整体上对配电网进行监控，分析配电网的运行状态，协调各配电子站之间的关系，对整个配电网进行有效的管理，保证整个配电系统处于最优运行状态。

（2）配电自动化子站是配电自动化系统的中间层，一般放在变电站或开闭所内，实现辖区内配电网络的配电 DSCADA 和 DA 功能。它既可以作为一个系统独立运行，也可以作为一个承上启下的中转协调中心，所以又称为区域工作站。

（3）配电自动化终端设备层是配网自动化系统基础层，主要完成柱上开关、环网开关、箱式变压器、开闭所、配电室等各种信息的采集处理及监控功能。

3. 对一次设备的要求

一次设备选型时，应采用可靠性高、免检修、少维护、可电动操作的无油化开关设备，二次保护和控制设备具有可靠性，抗干扰能力及适合户外高温和低温等较为严酷的运行环境。同时，硬件设备能够满足配电自动化监控点"一遥""二遥"和"三遥"等功能的相应要求，应具有远方通讯的接口，自动化程度要高。对供电可靠性要求较高、负荷相对稳定、光纤敷设具备条件的重要开闭所、柱上开关、环网柜、配电室等场所实现"三遥"功能；结合特定区域的现状及发展需求，对"三遥"配电自动化监控点对一次设备提出以下要求：

（1）能够实现遥信功能的开关设备应至少具备一组辅助触点。

（2）用于就地控制的开关设备在失去交流电源的情况下，除能就地进行手动合闸和手动分闸，至少还能进行自动合闸和自动分闸各一次。

（3）开关设备应装设故障指示器。

（4）需要实现遥测功能的一次设备，宜配 A 相、C 相、零序电流互感器，用于故障电流及负荷电流的检测。

（5）用于电压信息检测时，应内置电压互感器或电压传感器。

【思考与练习】

1. 什么是配电网自愈？

2. 简述配电网自愈的功能要求。

3. 配电网自愈实现的目标是什么？

4. 配电网自愈实现技术条件主要有哪些？

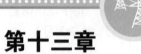

第十三章

馈线故障处理及恢复供电能力

▲ 模块 1　合环最优路径（Z18H2001 Ⅰ）

【**模块描述**】本模块介绍合环最优路径的方法。通过功能描述，举例分析网架合环模型特征，掌握合环最优路径方法和步骤。

【**正文**】

一、隔离故障路径的选择方法

（1）随着配电网的发展，双（多）向供电成为常用的供电模式。目前配电网最大的特点即闭环结构，开环运行的供电方式。在正常情况下，为保证配电网的辐射状运行结构，联络开关一般开断运行。

（2）要达到在馈线发生故障后的数十秒钟内完成故障线路区段的分离和完好部分的恢复供电，就必须选择一个离电源点最近、操纵时间最短的路径来进行恢复供电，且必须满足无过负荷等约束条件，系统根据网络拓扑分析来发现故障、隔离故障源，寻求新的最优的网络路线，最终达到实现恢复供电。

二、按模型节点最优选择路径步骤

（1）通过建立配电网的节点模型，根据此模型建立开关节点关联表、母线节点关联表等，建立可存储各种信息、识别所有能改变网络拓扑结构的开关和刀闸、便于表达和搜索的网络拓扑结构。

（2）利用 SOE 信息和拓扑信息判定故障后系统分为几个孤岛,各个孤岛的电源存在情况和负荷分布情况等，找出待恢复的孤岛。

（3）对待恢复的孤岛分析其所有的开关、刀闸，得出作为基于宽度优先搜索最优路径的根节点。

（4）进行故障诊断，隔离和寻找有裕度容量的电源点，并将到根节点最短路径的电源点作为目标点。

（5）若出现过负荷等不满足约束条件时，则采取减少待恢复负荷的策略，来消除过负荷。

（6）根据终极确定的目标点，判定操纵顺序，确定操纵内容，然后根据不同的操纵方式进行操纵。

三、最优路径应用举例

图 13-1-1 为一个典型的辐射状电网。

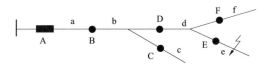

图 13-1-1　典型的辐射状电网

（1）为实现故障区段的自动隔离，采用了重合器与电压—时间型分段器的配合方式，分段器均整定在第一功能。

（2）A 为重合器，动作特性为一快一慢，第一次重合时间是 15s。第二次重合时间为 5s；B、C、D、E、F 皆为分段器，

（3）已知 B、C、E 的 X 时限均为 7s，Y 时限均为 5s，D、F 的 X 时限均为 14s，Y 时限均为 5s。

（4）假设图示段发生永久性短路故障，试进行以下工作：

1）画出故障区段隔离过程的示意图、各开关的动作时序图。

2）根据故障区段隔离过程示意图，配合文字说明故障隔离的过程。

3）实现故障区段隔离、健全区段恢复供电的总时间。

【思考与练习】

1. 简述隔离故障路径的选择方法。

2. 按配电网模型节点最优选择路径步骤。

3. 以单环网对射为例说明最优路径应用过程。

◢ 模块 2　影响合环操作分析（Z18H2002 Ⅱ）

【模块描述】本模块介绍影响合环操作分析方法。通过功能描述，举例分析网架结构合环前后潮流等影响因素，掌握影响合环操作分析方法。

【正文】

一、实现合环操作的方式

获得最优的故障恢复供电顺序后，有两种方式来实现合环操作：

1. 自动方式

（1）程序确定最优恢复供电顺序后，将操纵顺序、操纵开关及其位置等信息以对

话框的形式在计算机屏幕上显示出来。

（2）按照操纵顺序自动下达每一步操纵命令，在操纵结束时给出操纵成功与否的提示信息。

（3）当操纵成功时，系统图上的系统状态变为故障被隔离和恢复后的状态。

（4）不成功时则给出在哪一步操纵时发生了故障，供系统操纵员来参考分析。

这样不仅减少了恢复供电所需的时间，同时也在一定程度上防止了调度员出现误操纵等情况，减少了用户的停电时间。

2. 手动方式

（1）当确定最优恢复供电顺序后，将操纵顺序、操纵开关及其位置等信息以对话框的形式在计算机屏幕上显示出来。

（2）监控人员根据其操纵顺序来进行远控操纵，以恢复供电。

（3）处理过程分为四个部分，具体见下文举例说明。

二、影响合环操作分析举例

以图 13-2-1 配电自动化系统开闭所线路接线图为例，处理过程分为以下四个部分。

（1）FTU 对馈线故障的诊断。装有三相 TA 和两相 TV 的 FTU 可采集三相电流、电压、有功功率和无功功率。当馈线相电流没有超过整定值时，FTU 上报馈线正常工作信息。当馈线相电流超过整定值时，FTU 主动上报馈线故障信息。

（2）配电子站对馈线的故障诊断、定位及隔离。配电子站根据辖区的各个 FTU 上报的信息，综合分析故障开关的电流或功率方向、配网拓扑结构及其通信系统拓扑结构和专家系统知识库，判断系统的运行状态，并结合主站实时下发的故障诊断、隔离的约束条件，进行具体操作。

1）若所辖区域正常运行，则上报主站。

2）若系统发生永久性故障，则进一步判断故障性质、故障线路和故障区段。如果不满足主站下发的故障诊断、隔离的约束条件，子站自动下发操作开关命令，实现故障隔离，对健全线路的负荷按原来供电路径恢复供电，对于不能按原来供电路径恢复供电的负荷要上报主站，由主站供电恢复软件确认能否恢复供电。如果满足主站下发的故障诊断、隔离的约束条件，子站不进行故障隔离，只将故障诊断结果上报主站。

（3）配电主站对配电网的故障诊断、定位、隔离。配电主站系统负责监控配电子站的工况，主要功能包括：

1）根据系统运行方式，向子站发布故障诊断和隔离的约束条件。

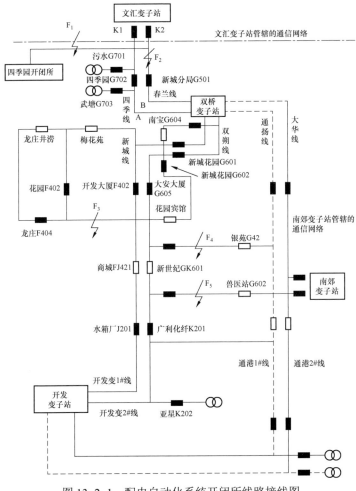

图 13-2-1　配电自动化系统开闭所线路接线图

2）利用配电子站提供的信息，校核由配电子站所进行的故障诊断和隔离的方案是否正确。如果诊断和隔离方案不正确，则主站利用故障信息和专家系统的知识，重新提出故障诊断、定位和隔离方案，供调度人员选择。

3）对于单相接地故障，主站根据变电站 RTU 上报信息进行综合分析和判断后，确定最后隔离方案并交给调度员进行人工处理或由主站自动处理。

4）配电主站在调度员人机界面上显示故障类型、故障区域、故障电流大小等。

（4）配电主站健全区域的供电恢复方案。由于配网的供电恢复要求实时性较强，配网供电恢复软件置于调度员的人机界面中。电网正常时，该软件不进行数据分析和画面显示，电网中出现故障造成健全线路停电时，供电恢复软件自行启动（或在人工模拟方式下启动），并读取实时数据进行分析，提供供电恢复方案。

若配电网发生故障，配电主站确认故障诊断和隔离方案后，对于子站不能恢复的负荷，则在计算配电网潮流以及专家系统的推理后，制定出多个合理的供电恢复控制策略供调度人员选择，并给出性能指标排序，调度人员从中选择合适的供电恢复策略。供电恢复方案确定后，可以通过遥控实现方案的自动实施，也可由调度员根据方案给出的步骤手动执行。

【思考与练习】

1. 简述实现合环操作的方式。
2. 以 FTU 馈线故障诊断为例进行影响合环操作分析。
3. 以 DTU 终端馈线故障诊断为例进行影响合环操作分析。

◢ 模块 3　合环前潮流、等值阻抗、冲击电流校核
（Z18H2003Ⅲ）

【模块描述】本模块包含合环前潮流、等值阻抗、冲击电流校核等技术要求。通过功能描述，举例分析合环电流时域特性、冲击电流等影响因素，掌握合环前潮流、等值阻抗、冲击电流校核的相关要求。

【正文】

一、合环前潮流分析

（1）配电网合环分析系统的基础是潮流计算。根据电力网络结构及运行条件求出整个网络的运行状态由于潮流计算的已知量与待求量之间是非线性关系，所以，潮流计算问题在数学上是多元非线性代数方程组的求解问题，一般采用迭代方法计算。

（2）合环计算涉及地区电网和配电网。由于不易获得完整的配电网结构参数和运行参数，因此，配电自动化的数据采集是配电网合环分析系统研制的关键，也是难点。图 13-3-1 所示为一种典型的合环情况。

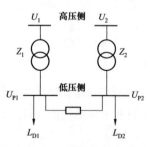

图 13-3-1　一种典型的合环情况

二、合环电流时域特性

合环前，设变压器高压侧母线电压分别为 U_1、U_2；低压侧母线电压为 U_{P1}、U_{P2}；变压器阻抗分别为 Z_1、Z_2；变压器高压侧流进的功率为 S_{H1}、S_{H2}；低压侧流出的功率为 S_{L1}、S_{L2}（分别对应低压侧母线上所接的两个负荷 $S_{L1}=S_1+L_{D1}$，$S_{L2}=S_2+L_{D2}$）；L_{D1}、

L_{D2} 为合环线路负荷；S_1、S_2 为合环变压器其他线路负荷）。

合环后，设变压器高压侧母线电压分别为 U'_1、U'_2 低压侧母线电压为 U_P；变压器高压侧流进的功率为 S'_{H1}、S'_{H2}；低压侧流出的功率为 S'_{L1}、S'_{L2}。

经过推导与计算，得出合环功率 S_{CB} 和电流 I_{CB} 的表达式如下：

$$S_{CB} = S'_{L1} - L_{D1} =$$

$$\frac{U_P \Delta \dot{U}' + (S_1 + S_2 + L_{D2})\dot{Z}_Z - L_{D1}\dot{Z}_1}{\dot{Z}_1 + \dot{Z}_2}$$

$$I_{CB} = \frac{\dot{S}_{CB}}{\dot{U}_P} = \frac{(S_1 + S_2 + \dot{L}_{D2})Z_2 - \dot{L}_{D1}Z_1}{(Z_1 + Z_2)U_F} + \qquad (13\text{-}3\text{-}1)$$

$$\frac{\Delta U'}{Z_1 + Z_2}$$

$$\Delta U' = U'_1 - U'_2 = \frac{\dot{S}'_{L1}Z_1 - \dot{S}'_{L2}Z_2}{\dot{U}_P}$$

通过以上数据，系统可在合环前自动进行电压调整，从而使合环前的潮流情况和电压水平与实际基本一致，保证了合环计算的准确性。并且，在合环操作之前，系统提供了合环路径的校验，从操作角度给运行人员以依据：

（1）合环点两端相位一致。

（2）合环点两端的最大允许电压差（绝对值）为 20%，特殊情况下，环状并列最大电压差不应超过 30%。

（3）合环点两端电压相角差不超过 20°。

三、应用举例

1. 8 节点配电系统重构潮流分析（见图 13-3-2）

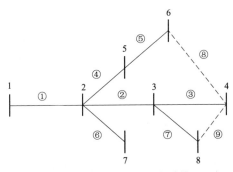

图 13-3-2 8 节点配电系统

2. 算法流程分析（见图 13-3-3）

通过以上方法可对节点和支路进行任意编号；

当网架结构发生变化时，无需对网络进行广度优先搜索或深度优先搜索，对末梢节点进行简单的"短接"操作即可；

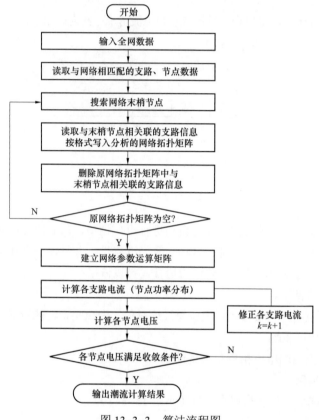

图 13-3-3 算法流程图

在潮流计算时通过简单的处理代数方程就可以计算支路电流、节点电压和功率分布；

根据提出的算法对 IEEE33 节点算例仿真，仿真结果验证了算法的高效性、准确性和可行性。

【**思考与练习**】

1. 简述配电网合环前潮流分析的注意事项。

2. 结合单环网分析合环电流时域特性影响因素。

3. 结合双环网配电网重构校核分析冲击电流的影响因素。

▲ 模块 4 负荷紧急转移多区域配合操作控制（Z18H2004Ⅲ）

【**模块描述**】本模块包含负荷紧急转移多区域配合操作控制的方法。通过功能功能描述和举例介绍，掌握负荷紧急转移多区域配合操作控制的方法和步骤。

【**正文**】

一、矩阵算法实现符合转移

（1）采用矩阵算法来实现判断、隔离故障区段（见图 13-4-1）。

图 13-4-1 简单馈线网络（"C"为流过故障电流标志）

网络描述矩阵 D：

$$D=\begin{vmatrix} 0 & 1 & 0 & 0 & 0 & 0 & 0 \\ 1 & 0 & 1 & 0 & 0 & 0 & 0 \\ 0 & 1 & 0 & 1 & 0 & 0 & 0 \\ 0 & 0 & 1 & 0 & 1 & 0 & 0 \\ 0 & 0 & 0 & 1 & 0 & 1 & 0 \\ 0 & 0 & 0 & 0 & 1 & 0 & 1 \\ 0 & 0 & 0 & 0 & 0 & 1 & 0 \end{vmatrix}$$

断路器、分段开关、联络开关作为节点（N），可构 $N×N$ 维方阵。

若第 i、j 节点间存在馈线，则第 i 行、第 j 列元素，第 j 行、第 i 列元素均置 1；不存在馈线的节点对应元素置 0。

故障信息矩阵 G：

$$G=\begin{vmatrix} 0 & 0 & 0 & 0 & 0 & 0 & 0 \\ 0 & 0 & 0 & 0 & 0 & 0 & 0 \\ 0 & 0 & 1 & 0 & 0 & 0 & 0 \\ 0 & 0 & 0 & 1 & 0 & 0 & 0 \\ 0 & 0 & 0 & 0 & 1 & 0 & 0 \\ 0 & 0 & 0 & 0 & 0 & 1 & 0 \\ 0 & 0 & 0 & 0 & 0 & 0 & 1 \end{vmatrix}$$

若第 i 个节点的开关故障电流超过整定值，则第 i 行第 i 列元素置 0，反之置 1，矩阵的其他元素均置 0。也是 $N×N$ 维方阵。

对矩阵 D 与矩阵 G 相乘，并进行规格化得

$$P=g(D×G)=g(P')$$

（2） g 代表矩阵的规格化运算，其具体操作：

若 D 阵中元素 d_{mj}、d_{nj}、…d_{kj} 为 1，且 G 阵中 $g_{jj}=1$ 时，需对 P' 阵中第 j 行和第 j 列元素进行规格化处理；若 g_{mm}、g_{nn}…g_{kk} 至少有两个为 0，则将 P' 阵中第 j 行和第 j 列的元素全置 0；若上述条件不满足时，P 阵中相应的元素值不变。

矩阵 P 反映了故障区段：若 P 中的元素 p_{ij} XOR $p_{ji}=1$，则馈线上第 i 节点和第 j 节点间的区段有故障。

$$P=g(D×G)=\begin{vmatrix} 0 & 0 & 0 & 0 & 0 & 0 & 0 \\ 0 & 0 & 1 & 0 & 0 & 0 & 0 \\ 0 & 0 & 0 & 1 & 0 & 0 & 0 \\ 0 & 0 & 1 & 0 & 1 & 0 & 0 \\ 0 & 0 & 0 & 1 & 0 & 1 & 0 \\ 0 & 0 & 0 & 0 & 1 & 0 & 1 \\ 0 & 0 & 0 & 0 & 0 & 1 & 0 \end{vmatrix} \quad P'=D×G=\begin{vmatrix} 0 & 0 & 0 & 0 & 0 & 0 & 0 \\ 0 & 0 & 0 & 0 & 0 & 0 & 0 \\ 0 & 0 & 0 & 0 & 0 & 0 & 0 \\ 0 & 0 & 1 & 0 & 0 & 1 & 1 \\ 0 & 0 & 0 & 0 & 0 & 0 & 1 \\ 0 & 0 & 0 & 0 & 0 & 0 & 0 \\ 0 & 0 & 0 & 0 & 0 & 0 & 0 \end{vmatrix}$$

p_{34} XOR $p_{43}=0$；

p_{45} XOR $p_{54}=0$；

p_{56} XOR $p_{65}=0$；

p_{67} XOR $p_{76}=0$；

p_{23} XOR $p_{32}=1$；

因此故障点在节点 2、3 之间。

二、较复杂馈线网络举例

图 13-4-2 为较复杂馈线简网络。

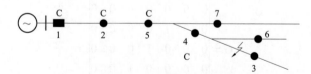

图 13-4-2　较复杂馈线简网络

网络描述矩阵 D 与故障信息矩阵 G

$$D = \begin{vmatrix} 0 & 1 & 0 & 0 & 0 & 0 & 0 \\ 1 & 0 & 0 & 0 & 1 & 0 & 0 \\ 0 & 0 & 0 & 1 & 0 & 0 & 0 \\ 0 & 0 & 1 & 0 & 1 & 1 & 1 \\ 0 & 1 & 0 & 1 & 0 & 0 & 1 \\ 0 & 0 & 0 & 1 & 0 & 0 & 0 \\ 0 & 0 & 0 & 1 & 1 & 0 & 0 \end{vmatrix} \quad G = \begin{vmatrix} 0 & 0 & 0 & 0 & 0 & 0 & 0 \\ 0 & 0 & 0 & 0 & 0 & 0 & 0 \\ 0 & 0 & 1 & 0 & 0 & 0 & 0 \\ 0 & 0 & 0 & 0 & 0 & 0 & 0 \\ 0 & 0 & 0 & 0 & 0 & 0 & 0 \\ 0 & 0 & 0 & 0 & 0 & 1 & 0 \\ 0 & 0 & 0 & 0 & 0 & 0 & 1 \end{vmatrix}$$

P 矩阵中，只有 $p43\mathrm{XOR}p34=1$，$p46\mathrm{XOR}p64=1$，因此故障点在节点 4 和 3 之间，或在节点 4 和 6 之间。

$$P = g(P') = \begin{vmatrix} 0 & 0 & 0 & 0 & 0 & 0 & 0 \\ 0 & 0 & 0 & 0 & 0 & 0 & 0 \\ 0 & 0 & 0 & 0 & 0 & 0 & 0 \\ 0 & 0 & 1 & 0 & 0 & 1 & 0 \\ 0 & 0 & 0 & 0 & 0 & 0 & 0 \\ 0 & 0 & 0 & 0 & 0 & 0 & 0 \\ 0 & 0 & 0 & 0 & 0 & 0 & 0 \end{vmatrix} \quad P' = D \times G = \begin{vmatrix} 0 & 0 & 0 & 0 & 0 & 0 & 0 \\ 0 & 0 & 0 & 0 & 0 & 0 & 0 \\ 0 & 0 & 0 & 0 & 0 & 0 & 0 \\ 0 & 0 & 1 & 0 & 0 & 1 & 1 \\ 0 & 0 & 0 & 0 & 0 & 0 & 1 \\ 0 & 0 & 0 & 0 & 0 & 0 & 0 \\ 0 & 0 & 0 & 0 & 0 & 0 & 0 \end{vmatrix}$$

规格化目的是避免误判，若 P' 不进行规格化，则会错误地判断故障点位于节点 5 和 7 之间。

【思考与练习】

1. 如何采用矩阵算法来实现判断、隔离故障区段？
2. 简述转移多区域配合操作控制的方法。
3. 以单环网为例说明较复杂馈线网络负荷紧急转移操作控制方法。

第十四章

分布式电源故障处理能力

▲ 模块 1　分布式电源监控与控制（Z18H3001 I）

【**模块描述**】本模块包含分布式电源监控与控制的内容。通过功能描述和举例介绍，在分布式电源接入系统情况下的配网安全保护、独立运行、多电源运行机制分析等特性，掌握分布式电源监控与控制方法和步骤。

【**正文**】

一、定义与术语

互联接口（interconnection interface）：分布式电源接入配电网的互联接口，是单个设备或多个设备的集合，包括同步电机、感应电机、变流器的互联部分，以及系统控制、稳定控制、元件级与系统级保护、自动化通信、同期和计量等装置。互联接口示意如图 14-1-1。

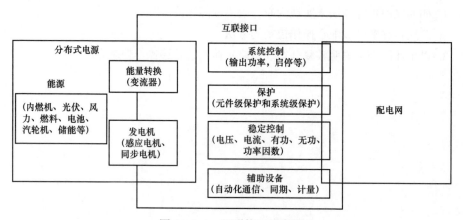

图 14-1-1　互联接口示意图

二、主要依据原则

含分布式电源/微网馈线自动化功能模块与传统馈线自动化功能模块相比，主要增加了分布式电源控制部分，由于分布式电源的接入对于馈线自动化的故障定位一般不会产生影响，因此，其并未针对故障定位策略进行修改，主要增加了分布式电源参与供电时控制策略部分。其中含分布式电源的馈线自动化故障恢复主要依据以下原则：

（1）有多条恢复路径时，优先选择主电网电源，提高供电可靠性。

（2）待故障处理完毕后，再考虑是否需要将分布式电源并网操作，由人工进行并网操作。

（3）当分布式电源参与供电恢复时，孤岛运行边界又分布式电源预测容量以及分布式电源控制开关（检同期开关）位置决定。

（4）针对分布式电源需要有短期容量预测值，用以计算供电范围。

（5）供电负荷有 0 开始逐一恢复。

三、现场试验项目举例

分布式电源互联接口完成现场安装之后、投入运行之前，应进行现场试验。接入不同电压等级的分布式电源互联接口应进行的现场试验项目按规定执行。

现场安装试验过程中，若出现软件、硬件或固件改变，应补做型式试验和例行试验后，再重新进行现场试验。

（1）工频耐压试验。控制元件、自动化和通信元件按照 DL/T 5161 的相关规定执行。变流器按照 GB/T 13422 的相关规定执行。同步电机、感应电机、变压器按照 GB/T 16927 的相关规定执行。

（2）非计划孤岛保护试验。测试分布式电源互联接口的非计划孤岛保护特性，其与配电网的断开时间应小于 2s。试验回路如图 14-1-2 所示。

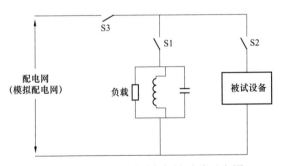

图 14-1-2 非计划孤岛保护试验示意图

试验方法为：星形接线时，图 14-1-2 为相线对中性线接线；三角形接线时，图 14-1-2 为相间接线；设置被试设备防孤岛保护定值，调节被试设备输出功率分别至额定功率的 100%、66%、33%；设定模拟配电网（配电网）电压为被试设备的标称电压，频率为被试设备额定频率；调节负载，以提供品质因数 Q_f 为 1.0±0.05；闭合开关 S1、S2、S3，直至被试设备达到 b）的规定值；调节负载，直至通过开关 S3 的各相基波电流小于被试设备各相稳态额定电流的 2%；打开 S3，记录从打开 S3 至被试设备停止向负载供电的时间间隔，即断开时间；重复试验，在初始平衡负荷的 95%～105%范围内，调节无功负荷变化 1%，被试设备无功输出进行相应调节，若被试设备断开时间增加，则需额外变化 1%，直至断开时间不再增加；若在初始平衡负荷的 95%或 105%时，断开时间仍增加，则需额外变化 1%，直至断开时间不再增加；测试结果中，三个最长断开时间的测试点应做 2 次附加重复试验；若三个最长断开时间出现在不连续的 1%负载增加值上，则三个最长断开时间之间的所有测试点都应做 2 次附加重复试验。

（3）启停试验。

（4）启动试验。测试分布式电源互联接口的启动性能。在配电网电压、频率超出规定的运行范围时，分布式电源不应自动并网。

（5）同期试验。测试分布式电源互联接口在电压、相位差允许范围内与配电网的同期性能。

试验前应确保所有保护装置投入，试验过程中保护不应动作，且分布式电源接入点处电流、电压满足 GB/T 12325、GB/T 12326、GB/T 14549 和 GB/T 15543 的要求。

（6）停机试验。测试分布式电源互联接口的停机性能。互联接口与配电网断开后，不应在规定时间内重新并网。

（7）保护试验。按照 DL/T 995 的相关规定执行。

（8）自动化及通信装置试验。按照 Q/GDW 514 的相关规定执行。

（9）电能质量试验。

（10）非全相运行试验（含三相不平衡试验）。按照 GB/T 15543 的相关规定执行。

（11）谐波试验。按照 GB/T 14549 的相关规定执行。

（12）电压闪变试验。按照 GB/T 12326 的相关规定执行。

（13）有功功率和功率因数试验。按照 Q/GDW 480—2010 的相关规定，需要响应电网调度进行功率调节的分布式电源，应进行互联接口有功功率调节能力和参与配电网电压调节能力的测试。

（14）电压响应试验。测试在电压超过规定范围时，分布式电源互联接口与配电网断开的电压幅值和断开时间。电压幅值误差应在±2%范围内，断开时间应满足 Q/GDW 480—2010 相关规定。

（15）频率响应试验。测试在频率超过规定范围时，分布式电源互联接口与配电网断开的频率幅值和断开时间。频率幅值差值应在±0.05Hz 范围内，断开时间应满足

Q/GDW 480—2010 相关规定。

（16）逆功率保护试验。测试分布式电源接入点处出现逆功率时，分布式电源互联接口与配电网断开的逆功率幅值和断开时间。逆功率幅值误差应在 2%之内，断开时间应小于 0.2s。

（17）直流注入量试验。测试分布式电源通过变流器向配电网注入的直流分量。

（18）故障后恢复并网试验。测试配电网故障后，分布式电源互联接口在规定时间内恢复并网的性能。

试验方法为：将被试设备与模拟配电网（配电网）相连，所有参数调至被试设备正常工作条件；调节模拟配电网（配电网）电压幅值或频率，直至被试设备与配电网断开连接，保持 5min；对于接入 10kV 配电网的分布式电源，将模拟配电网（配电网）恢复至正常运行状态；对于接入 220V/380V 的分布式电源，将模拟配电网（配电网）恢复至正常运行状态，记录恢复并网时间；试验重复 5 次，测试结果取平均值。对于接入 220V/380V 的分布式电源，应在模拟配电网（配电网）恢复正常运行条件后的 20s～5min 之内自动并网；对于接入 10kV 配电网的分布式电源，应在发出指令后 20s 内实现并网，若有任一次不能正常并网，则不合格。

【思考与练习】

1. 何谓分布式电源接入配电网的互联接口？
2. 简述分布式电源的馈线自动化故障恢复主要依据哪些原则。
3. 简述非计划孤岛保护试验与控制方法。
4. 简述有功功率和功率因数运行监控方法与步骤。
5. 简述故障后恢复并网条件与监控技术方法。

◢ 模块 2 储能设备监控与控制（Z18H3002Ⅱ）

【模块描述】本模块包含储能设备接入监控与控制的内容。通过功能描述和举例介绍，在储能设备接入系统情况下的配网安全保护、独立运行、多电源运行机制分析等特性，掌握监控储能设备的基本要求以及检查异常告警信号进行控制的主要内容。

【正文】

一、定义与术语

储能系统（energy storage system）：储能系统是指通过电化学电池或电磁能量存储介质进行可循环电能存储、转换及放的设备系统。

二、一般性技术规定

储能系统接入配电网及储能系统的运行、监控应遵守相关的国家标准、行业标准和企业标准。

储能系统可通过三相或单相接入配电网，其容量和接入点的电压等级；200kW 以上储能系统宜接入 10kV（6kV）及以上电压等级配电网；200kW 及以下储能系统接入 220V/380V 电压等级配电网。

储能系统接入配电网不得危及公众或操作人员的人身安全。

储能系统接入配电网不应对电网的安全稳定运行产生任何不良影响。

储能系统接入配电网后公共连接点处的电能质量应满足相关标准的要求。

储能系统接入配电网不应改变现有电网的主保护配置。

储能系统短路容量应小于公共电网接入点的短路容量。

储能设备最大充放电电流值不应大于其接入点的短路电流值的 10%。

三、继电保护与安全自动装置

1. 一般性要求

储能系统的保护应符合 GB/T 14285 和 DL/T 584 的规定。

2. 元件保护

储能系统的变压器、变流器和储能元件应配置可靠的保护装置。储能系统应能检测配电网侧的短路故障和缺相故障，保护装置应能迅速将其从配电网侧断开。

储能系统应安装低压和过压继电保护装置，继电保护的设定值应满足表 14-2-1 的要求。

表 14-2-1 储能系统的电压响应时间要求

接入点电压	要求*
$U<50\%U_N$	最大分闸时间不超过 0.2s
$50\%U_N \leqslant U<85\%U_N$	最大分闸时间不超过 2.0s
$85\%U_N \leqslant U<110\%U_N$	正常充电或放电运行
$110\%U_N \leqslant U<120\%U_N$	最大分闸时间不超过 2.0s
$120\%U_N \leqslant U$	最大分闸时间不超过 0.2s

注 1. U_N 为储能系统接入点的电网额定电压。

2. 最大分闸时间是指异常状态发生到储能系统与电网切断连接的时间。

3. 对电压支撑有特殊要求的储能系统，其电压异常的响应时间另行规定。

储能系统的频率保护设定应满足表 14-2-2 的要求。

表 14-2-2   储能系统的频率响应时间要求

频率范围 f（Hz）	要　　求
$f < 48.0$	储能系统不应处于充电状态。 储能系统应根据变流器允许运行的最低频率或电网调度部门的要求确定是否与电网脱离
$48.0 \leqslant f < 49.5$	处在充电状态的储能系统应在 0.2s 内转为放电状态，对于不具备放电条件或其他特殊情况，应在 0.2s 内与电网脱离。 处于放电状态的储能系统应能连续运行
$49.5 \leqslant f \leqslant 50.2$	正常充电或放电运行
$50.2 < f \leqslant 50.5$	处于放电状态的储能系统应在 0.2s 内转为充电状态，对于不具备充电条件或其他特殊情况，应在 0.2s 内与电网脱离。 处于充电状态的储能系统应能连续运行
$f > 50.5$	储能系统不应处于放电状态。 储能系统根据变流器允许运行的最高频率确定是否与电网脱离

3. 系统保护

采用专线方式通过 10（6）～35kV 电压等级接入的储能系统宜配置光纤电流差动保护或方向保护，在满足继电保护选择性、速动性、灵敏性、可靠性要求时，也可采用电流电压保护。

4. 故障信息

对于供电范围内有储能系统接入 10（6）～35kV 电压等级的变电站应具有故障录波功能，且应记录故障前 10s 到故障后 60s 的情况。该记录装置应该包括必要的信息输入量。故障录波信息能够主送到相应调度端。

5. 同期并网

当电网频率、电压偏差超出正常运行范围时，储能系统应按照规定的响应时间要求选择以充电状态或放电状态启动。

储能系统应具有自动同期功能，启动时应与接入点配电网的电压、频率和相位偏差在相关标准规定的范围内，不应引起电网电能质量超出规定范围。接口是指储能系统与公用电网按规范互连的共享界面，如图 14-2-1 所示。

图 14-2-1　储能系统与配电网的接口示意图

【思考与练习】

1. 简述储能系统接入配电网一般性要求。
2. 简述储能系统接入保护与安全自动装置的设置方式。
3. 简述检查储能系统接入异常告警信号的方法与步骤。

▲ 模块 3 微网接入监控与控制（Z18H3003Ⅱ）

【模块描述】 本模块包含微网接入监控与控制的内容。通过功能描述和举例介绍，在微网接入系统情况下的配网安全保护、独立运行、多电源运行机制分析等特性，掌握微网接入的基本要求以及检查异常告警信号进行控制的主要内容。

【正文】

一、微电网接入系统特征

微电网是规模较小的分散的电力系统，采用了大量的现代电力技术，将燃气轮机、风电、光伏发电，燃料电池，储能设备等并在一起，直接接在用户侧。

对于大电网来说，微电网可被视为电网中的一个可控单元，它可以在数秒钟内动作以满足外部输配电网络的需求。

对用户来说，微电网可以满足他们特定的需求，如增加本地可靠性、降低馈线损耗、保持本地电压稳定、通过利用余热提高能量利用的效率及提供不间断电源等。

微电网和大电网通过 PCC（point of common cou–pling）进行能量交换，双方互为备用，从而提高了供电的可靠性。

微电网分为联网型微电网和独立型微电网两种类型。

联网型微电网通过 PCC 开关接入低压配电网，可以和低压配电网并列运行，也可以孤岛运行。

大容量的联网型微电网还具有与配电网协调运行的能力。

独立型微电网和配电网不相连，单独成网对负荷进行供电。

根据微网内部负荷类型、设备运行特点以及微网结构的不同，可将交流微网分为 3 种类型：系统级微网（system microgrid，SMG）、区域级（district microgrid，DMG）和单元级微网（unit microgrid，UMG）。微网结构和特征见表 14–3–1。

表 14–3–1 微 网 结 构 和 特 征

微网类型	结构特点	微网特性
SMG	电源及负荷类型丰富，包含大量 DG 及小规模传统电源，馈线多，层次复杂，可经多 PCC 并网	电源及负荷复杂，运行方式灵活，抗外网扰动的能力强

续表

微网类型	结构特点	微网特性
DMG	稳定性强的 DG 与重要负荷组成子单元接入馈线，馈线层次较为复杂，由单 PCC 并网	满足不同类型负荷对电能质量的要求，并网及孤岛 2 种运行方式下均具备足够的稳定性
UMG	由 DG 和负荷构成，为区域级微网组成单元，经单 PCC 并网	网架规模小，通常由稳定性强的 DG 和重要负荷组成，可用于保证较高的供电质量

二、微电网监控

微电网监控及能量管理系统分三层结构：监控及能量管理层、中央控制层、就地保护控制层。

1. 监控及能量管理层

监控及能量管理层完成微电网基本的 DDSCADA 功能、能量管理功能、对时功能及远动功能。

该层设备包括微电网综合监控及能量管理主站、实时兼历史服务器、远动主站、网络交换机、GPS 对时单元等。

2. 中央控制层

中央控制层主要完成微电网在不同工作模式下的控制决策功能。

该层设备包括微电网中央控制器、微电网负荷控制装置、微电网联络线控制装置、微电网规约转换器等。

3. 就地保护控制层

就地保护控制层负责对各种分布式电源、储能单元和负荷单元进行保护控制。

该层设备包括光伏逆变器、风机控制器和逆变器、储能 PCS 双向逆变器等设备、以及各种终端保护测控装置。

三、微电网应用举例

随着分布式电源的大规模并网，其对配电网规划和运营产生深刻的影响。在配电网运行方面，继电保护和安全自动装置配置和运行、电压调整和控制的实现、含微电网的配电网的规划设计、微电网的经济效益评估等问题日益凸显。

（1）"多侧"手拉手微电网接入网络拓扑如图 14-3-1 所示。

（2）微电网和低压配电网的连接结构如图 14-3-2 所示。

微电网由 DG 单元（DG1、DG2、DG3，且假定额定功率大小为 PDGI＞PLIC2＞PDG3，QDGI＞QDG2＞QDG3）、馈线、负荷、断路器等组成，每个 DG 单元由分布式电源、整流器、逆变器、储能装置、滤波器及控制器等构成。QF、QFl、QF2、QF3 分别为各支路断路器，可由微电网集中控制系统（micro grid central control system，MGCCS）经控制信号线（虚线）控制其通断，也可受自身 DG 单元控制。当 QF 闭合

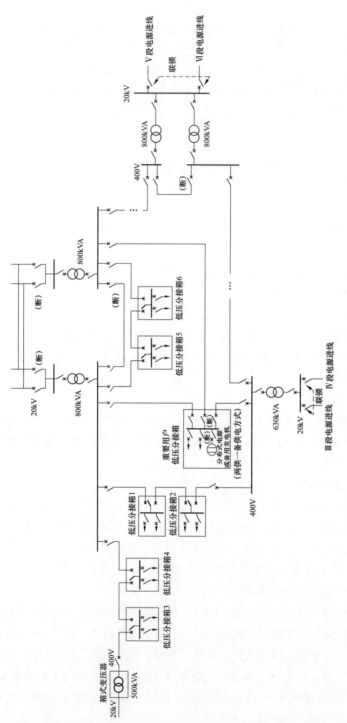

图 14-3-1 "多侧" 手拉手微电网接入网络拓扑图

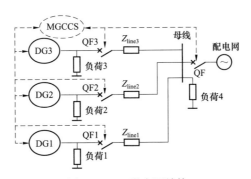

图 14-3-2　微电网结构

时，微电网并网运行；当 QF 断开时，微电网孤岛运行。为稳定逆变器直流侧电压，在逆变器直流侧装有容量足够的储能装置。

（3）三种微网拓扑现场应用结构如图 14-3-3 所示。

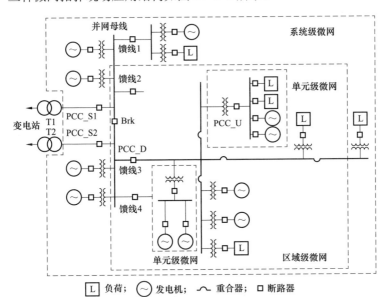

□ 负荷；⊙ 发电机；⌒⌒ 重合器；□ 断路器

图 14-3-3　三种微网拓扑现场应用结构

【思考与练习】

1. 简述微电网接入配电网系统主要特征。

2. 微电网安全保护、独立运行监控的主要包括哪些内容？

3. 以微电网接入网络拓扑为例说明监控异常告警信号的主要步骤。

模块 4 多电源安全保护、故障监控与控制

（Z18H3004Ⅲ）

【模块描述】 本模块包含多电源安全保护、故障的监控与控制的内容。通过概念讲解、方法介绍和要点归纳，掌握多电源安全保护、故障判断与监控，掌握分布式电源/储能设备/微网接入、运行、退出监控工作步骤及其注意事项。

【正文】

一、分布式电源监控系统

1. 分布式电源监控系统

实现分布式电源运行监视和控制的自动化系统，具备数据采集和处理、有功功率调节、电压无功控制、孤岛检测、调度与协调控制及与相关应用系统互联等功能。主要由分布式电源监控主站、分布式电源监控子站、分布式电源监控终端和通信系统等部分组成。

2. 并网点

对于通过变压器接入公共电网的电源，并网点指与公用电网直接连接的变压器高压侧母线。对于不通过变压器直接接入公共电网的电源，并网点指电源的输出汇总点，并网点也称接入点。

二、监控与控制功能

（1）分布式电源监控主站是分布式电源监控、管理的中心，主要实现分布式电源数据采集与监控、保护与并网控制等基本功能和远方孤岛检测、有功调节、电压无功控制、调度及协调控制等选配功能。

（2）分布式电源监控子站为优化系统结构层次、提高信息传输效率、便于分布式电源监控系统组网而设置的中间层，实现所辖范围内的信息汇集、处理、通信监视等功能。

（3）分布式电源监控终端安装于分布式电源侧，实现分布式电源数据采集、保护、控制、本地孤岛检测、通信等功能。

三、应用举例

分布式电源监控系统主要由分布式电源监控主站、分布式电源监控终端、分布式电源监控子站和通信系统组成，系统体系结构见图 14-4-1。

（1）分布式电源监控主站是监控、管理的中心，其独立建设只适应于未建或已建配电自动化系统但未包含"分布式电源监控功能"的地区，并实现与其他相关应用系统（调度自动化系统、用电信息采集系统等）互联。

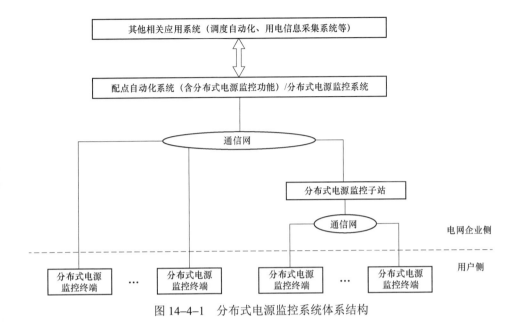

图 14-4-1　分布式电源监控系统体系结构

（2）分布式电源监控终端是安装在分布式电源侧的自动化装置，根据分布式电源容量、接入位置及接入配电网的电压等级，配置不同的功能。

（3）分布式电源监控子站是主站与终端的中间层设备，用于通信汇集和处理；通信系统是连接分布式电源监控主站、监控终端和监控子站之间实现信息传输的通信网络。

【思考与练习】

1. 什么是分布式电源监控系统？

2. 分布式电源监控主要实现哪些功能？

3. 以分布式电源监控系统分析接入、运行、退出监控工作步骤及其注意事项。

第五部分

配电网图形和数据维护能力

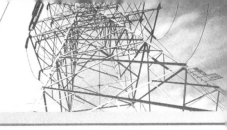

第十五章

配电网单线图维护

◢ 模块 1　低压配电网图等维护（Z18I1001 I ）

【模块描述】　本模块包含低压配电网图新增与变更的内容，通过图形维护原则及方法讲解、案例介绍，掌握低压配电网（380V/220V）的网络拓扑、相关设备参数和运行数据等维护以及注意事项。

【正文】

一、低压配电网图维护的作用

低压配电网图维护实现了对配电低压设备的图形化管理，将设备以图形的方式展现，它实现了现场设备的信息化，方便了人员对运行、检修的管理及抢修工作的开展。根据不同的设备可分为变压器、电杆、导线、电缆、电缆头、分电箱、接户线及表箱等图形。

二、低压配电网图维护操作步骤

以下通过案例介绍低压配电网图维护及操作步骤。

（1）通过设备（资产）运维管理系统（PMS）登录，选择具有操作权限的角色。

（2）在系统功能树中点击安全生产管理下的图形管理，在图形编辑中选取配电图形编辑。

（3）进入配电图形编辑系统，在左侧功能菜单中选择"设备树"，在"设备树"中选择一条中压线路，左键点击"+"，左键点击"杆上配变"，为"台区演示"配变建立低压台区步骤如下（为了便于演示，举例低压台变图的建立如图 15-1-1 所示）：

1）将光标移至"台区演示"配变后单击右键，在下拉菜单中左击新增低压线路栏。

2）填写台账信息，填写完成后"确定"。

3）演示的低压台区。

4）依照图示指示打开"演示线路"，然后点击"编辑一次图"。

三、实例维护

（1）新建低压台区图（见图 15-1-2）。

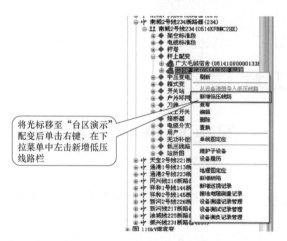

将光标移至"台区演示"配变后单击右键，在下拉菜单中左击新增低压线路栏

图 15-1-1 低压台变图的建立

1）点击"增加"按钮。

2）选择"公用变压器"图元。

3）点击鼠标左键。

4）选择"电杆"图元。

5）沿线路走向连续点击左键，批量生成杆线。

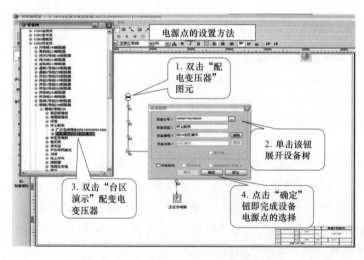

电源点的设置方法

1. 双击"配电变压器"图元

2. 单击该钮展开设备树

3. 双击"台区演示"配变电变压器

4. 点击"确定"钮即完成设备电源点的选择

图 15-1-2 新建低压台区图的绘制过程

（2）继续增加支线电线杆。

（3）增加"低压分电箱"及连接低压电缆。

（4）图形整理，将维护设备调整为整齐。

（5）接户线的图形维护。

1）选择导线和电缆图元的切换钮。

2）接户线图元。

3）在低压图中选择导线接户线或电缆接户线图元。

（6）接户线台账维护。

1）设备图元在编辑图中进行。

2）设备台账在设备树中维护。

3）采用"信息链接"的方式。

四、注意事项

（1）在进行图形维护时，应依据设备类型选择恰当的图元，不可随意使用图元，因为不同的图元所对应的设备树台账各不相同。

（2）从总体的美观出发，图形应设定统一的大小，以免在图纸中出现图元忽大忽小的现象。

（3）在进行设备台账数据的维护时，应确保台账与设备图元一致，不可随意点选图元来进行台账维护。

（4）台账中的"*"号栏为必填项，其他空白栏可根据管理需求进行填写。

（5）台账中的一些信息还牵涉与财务（固定资产）、营销（用户挂接）以及 GIS系统（坐标）等工作的开展，填写时一定要先明确它们之间的关系以及填写的要求，切不可随意填写。

【思考与练习】

1. 简述低压配电网图维护的作用。

2. 低压配电网图维护包含哪些图元？

3. 图元维护应注意哪些事项？

4. 低压设备台账维护应注意哪些事项？

▲ 模块2　中压配网单线图等维护（Z18I1002Ⅱ）

【模块描述】本模块包含中压配电网单线图新增与变更的内容，通过图形维护原则及方法讲解、案例介绍，掌握中压配电网（包括 10、20kV）的馈线电气单线图、网络拓扑等信息维护以及注意事项。

【正文】

一、中压配电网单线图维护的作用

中压配电网单线图维护实现了对配电中压设备的图形化管理，将设备以图形的方式展现，它实现了现场设备的信息化，方便了人员对运行、检修的管理及抢修工作的开展。根据不同的设备可分为变压器、杆塔、导线、电缆头、站房等图形。

二、中压配电网单线图维护操作步骤

以下通过案例介绍中压配电网图维护及操作步骤。

（1）通过设备（资产）运维管理系统（PMS）登录，选择具有操作权限的角色。

（2）在系统功能树中点击安全生产管理下的图形管理，在图形编辑中选取配电图形编辑。

（3）配电图形编辑系统，在左侧功能菜单中选择"设备树"，在"设备树"中选择一条中压线路，点击右键，在弹出菜单中选择编辑一次图。

（4）打开图形编辑器，弹出提示"编辑的设备没有所属图纸，是否新建？"，点击"是"。

（5）弹出画面属性维护界面，在特性页面，可以选择是否使用模板；在画面页面，可以设置纸张大小、宽度、方向；在大小页面，可以设置设备图元、设备文字的大小。点击确定，画面属性设置完毕，开始绘制单线图。

（6）在开始绘图之前，先简单介绍图形编辑器的布局（见图15-2-1）。

1）在图形编辑器的上侧是配电图形编辑器日常工具区域，包括放大、缩小、移动、打印等功能。

2）在图形编辑器的左侧是配电图形编辑器图形绘制工具栏。

3）在图形编辑器的右侧是配电设备图元区域。

4）在图形编辑器的中间是图形绘制区域。

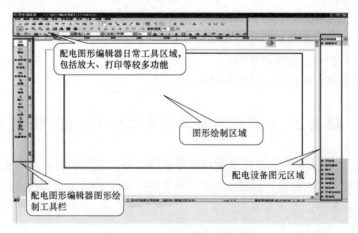

图 15-2-1 图形编辑器的布局

三、实例维护

绘制一张中压线路单线图，如图 15-2-2 所示。

（1）画出变电站。在配电设备图元中打开子站类，选择变电站图元，在图形编辑器工具栏中选择增加，在图形绘制空白区域，单击左键画出变电站。

图 15-2-2　绘制一张中压线路单线图

（2）画出变电站出线开关。在配电设备图元中打开开断类，选择变电站出线开关图元，在变电站下方空白区域，单击左键画出变电站出线开关。

（3）画出首根杆塔。在配电设备图元中打开杆塔类，选择耐张栓杆图元，在变电站出线开关下方空白区域，单击左键画出首根杆塔。变电站出线开关与首根杆塔之间一般用电缆连接。

（4）画出电缆。在配电设备图元中打开电缆类，选择终端头图元，在图形编辑器工具栏中选择插入，左键单击变电站出线开关和首根杆塔之间的连接线，插入电缆终端头。

（5）画出线路。在配电设备图元中打开杆塔类，选择直线混凝土杆图元。

在图形编辑工具栏中选择批量增加，在首根杆塔右侧空白区域，单击左键设定起点和终点；输入批量增加杆塔的数据，点击确认，批量画出多根杆塔。

（6）画出公共变压器。在配电设备图元中打开变压器类，选择公用变压器图元；在图形编辑工具栏中选择选源，左键单击一个设备，设定为源点；在设备下侧空白区域，单击左键画出公用变压器。

（7）参照公用变压器画出其他类型的设备，比如中压变电所、箱式变、中压用户等。图形绘制完成后，可以使用批量整形功能（Ctrl+1），按照横平竖直排列好图形。

通过以上步骤绘制的中压线路单线图如图 15-2-3 所示。

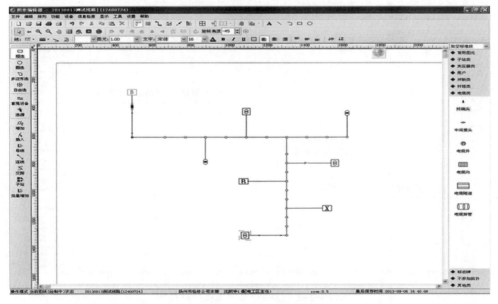

图 15-2-3 中压线路单线图

【思考与练习】

1. 简述中压配电网单线图维护的作用。

2. 中压配电网单线图应包含哪些图元？

3. 中压配电网图元维护中应注意哪些事项？

第十六章

配电网 GIS 平台系统图与站内图维护

▲ 模块 1　GIS 平台配电网图元信息等维护（Z18I2001 I）

【**模块描述**】本模块介绍 GIS 平台查询配电网络图的基本要求，通过图形维护原则及方法讲解、案例介绍，掌握 GIS 平台配电网图元信息等维护方法和技能。

【**正文**】

一、GIS 平台的功能及作用

1. GIS 简介

（1）地理信息系统（Geographic Information System，GIS）作为对地域空间分布相关的地理数据及其属性数据进行采集、存储、管理、分析的软件系统和开发工具，是一个图形与数据的系统，它不仅能将所需要的数据更形象、更直观地与图形紧密联系起来，而且能把结果以图形的方式显示出来，这给管理决策人员以科学、更直观、更准确、更及时地制定计划、处理问题提供了依据。

（2）配网 GIS 系统以 GIS 为基础，提供基于电子地图的配网信息的直观管理，解决了 PMS 系统中无法反映设备地理位置信息的缺点，能实现相关业务办理流程管理、停送电管理等功能，实现配网消息的规范性、准确性和完整性。

2. GIS 平台的作用及意义

（1）应用国网 GIS 平台建立全信息"环县数字电网模型"，实现配电设备的图形信息、属性信息与地理信息的有机结合、并有效地实现与电网综合自动化系统中相关实时信息的共享，为日后移动作业工作的开展提供支持。

（2）为配电网的设计、运行、调度、安全管理、业扩报装、综合服务、故障抢修等方面提供及时、准确、丰富的信息支持和辅助决策支持；同时为有效开拓电力市场、提高企业经济效益和社会效益提供科学手段。

二、GIS 平台配电网图元信息维护操作步骤

以下通过案例介绍 GIS 中配电网图元维护及操作步骤。

1. 配电 GIS 应用模式

保持现有生产管理系统 PMS 配电单线图功能，单线图图纸审核发布前，由配电系统（PMS）向 GIS 平台传入线路设备与设备连接关系等信息，调用电网 GIS 平台数据校验规则，验证通过后，自动将单线图纸沿布到国网 GIS 地理图上。

2. GIS 平台沿布工具（网页版）

（1）系统登录，如图 16-1-1 所示。

1）在 IE 浏览器，打开登陆地址，输入用户名、密码，单击登录系统。

2）接着选择具有操作权限的角色，点击登录系统。

（a）

（b）

图 16-1-1　系统登录

（a）选择操作权限；（b）选择线路设备

3）进入系统后，首先在右上角的"部门"栏目中选择需要操作线路所在的部门，系统会自动过滤出该部门下的线路。接着在线路类型下拉框中左键单击选择所需的线路类型，如配电线路。

4）接着在上方的搜索框内输入需要查看或操作的中压线路、低压台区名称（支持模糊查询），在下拉菜单中选择相应的线路单击即可进行定位。

5）双击选中线路即可进入编辑查看页面。

（2）编辑查看页面功能介绍。如图 16-1-2 左侧为设备导航图，右侧为地理图视图。

1）搜索功能。在设备导航树的搜索文本框中输入设备名称的关键字，可在下拉文本框中，用鼠标点选可以在导航树上定位到该设备。

2）定位比例尺。定位比例尺可以对当前用户进行设备定位和沿布时地图缩放的比例尺进行设置。如当用户将比例尺定为 1:500 时，在定位或沿布设备时，地理图显示比例就为 1:500。

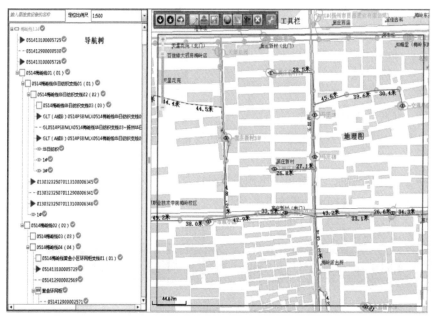

图 16-1-2　页面功能

3）设备导航树。设备导航树展示了用户选择的线路的所有设备列表。用户通过导航树进行设备管理，该导航树采用的是树状结构，把电源点作为顶级结点，依据电流方向从上往下挂接排列设备顺序。如果某一个设备有分支线路，那么在导航树上该设备节点下便有子节点，并且依据分支线路走向依次排列分支设备的顺序。通过对导航树的所属关系，可以方便地将导航树上的设备进行定位。在本系统中，通过导航树的右键菜单可以定位、沿布设备。

设备导航树设备名称的左边是设备的类型符号，设备名称后面的符号表示设备的状态。在鼠标移动到导航树某设备上时会自动显示该设备的类型。以下是关于设备状态图标的说明：

⊘表示该设备已经有坐标。

⊗表示该设备没有坐标。

⚠表示连接该设备的线设备或是线设备本身长度超过此类型设备的最大长度。

4）设备类型图标如下：

- - ：电缆   ⊟：断路器

□：运行杆塔   ⬤▷：配电—柱上变压器

📱：用电—高压用户受电点   ⤙：配电—柱上负荷开关

📱：用电—低压用户点   ▥：用电—计量箱

KG：配单—开关站   PD：配电站（市）

HB：环网箱式变压器   XB：箱式变压器

DF：电缆对接箱   ▤：低压—电缆分支箱

HW：环网柜   DP：低压配电箱

BC：低压—无功补偿箱   ▶：配电—电缆终端头

5）设备定位。右键单击某一个有坐标的设备，可以对该设备定位（也可以直接双击设备）。

6）手动沿布坐标。右键单击电源点以外的某一个设备，选择"手动沿布"，可以在地理图对该设备进行手动沿布。

7）工具栏。设备编辑工具栏如图 16-1-3 所示：

图 16-1-3　设备编辑工具栏

三、维护操作注意事项

（1）GIS 平台沿布工具中有"沿布状态"，根据不同的"沿布状态"值，可以指导进行数据整改。表 16-1-1 为 GIS 平台沿布工具中有"沿布状态"分析及处理办法。

表 16-1-1 GIS 平台沿布工具中有"沿布状态"分析及处理办法

状态	意义说明	处理方法	处理人
与 PMS 版本不一致	GIS 中间表 SYS_DEVICE_CHANGED 与 PMS 比较，数据有差异，或是 GIS 数据未更新	在 PMS 重新提交单线图流程	配电人员
配电设备未沿布	营销以外的生产设备未沿布	坐标补填工具中整改	配电人员
营销设备未沿布	营销未沿布	坐标补填工具中整改	营销人员
成功	沿布成功	—	—
坐标不合理	有过长的线设备	坐标补填工具中整改	配电人员

（2）沿布工具中存量数据的整改。

1）双击定位到的线路，打开设备窗口。

2）查找名称为红色字体带有 ⊗ 未沿布设备。

3）右击"手动沿布"。

4）检查名称为黄色字体带有 ⚠ （表示坐标可能有问题）的设备，右击定位，查看设备地理位置是否有问题。

5）对地理位置有偏移的设备，用设备编辑工具 📝 进行设备移动。如果是电缆，可以进行电缆节点编辑。

6）红色字体带有 ⊗ 与黄色字段带有 ⚠ 的设备全部处理完成后，点击回填，将正确的坐标回填 PMS。

7）使用提交沿布 📊，将重新获取的正确坐标的线路在 GIS 中重新沿布。

【思考与练习】

1. 简述 GIS 平台的基本功能及作用。

2. 以 10kV 单线图为例，说明如何应用 GIS 平台沿布工具维护地理信息。

3. 沿布工具中配电网图元信息维护操作应注意哪些事项？

◢ 模块 2　GIS 平台配电网系统图等维护（Z18I2002Ⅱ）

【模块描述】本模块介绍 GIS 平台图元信息新增与变更的基本要求，通过图形维护原则及方法讲解、案例介绍，掌握 GIS 平台配电网系统图、站内图等信息维护方法和技能。

【正文】

一、定义及术语

1. 电网地理信息服务平台

电网地理信息服务平台（简称电网 GIS 平台）是构建在 SG186 工程一体化平台之内，实现电网资源的结构化管理和图形化展现，为各类业务应用提供电网图形和分析服务的企业级空间信息服务平台。数据范围涵盖输变配用电网属性数据、空间数据和拓扑数据、电网地理信息服务平台的主要功能包括基础图形管理、电网资源模型构建、电网专题图管理等，并对外提供各类电网图形及电网分析服务。

2. 系统图

（1）定义：按照电网模型拓扑关系规则，依据一定的排布成图规则和特定数据类型，从地理电网模型抽取的反映区域电网连接关系的逻辑系统图。

（2）设备要素：包括电气接线图中的开关、变压器、电气导线电缆等主设备。

（3）布局：系统美化后能清晰反映电网设备和主节点的连接关系分布。

3. 线路沿布图

（1）定义：将地理电网接线图中单条线路（馈线）以地理走向形式展现的，反映电网设备连接关系和状态的单线系统图。

（2）设备要素：线路沿布图包含的设备类型与单线图一致。

（3）数据边界：根据拓扑判定线路电气关系，从出线开关到末端站房/用电设备，或者线路联络开关为止（包含联络开关），如果联络在站房内（如环网柜），到该站房为止。

（4）布局：按真实地理走向展布。

二、重要 GIS 服务接口及操作

以下重点介绍配电自动化系统用来获取 SVG/CIM 交换文件的 8 个重要 GIS 服务接口，更多 GIS 服务接口请参考 Q/GDW 701《电网地理信息服务平台（GIS）电网图形共享交换规范》。

1. 获取单线图的 SVG 图形

（1）操作描述。

操作名称：getSingleLineDiagramSVGExt。

操作功能：返回指定单线图、指定业务系统的 SVG 图形数据。

（2）输入参数说明。

Token：系统授权的连接令牌。

PSRURI：线路唯一标识 URI。

SLDType：按业务应用实际对单线图的分类。如 1 为 PMS 对应的线图，数值为 2

表示为 DMS 对应的单线图。参数不能为空。

2. 获取单线圈的 CIM 拓扑模型

（1）操作描述。

操作名称：getSingleLineDiagramCIMExt。

操作功能：返回指定单线图、指定业务系统的 CJM 拓扑模型数据。

（2）输入参数说明。

Token：系统授权的连接令牌。

PSRURI：线路唯一标识 URI。

SLDType：按业务应用实际对单线图的分类。如 1 为 PMS 对应的线图，数值为 2 表示为 DMS 对应的单线图。参数不能为空。

3. 获取系统图的 SVG 图形

（1）操作描述。

操作名称：getPowerSystemDiagramSVGExt。

操作功能：返回指定系统图、指定业务系统的 svG 图形数据。

（2）输入参数说明。

Token：系统授权的连接令牌。

MapID：系统图唯一标识 ID，可通过专题图服务中的系统图信息查询操作获取。

WDType：按业务应用实际对单线图的分类。如 1 为 PMS 对应的线图，数值为 2 表示为 DMS 对应的单线图。参数不能为空。

4. 获取系统图的 CIM 拓扑模型

（1）操作描述。

操作名称：getPowerSystemDiagramCIMExt。

操作功能：返回指定系统图、指定业务系统的 CIM 拓扑模型数据。

（2）输入参数说明。

Token：系统授权的连接令牌。

MapID：系统图唯一标识 ID，可通过专题图服务中的系统图信息查询操作获取。

WDType：按业务应用实际对单线图的分类。如 1 为 PMS 对应的线图，数值为 2 表示为 DMS 对应的单线图。参数不能为空。

5. 获取站内一次接线图的 SVG 图形

（1）操作描述。

操作名称：getWiringDiagram SVGExt。

操作功能：返回指定站房、指定业务系统的站内一次接线图 SVG 图形数据。

（2）输入参数说明。

Token：系统授权的连接令牌。

PSRURI：站房唯一标识 URI。

WDType：按业务应用实际对单线图的分类。如 1 为 PMS 对应的线图，数值为 2 表示为 DMS 对应的单线图。参数不能为空。

6. 获取站内一次接线图的 CIM 拓扑模型

（1）操作描述。

操作名称：getWiringDiagramCIMExt。

操作功能：返回指定站房、指定业务系统的站内一次接线图的 CIM 拓扑模型数据。

（2）输入参数说明。

Token：系统授权的连接令牌。

PSRURI：站房唯一标识 URI。

GLDType：按业务应用实际对单线图的分类。如 1 为 PMS 对应的站内一次接线图，数值为 2 表示为 DMS 对应的站内一次接线图。参数不能为空。

7. 获取线路沿布图的 SVG 图形

（1）操作描述。

操作名称：getGeoLineDiagramSVGExt。

操作功能：返回指定线路、指定业务系统的沿布图 SVG 图形数据。

（2）输入参数说明。

Token：系统授权的连接令牌。

PSRURh 线路唯一标识 URI。

GLDType：按业务应用实际沿布图的分类。如 1 为 PMS 对应的沿布图，数值为 2 表示为 DMS 对应的沿布图。参数不能为空。

8. 获取线路沿布圈的 CIM 拓扑模型

（1）操作描述。

操作名称：getGeoLineDiagramCIMExt。

操作功能：返回指定线路、指定业务系统的线路沿布图的 CIM 拓扑模型数据。

（2）输入参数说明。

Token：系统授权的连接令牌。

PSRURh 线路唯一标识 URI。

GLDlype：按业务应用实际对沿布图的分类。如 1 为 PMS 对应的线路沿布图，数值为 2 表示为 DMS 对应的线路沿布图。参数不能为空。

三、GIS 平台信息维护应用举例

1. 单线图 SVG/CIM（见图 16-2-1）

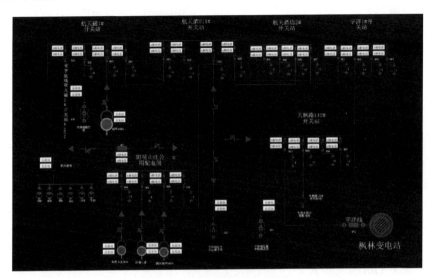

图 16-2-1　单线图 SVG 图形

2. 线路沿布图 SVG/CI 一数据举例

线路沿布图的 SVG/CIM 交换数据是一个文件夹，包括多个站房的一次接线图和一个包括站外设备、线路、站房的总的图形、模型数据，下面的示例为线路沿布图总的图形、模型数据。

3. 厂站一次接线图 SVG/CIM 一数据举例（见图 16-2-2）

图 16-2-2　厂站一次接线图图形

【思考与练习】

1. 简述 GIS 平台系统图、线路沿布图实现的主要功能。

2. 上机熟悉 8 种重要 GIS 服务接口并练习相关操作，各自有哪些不同注意事项？

3. 上机练习熟悉线路沿布图的 SVG/CIM 交换数据过程。

◢ 模块 3 GIS 平台配电网设备与拓扑图等维护 （Z18I2003Ⅲ）

【模块描述】本模块介绍 GIS 平台网络拓扑设备新增与变更的基本要求，通过图形维护原则及方法讲解、案例介绍，掌握 GIS 平台配网相关设备参数、实时数据和历史数据、网络拓扑图等维护方法和技能。

【正文】

一、维护操作应用步骤

以下通过案例介绍 GIS 平台配电网设备与拓扑图等维护及操作步骤。

1. 配电 GIS 应用模式

保持现有生产管理系统（PMS）配电单线图功能，单线图图纸审核发布前，由配电系统（PMS）向 GIS 传入线路设备与设备连接关系等信息，调用电网 GIS 平台数据校验规则，验证通过后，自动将单线图纸沿布到国网 GIS 地理图上。

2. GIS 平台操作步骤

由配电 GIS 应用模式可知，GIS 平台配电网中需维护的设备图元其实是由配电 PMS 系统中传入的。在对中、低压设备进行操作时，存在一些不一致的地方，所以下面将其分开说明。

二、中压设备信息维护

针对在 PMS 中压单线图中存在或新增的中压设备进行地理坐标维护时，存在两种方法：

（1）直接在 PMS 系统中在对设备台账进行编辑时，添加已采集回来的坐标经纬度。

1）图 16-3-1 为 PMS 的配电图形编辑界面，在该界面右击已新增或原有的无坐标的设备，然后在出现的菜单中单击选择"编辑设备台账"。

2）在出现的台账列表中填写现场采集回来的坐标经纬度。

3）填写完成后单击"确定"。然后提交 PMS 单线图流程，提交过程中将会调用配电网 GIS 平台数据校验规则，在验证通过后，系统会自动将单线图纸沿布到国网 GIS 地理图上。

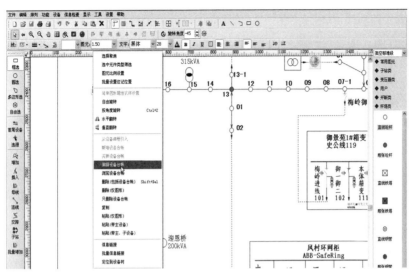

图 16-3-1　PMS 的配电图形编辑界面

（2）利用 PMS 系统在提交单线图的过程中会自动对 GIS 坐标进行"强校验"的功能进行图元的信息维护。

1）配网单线图中新增设备时，按 PMS 正常操作流程维护台账，经综合检查无其他问题后提交 PMS 单线图流程，因为未对新上设备进行坐标维护，系统会报错误。

2）确认缺少坐标的设备后，点击"退出"按钮。在新弹出的对话框"是否通过 GIS 工具修正坐标及电缆导线长度限制"里选择"是"，即可进入 GIS 平台 BS 模块的编辑查看页面。

3）在左侧设备树中找到显示打"❌"的设备，该设备就是原 PMS 单线图中新增的设备，右击该设备，选择"手动沿布"即可在右侧图纸中手动将该设备摆放至相应的地理位置。

4）维护完成后，单击工具栏中的（全部回填）"🔺"按钮，确保坐标已回填至生产管理 PMS 系统中，单击右上角的"❎"，关闭页面。在新跳出的窗口"GIS 数据验证校验不通过，图纸无法提交！"中单击"确定"。

5）完成对无坐标设备的信息维护后，只需要再重新提交 PMS 单线图流程即可。

（3）两种方法各自特点。

1）第一种直接在设备台账中录入坐标经纬度的方法，精确度较高，现在普遍使用的坐标采集设备精确度可以达到 2～5m，好的设备可以达到 1m。但是这种方法需要耗费大量的人力去现场采集每一个设备的坐标，还需要将采集回来的坐标一个个填入设备台账中，费时费力。

2）第二种利用 PMS 系统在提交单线图的过程中会自动对 GIS 坐标进行"强校验"的功能进行图元地理位置维护的方法较为便捷，只要有对现场比较熟悉的人员指导，很快就能完成，也不需要大量配置坐标采集设备，节省了人力物力。但是这种方法维护的图元信息精确度较差。

三、维护操作注意事项

（1）新增的中压设备在提交 PMS 流程时，如果未在台账中录入坐标经纬度，一般都会提示"设备坐标未录入"，但是由于系统原因，在实际操作中发现变压器、开关类设备不会报错，而是可以顺利提交图纸，即对这类设备未实现"强校验"。

（2）实际操作流程中需要对已经通过 PMS 流程，在 GIS 系统中待沿布的线路进行一次检查，发现未沿布的配电变压器及开关及时手动沿布。

【思考与练习】

1. 简述 GIS 平台配电网设备与拓扑图应用操作步骤。

2. GIS 平台中压单线图中如何维护一台配变地理信息？

3. 简述围绕 GIS 系统中对未沿布设备的手工沿布方法。

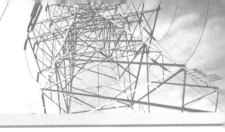

第十七章

电气图形、拓扑模型设备数据维护

▲ 模块 1　配电网电气图形等设备数据维护
（Z18I3001 Ⅱ）

【**模块描述**】本模块包含配电网电气图形、拓扑模型的来源等基本功能，通过图形维护原则及方法讲解、案例介绍，掌握相关应用系统（如上一级调度自动化系统、配网自动化系统、电网 GIS 平台、生产管理系统等）配电网设备数据等维护和处理方法。

【**正文**】

一、配电网电气图形等设备数据维护的作用

配电网电气图形等设备数据维护实现了对配电中、低压设备的台账化管理，将现场设备的台账以数字信息的方式展现，实现了现场设备的信息化，方便了人员对运行、检修的管理及抢修工作的开展。根据设备的等级分可分为中压、低压台账；按设备的类型分可分为变压器、杆塔、导线、电缆头、站房、接户线及表箱等台账。

二、设备数据维护操作步骤

配电网电气图形等设备数据维护包括中压设备数据台账维护和低压设备数据台账维护，下面以中压配电网电气图形等设备数据维护两个案例进行介绍。

（1）弹出画面属性主设备台账维护界面（见图 17-1-1），开始维护主设备的台账，其中"*"号的是必填项，不加"*"号的是选填项。维护完主设备台账，点击"维护子设备"进入子设备维护入口。

（2）点击"新增"，填写选项卡上相关设备信息，其中"*"号的是必填项，不加"*"号的是选填项。

（3）从单线图中维护主设备台账。找到相关线路单线图，右键选择"编辑一次图"。打开相关线路的一次单线图编辑页面。

（4）在单线图上单击左键选中待编辑设备，"右键"选取"新增设备台账"界面（见图 17-1-2）。

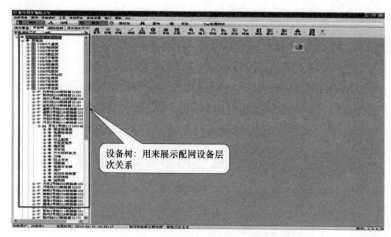

图 17-1-1 主设备台账维护界面

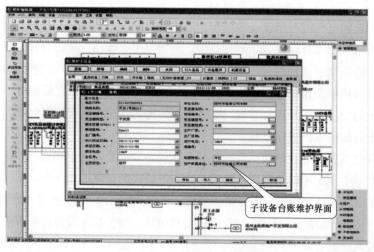

图 17-1-2 新增设备台账界面

（5）进入新增主设备台账维护及子设备维护界面（见图 17-1-3），同上表达，不再赘述。

图 17-1-3　子设备维护界面

【思考与练习】

1. 按配电网设备分类包含哪些数据维护工作？

2. 以中压线路为例说明设备数据维护操作步骤。

3. 电气图形维护中应注意哪些事项？

模块 2　配电网络拓扑图等信息唯一性核查与动态维护 （Z18I3002Ⅲ）

【模块描述】　本模块包含相关应用系统信息交互唯一性等基本要求，通过图形维护原则及方法讲解、案例介绍，掌握调度自动化系统、配网自动化系统、电网 GIS 平台、生产管理系统等信息唯一性核查与动态维护及其注意事项。

【正文】

一、信息唯一性核查与动态维护的作用

配电网络拓扑图等信息唯一性核查是对系统维护过程中正确性的检查。不仅检查图元、台账等信息是否有遗漏，还对设备之间的连通关系进行检查。动态维护是实现与调度、营销、可靠性、GIS、线损、财务等系统之间信息一致性的基础，并且及时、正确地动态维护，才能实现各系统自身的正常运行。

二、配电网络拓扑图等信息唯一性核查操作步骤

配电网络拓扑图等信息唯一性核查主要包括配电网低压设备拓扑唯一性检查和中压设备拓扑唯一性检查。

1. 低压设备拓扑唯一性检查维护

（1）进入维护低压线路台区的画面，维护图示设备和台账后，点击"信息检查"。图 17-2-1 是拓扑图及台账检查。

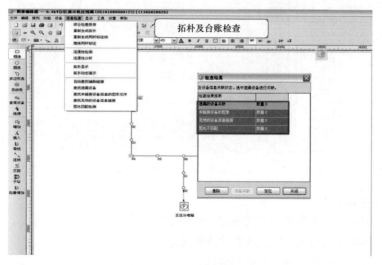

图 17-2-1 拓扑图及台账检查

（2）在信息检查中点击"综合检查报告"按钮。

（3）点击"综合检查报告"后，PMS 系统会对"遗漏的设备关联""未链接的设备图素""无效的设备信息链接""图元不匹配"4 个大类进行信息唯一性核查报告。报告中 4 个大类的数量值应该都为 0。

（4）当点击"综合检查报告"所得出的检查结果对话框中有数量值不为 0 的选项时，会有异常设备明细提示，双击明细，系统会自动定位异常设备图，此时可根据定位后的异常设备信息逐一进行整改。在整改完成后，再次进行"综合检查报告"，无异常后，就可以提交入库了。

（5）在图形编辑器的主菜单"信息检查"中的子菜单里，还有很多可以用来帮助查找问题的功能，如"连通性检测""拓扑动态演示"，都可以对维护的图形，网络拓扑唯一性信息进行核查。

2. 表箱设备拓扑唯一性检查维护

（1）挂接。表箱自动挂接的准确性，不仅对户变关系重要，对户点关系更为重要，这需要生产与营销两部门互相协作，图 17-2-2 为营销系统表箱维护生成界面，点击"是"按钮后，系统会对表箱设备进行自动绘制设备图，并连接设备。

（2）拓扑和唯一性检查，自动挂接完成后点击"综合检查报告"所得出的检查结果对话框中有数量值不为 0 的选项时，会有异常设备明细提示，双击明细，系统会自动定位异常设备图，此时可根据定位后的异常设备信息逐一进行整改。在整改完成后，再次进行"综合检查报告"，无异常后，就可以提交入库了。

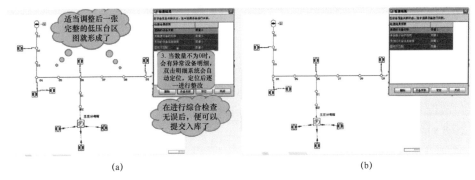

图 17-2-2　营销系统表箱维护生成界面

（a）表箱维护绘制界面；（b）表箱维护确认界面

3. 中压设备拓扑唯一性检查维护

（1）在生产管理系统（PMS）中压单线图绘制及设备台账信息维护完成后点击"信息检查"中的"综合检查报告"按钮。

（2）点击"综合检查报告"后，PMS 系统会对"遗漏的设备关联""未链接的设备图素""无效的设备信息链接""图元不匹配"4 个大类进行信息唯一性核查报告。报告中 4 个大类的数量值应该都为 0。

（3）当点击"综合检查报告"所得出的检查结果对话框（见图 17-2-3）中有数量

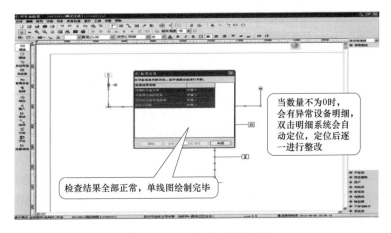

图 17-2-3　检查结果对话框

值不为 0 的选项时，会有异常设备明细提示，双击明细，系统会自动定位异常设备图，此时可根据定位后的异常设备信息逐一进行整改。在整改完成后，再次进行"综合检查报告"，无异常后，就可以提交入库了。

三、配电网络拓扑图等信息动态维护操作步骤

配电网络拓扑图等信息动态维护主要包括配电网低压设备异动维护和中压设备异动维护。

设备异动（拆分工作）的完整性（针对生产、营销而言）：设备在做异动过程中，不仅要精确到杆，还应精确到户（表箱）。因此，在低压改造方案中，不仅要有低压台区的改造方案，还要有切分点表箱的变动信息，这需要生产和营销在施工方案的审核中，要对各自管辖的设备负责把关。

1. 低压设备异动的维护

（1）选择所要异动的设备（见图 17-2-4）。拉框选中要异动的设备，然后光标在被选中的设备上点击右键，在弹出的对话框中，选择"定义图块"。

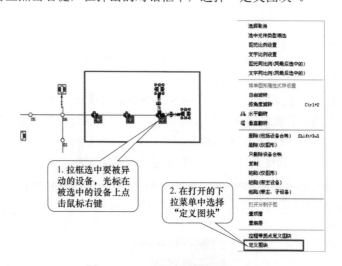

图 17-2-4 选择所要异动的设备

（2）需要异动的设备被蓝色边框选中，在边框上点击右键，在弹出的下拉菜单中选择"异动导出"。

（3）在异动导出弹出的对话框中"目标一次图"右侧点选"查找"按钮，在弹出的设备树导航框中，双击将要异动到的配变台区，然后自动返回"异动导出"对话框，点击按钮"确认"，然后系统会再次确认（红色字体显示），确定无误后，点击"是"按钮，此时就完成了需要异动设备的导出。

（4）选择需要异动导入的设备台区，在低压线路台区上右键，选择"编辑一次图"，系统会弹出步骤（3）异动导出的设备，需要异动导入到本台区的对话框，选择"是"按钮，在台区图上完成需要异动设备的接收。接下来就是提交入库的工作了，注意，操作结束后原图和目标图都需要提交入库。

2. 中压设备异动的维护

（1）选择所要异动的设备（见图 17-2-5）。拉框选中要异动的设备，然后光标在被选中的设备上点击右键，在弹出的对话框中，选择"定义图块"。

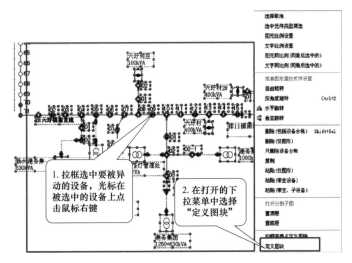

图 17-2-5　选择所要异动的设备

（2）需要异动的设备被蓝色边框选中，在边框上点击右键，在弹出的下拉菜单中选择"异动导出"。

（3）在异动导出弹出的对话框中"目标一次图"右侧点选"查找"按钮，在弹出的设备树导航框中，双击将要异动到的线路名称，然后自动返回"异动导出"对话框，点击按钮"确认"，然后系统会再次确认（红色字体显示），确定无误后，点击"是"按钮，此时就完成了需要异动设备的导出。

（4）选择需要异动导入的中压线路单线图，在中压线路上右键，选择"编辑一次图"，系统会弹出步骤（3）异动导出的设备，需要异动导入到线路的对话框，选择"是"按钮，在中压线路单线图上完成需要异动设备的接收。接下来就是提交入库的工作了，注意，操作结束后原图和目标图都需要提交入库。

四、配电网络拓扑图等信息唯一性核查与动态维护的注意事项

要充分利用核查工具所提供的功能对系统维护工作进行正确性检查，了解对报错信息的解决方法。动态维护中首先要做到及时性，其次是正确性，同时也要满足完整性（必填项）。核查工具中包含综合检查、连通性检测、拓扑显示、查找遗留设备、图元匹配检测等。

【思考与练习】

1. 简述配电网络拓扑图等信息唯一性核查的作用。

2. 动态维护中包含哪三性？

3. 核查工具包含哪些？

第六部分

生产管理信息系统

第十八章

配电生产信息管理系统

▲ 模块1　配电生产信息系统概述（Z18J1001Ⅱ）

【模块描述】本模块包含配电生产信息系统概述。通过对基本功能、主要特点的介绍，熟悉配电生产信息系统的一般知识。

【正文】

一、配电生产信息系统简介

配电生产管理信息系统（Power Production Management System，PMS）是一套基于网络平台，面向地市、县级供电企业配电业务管理的信息系统软件。该系统以图库一体化的信息化管理为基础，逐步建立以可靠性为中心的工作管理模式，以满足不断增加的配电管理资讯需求。一方面根据业务变化需要，完善与营销系统的数据交换；另一方面对配电 MIS、GIS、配网自动化系统功能进行重新定位和分工，建立一套满足配电运行管理实际需求的管理系统。PMS 系统是电网企业实现管理创新、提高管理水平、保证配网安全运行、适应客户需求、提高工作效率的主要手段和技术支撑。配电生产管理信息系统是 SG186 工程八大应用中最为庞大和复杂的应用之一。该系统涉及供电企业的配电设备、生产、调度、计划、安监等生产管理的各个环节，突出了以设备和工作流程全过程管理的理念，对供电公司安全生产管理整体水平的提高有着重大意义。

二、系统构架及组成

配电生产管理信息系统的构架是基础平台、生产综合应用和 Web。

1. 基础平台构架

基础平台构架包括数据管理部分、系统管理部分、信息查询部分和系统支撑部分。

（1）数据管理部分。包括单线图编辑、站所图编辑、沿布图编辑。

单线图编辑器主要功能：负责完成输电线路的绘制工作，并提供线路设备的台账录入功能，为地理沿布做好数据准备。

站所图编辑器主要功能：基本图形操作，站内设备线路图形编辑，站内设备线路属性编辑，站内线路设备拓扑关系建立，连通性分析、环路检测、断路器和隔离开关模拟操作，进出线及断路器设置。

沿布图编辑器主要功能：负责完成输电线路的地理沿布。

（2）系统管理部分。包括资源管理和用户管理。用户管理模块为系统用户分配权限；资源管理模块对系统中的 DLL 资源进行版本的集中管理。

（3）信息查询部分。主要由发布的各项信息组成。客户端低维护，具有基本计算机操作技能的人员即可查询资料。

（4）系统支撑部分。包括流程定制、图元编辑、类型库编辑、电缆剖面编辑、更新用户密码、动态台账定制等。流程定制模块则进行流程环节的定制；图元编辑器完成图元的定制；动态台账定制模块进行设备台账界面的定制。

2. Web 组成

Web 包括地理图浏览、单线图浏览等内容。

（1）地理图浏览。包括图形操作、图形测量、图层管理、设备树发布、定位功能、查询统计、台账查询、交叉跨越查询、资产报销查询以及电源点追溯等高级分析。

（2）单线图浏览。包括单线图查询、设备定位等功能。

三、系统的主要功能和特点

1. 系统功能

系统功能模块分为作业层、管理层。作业层分为设备管理、运行维护管理，管理层对作业层维护的数据进行统计、分析。

设备管理是对配电网设备进行管理，包含设备的台账、图形信息，通过单线图管理配电网设备拓扑关系。设备管理为运行维护管理提供设备台账、图纸资料，同时设备管理中可触发、查询设备的运行维护信息。

运行维护管理是在设备投运后产生运行维护，实现各类设备的巡视、缺陷、抢修等管理。

统计分析以设备台账、图形、运行维护信息为支撑数据，实现设备统计分析、运行维护统计分析。

图 18-1-1 为配电生产系统模块图。

2. 系统特点

（1）统一设备类型定义，规范系统设备管理。

（2）建立系统统一设备标准属性库、统一图元、统一图形标准、统一电力服务商管理，为系统的设备统计、汇总、分析奠定了基础，保障了统计数据的规范性。

（3）实现设备的中压至低压的管理，低压部分实现至表箱、低压用户的管理。

（4）实现图纸、台账的流程管理，规范系统数据流转，保证业务数据的正确性。

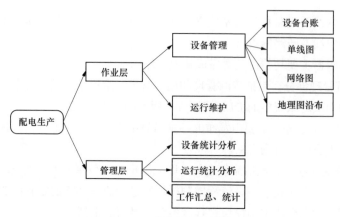

图 18-1-1 配电生产系统模块图

（5）实现图纸的多版本管理，可以比较各版本图纸之间的差异，实时浏览图纸变化信息，能够掌握线路的整个变迁情况。

（6）方便的同杆管理，通过台账关联确立同杆的相对位置，图形自动生成同杆标注线。

（7）方便的设备统计、汇总，实现按线路、变电站、单位进行统计、分析设备信息。

（8）方便的 Web 查询，系统支持单线图 Web 发布功能，可以在 Web 进行单线图、设备台账浏览及查询，无需安装任何客户端。

（9）清晰的权限管理，在设备维护中坚持"设备是谁的、谁进行维护"，设备与管理班组、设备主人的关系体现在每条线路、每个主设备上，同时限定设备数据的维护只能由一线班组来完成。

（10）系统图形操作快捷、方便，图形编辑功能强大，符合 Windows 操作规范，具备正常的复制、粘贴、撤销、重做等 Windows 系统基本功能。

（11）系统采用多层设计，客户端不需要安装任何中间产品。

（12）系统突出设备管理为中心的理念，提供方便的设备管理功能，对于一个设备可以在台账界面直接关联至其巡视信息、缺陷信息、操作票、测试信息、图档信息等，并且可以在系统配置中对台账字段进行扩充。

（13）系统实现真正的流程自定义功能，对于流程的节点、流向实现图形化定制。

【思考与练习】

1. 配电生产信息系统的主要功能是什么？

2. 配电生产信息系统的特点是什么？

▲ 模块 2　系统通用操作说明（Z18J1002Ⅱ）

【模块描述】本模块包含系统通用操作说明。通过对设备台账维护通用界面、台账维护通用操作的介绍，掌握系统通用操作。

【正文】

一、通用类操作的分类

通用类操作分运行管理、缺陷管理、任务计划管理、配电任务票及操作票、配电一种票、配电二种票等。

由于篇幅有限，以下仅介绍运行管理通用操作中的内容。

二、运行管理操作功能介绍

使用人员：配电工区班组（成员）等授权人员。

1. 设置单位周期

（1）查询单位周期记录。功能：查询单位周期记录时可以使用此操作。此外巡视记录、交叉跨越测量记录、接地电阻测量记录、设备测温记录、设备测试记录、设备测负记录的上次巡视时间或上次测试时间加上单位周期设置里设置的各周期值所得的时间与系统时间做比较，如果相加所得的时间在系统时间所在的一周以内，且没有生成相关工作计划，系统会自动生成周工作计划。

（2）编辑单位周期。功能：编辑单位周期记录时可以使用此操作。

（3）批量初始化时间。功能：批量初始化上次巡视时间时可以使用此操作。

（4）保存单位周期设置。功能：保存单位周期设置记录时可以使用此操作。

（5）删除单位周期设置。功能：删除单位周期设置记录时可以使用此操作。

（6）查询相关的周工作计划。功能：可以在周工作计划画面查询到巡视记录、交叉跨越测量记录、设备测温记录、设备测试记录、设备测负记录、接地电阻测量记录的周工作计划。

2. 维护巡视记录

（1）查询巡视记录。功能：可以在一定条件下对巡视记录进行查询，检索出想要的记录。

（2）新增巡视记录。功能：新增巡视记录时可以使用该操作。新增方式有通过周工作计划分配的周期性巡视和临时性巡视两种。

（3）编辑巡视记录。功能：对巡视记录进行编辑时可以使用该操作。

（4）查看巡视记录。功能：对巡视记录进行查看时可以使用该操作。

（5）删除巡视记录。具体参照共通的删除记录。

（6）巡视记录关联缺陷。功能：将巡视结论为不正常的巡视记录关联缺陷时可以使用该操作。

（7）维护上次巡视日期。功能：查询或设定具体线路的巡视记录的上次巡视时间时可以使用该操作。

系统会根据巡视周期在每周五加上每条线路的上次巡视日期来计算该线路的下次巡视日期，如果下次巡视日期落在本周内以及本周以前，且未生成相应的周工作计划，则在周工作计划画面自动生成一条计划类别为巡视的周工作计划。

（8）导出巡视记录。具体参照共通的导出记录。

（9）查询巡视记录工单。具体参照共通的查询各记录的工单。

3. 维护交叉跨越测量记录

（1）查询交叉跨越测量记录。功能：可以在一定条件下对交叉跨越测量记录进行查询，检索出想要的记录。

（2）新增交叉跨越测量记录。功能：新增交叉跨越测量记录时可以使用此操作。

（3）编辑交叉跨越测量记录。功能：编辑交叉跨越测量记录时可以使用此操作。

（4）查看交叉跨越测量记录。功能：查看交叉跨越测量记录时可以使用此操作。

（5）删除交叉跨越测量记录。具体参照共通的删除记录。

（6）交叉跨越测量记录关联缺陷。功能：将测量结果为不合格的交叉跨越记录关联缺陷时可以使用此操作。

（7）维护附件。具体参照共通的维护附件。

（8）查看附件。具体参照共通的查看附件。

（9）导出交叉跨越测量记录。具体参照共通的导出记录。

（10）查询交叉跨越测量记录工单。具体参照共通的查询各记录的工单。

（11）维护上次测试时间。功能：查询、设定具体线路的交叉跨越测量记录的上次测试时间时可以使用该操作。

系统会根据交叉跨越周期在每周五加上每条线路的上次交跨时间来计算该线路的下次交跨时间，如果下次交跨时间落在本周内以及本周以前，且未生成相应的周工作计划，则在周工作计划画面自动生成一条计划类别为交叉跨越的周工作计划。

4. 维护接地电阻测量记录

（1）查询接地电阻测量记录。功能：可以在一定条件下对接地电阻测量记录进行查询，检索出想要的记录。

（2）新增接地电阻测量记录。功能：新增接地电阻测量记录时可以使用此操作。

（3）编辑接地电阻测量记录。功能：编辑接地电阻测量记录时可以使用此操作。

（4）查看接地电阻测量记录。功能：查看接地电阻测量记录时可以使用此操作。

（5）删除接地电阻测量记录。具体参照共通的删除记录。

（6）接地电阻测量记录关联缺陷。功能：将测量结果为不合格的接地电阻测量记录关联缺陷时可以使用此操作。

（7）维护附件。具体参照共通的维护附件。

（8）查看附件。具体参照共通的查看附件。

（9）导出接地电阻测量记录。具体参照共通的导出记录。

（10）查询接地电阻测量记录工单。具体参照共通的查询各记录的工单。

（11）维护上次测试时间。功能：查询或设定具体设备的接地电阻测量记录的上次测量时间时可以使用该操作。

系统会根据接地电阻周期在每周五加上每条线路的上次测量时间来计算该线路的下次测量时间，如果下次测量时间落在本周内以及本周以前，且未生成相应的周工作计划，则在周工作计划画面自动生成一条计划类别为接地电阻的周工作计划。

5. 维护设备测温记录

（1）查询设备测温记录。功能：可以在一定条件下对设备测温记录进行查询，检索出想要的记录。

（2）新增设备测温记录。功能：新增设备测温记录时可以使用此操作。

（3）编辑设备测温记录。功能：编辑设备测温记录时可以使用此操作。

（4）查看设备测温记录。功能：查看设备测温记录时可以使用此操作。

（5）删除设备测温记录。具体参照共通的删除记录。

（6）设备测温记录关联缺陷。功能：将测量结论为不合格的设备测温记录关联缺陷时可以使用此操作。

（7）维护附件。具体参照共通的维护附件。

（8）查看附件。具体参照共通的查看附件。

（9）导出设备测温记录。具体参照共通的导出记录。

（10）查询设备测温记录工单。具体参照共通的查询各记录的工单。

（11）维护上次测试时间。功能：查询或设定具体设备的设备测温记录的上次测试时间时可以使用该操作。

系统会根据设备测温周期在每周五加上每条线路的上次测试日期来计算该线路的下次测试日期，如果下次测试日期落在本周内以及本周以前，且未生成相应的周工作计划，则在周工作计划画面自动生成一条计划类别为设备测温的周工作计划。

6. 维护设备测负记录

（1）查询设备测负记录。功能：可以在一定条件下对设备测负记录进行查询，检索出想要的记录。

（2）新增设备测负记录。功能：新增设备测负记录时可以使用此操作。

（3）编辑设备测负记录。功能：编辑设备测负记录时可以使用此操作。

（4）查看设备测负记录。功能：查看设备测负记录时可以使用此操作。

（5）删除设备测负记录。具体参照共通的删除记录。

（6）设备测负记录关联缺陷。功能：将测量结果为不合格的设备测负记录关联缺陷时可以使用此操作。

（7）维护附件。具体参照共通的维护附件。

（8）查看附件。具体参照共通的查看附件。

（9）导出设备测负记录。具体参照共通的导出记录。

（10）查询设备测负记录工单。具体参照共通的查询各记录的工单。

（11）维护上次测试时间。功能：查询或设定具体设备的设备测负记录的上次测试时间时可以使用该操作。

系统会根据设备测负周期在每周五加上每条线路的上次测试日期来计算该线路的下次测试日期，如果下次测试日期落在本周内以及本周以前，且未生成相应的周工作计划，则在周工作计划画面自动生成一条计划类别为设备测负的周工作计划。

7. 运行管理共通知识点

（1）导出记录。功能：导出记录时可以使用此操作。

菜单入口：安全生产管理→运行管理→配电→巡视记录。

其他如"交叉跨越测量记录""接地电阻测量记录""设备测温记录管理""设备测试记录管理""设备测负记录管理"等同样操作。

（2）维护附件。功能：维护附件时可以使用此操作。

菜单入口：在各记录画面，选择一条记录后，点击"关联缺陷"按钮，在弹出的各记录的新增缺陷画面里输入必须项目后，点击"维护附件"按钮会弹出保存信息的提示框，点击"是"按钮以后，弹出附件维护画面。

（3）查看附件。功能：查看附件时可以使用此操作。

菜单入口：除了巡视记录画面以外，其他 5 个记录画面的上方均有"查看附件"按钮，选择一条记录后，点击"查看附件"按钮，弹出附件维护画面。

（4）删除记录。功能：删除记录时可以使用此操作。

菜单入口：安全生产管理→运行管理→配电→巡视记录。

（5）查询各记录的工单。功能：查询各记录的工单时可以使用此操作（规则：在新增完成一条巡视记录、交叉跨越测量记录、接地电阻测量记录、设备测温记录、设备测试记录或设备测负记录以后，会在运行任务画面自动生成一张与之相对应的工单，工单的状态为完成）。

三、通用操作案例

以编辑巡视记录为例说明操作过程。

（1）功能：对巡视记录进行编辑时可以使用该操作。

（2）菜单入口：安全生产管理→运行管理→配电→巡视记录。

（3）操作步骤：

1）在功能树上选择"运行管理→配电→巡视记录"进入巡视记录画面。在巡视记录画面上选择一条记录，点击"编辑"按钮，如果选中记录的线路不归登录人所在班组管辖，则弹出提示信息"选择的记录中存在你没有权限操作的记录！"，如果选中记录的线路归登录人所在班组管辖，则弹出"巡视记录—修改画面"（见图18-2-1）。

图18-2-1　巡视记录——修改画面

2）可对线路名称、巡视结论、巡视内容、巡视人、巡视开始时间、巡视结束时间、巡视设备和缺陷设备进行编辑修改，对线路信息进行修改时会同时改变电压等级的相关内容。操作同新增巡视记录里的相关操作。点击"保存"回到巡视记录画面。如果巡视结论正常而缺陷设备中存在记录，点击"保存"时，则弹出信息框（见图18-2-2）。

图 18-2-2 信息框

如果巡视结论为不正常也会弹出是否转入缺陷提示框（见图 18-2-3）。

图 18-2-3 缺陷提示框

点击"是"按钮会弹出巡视记录—修改的转入缺陷画面（见图 18-2-4）。点击"否"按钮不转入缺陷。

图 18-2-4 转入缺陷画面

选择一个缺陷设备，点击"转入缺陷"按钮系统弹出新增缺陷记录画面（见图 18-2-5），具体操作同新增巡视记录里的转入缺陷的相关操作。如果选择的设备已经关联过缺陷，会弹出"该设备已经关联缺陷"的提示框（见图 18-2-6）。

图 18-2-5　新增缺陷记录画面

图 18-2-6　"该设备已经关联缺陷"的提示框

【思考与练习】

1. 配电生产信息管理系统通用类操作有哪些主要内容？

2. 配电生产信息管理系统运行管理有哪些主要内容？

3. 以编辑巡视记录为例说明操作过程。

◢ 模块 3　单线图编辑通用操作说明（Z18J1003Ⅱ）

【模块描述】本模块包含单线图编辑通用操作说明。通过对操作界面的介绍，掌握单线图编辑通用操作。

【正文】

一、单线图绘制的文件建立

1. "新建"菜单项

（1）功能：新建图纸。

（2）操作步骤：

1）选择并点击"文件"菜单下的"新建"菜单项（工具栏中的【 ▢ 】按钮与此菜单执行同样操作），弹出新建图纸界面（见图18-3-1和图18-3-2）。

图18-3-1 点击"文件"菜单

图18-3-2 新建图纸

2）确定需要建立的图纸类型：① 单线图只可以在设备树中压线路节点创建；② 站所图只可以在设备树配电所、箱式变电站、中压变电站、环网柜、电缆分支箱、用户节点创建；③ 台区图只可以在设备树低压线路节点创建；④ 地区网络图只可以在设备树本部下一级的县公司节点创建。

3）从图纸类型下拉列表框中选择需要创建的图纸类型，根据图纸类型从设备树中选择可创建该类型图纸的具体树节点。

4）点击"新建"按钮，弹出画面属性设置界面（见图18-3-3）。

图 18-3-3　画面属性设置界面

5）可以通过点击"特性"标签页上的"个人模板""公有模板"标签按钮，选择需要采用的典型图。可以通过点击"画面"标签按钮，对画面大小、边距进行设置（见图18-3-4）。

图 18-3-4　对画面大小、边距进行设置

6）可以通过点击"大小"标签按钮，对设备图元和设备文字的大小进行设置（见图18-3-5）。

图 18-3-5 对设备图元和设备文字的大小进行设置

7）设置完成后，点击"确定"按钮进入图形编辑器界面。

8）若点击"取消"按钮，结束当前操作，关闭画面属性界面，返回新建图纸界面。

9）若该线路下已经存在一张绘制中的图纸，则显示提示信息，不能新建图纸（见图 18-3-6）。

图 18-3-6 不能新建图纸提示

2. "保存"菜单项

（1）功能：保存当前图纸于数据库中，以备将来编辑或查看。

（2）操作步骤：

选择并点击"文件"菜单下的"保存"菜单项，保存当前图纸（工具栏中的 🖫 按钮与此菜单执行同样操作）。

二、单线图的修改

以维护架空标准段为例说明单线图的修改。

（1）功能：当新增一条架空标准段信息时可以使用该功能进行新增操作。

（2）菜单入口：展开设备树至具体的架空标准段，选中架空标准段虚节点，点击右键后选择"新增"（见图 18-3-7）。

1）在一次图里新建好架空标准段两端的设备台账（如两个杆塔），维护好杆塔的台账信息之后，选中杆塔之间的架空标准段，右击该架空标准段，选择"新增设备台账"（见图 18-3-8）。如果没有维护架空标准段两边的设备信息，会弹出提示框，要求维护架空标准段两边的设备台账信息。

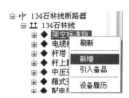

图 18-3-7　新增一条架空标准段　　　图 18-3-8　新增设备台账

2）在一次图里点击功能菜单"首尾设备"，选择两个相连的杆塔，点击"设备"里的"生成架空标准段"（见图 18-3-9）。点击鼠标右键可以取消上一步选择操作，可以重新选择。如果选择的两杆塔之间为电缆标准段，点击"设备"里的"生成架空标准段"之后，会弹出提示框，不能进行新增。如果不选设备，直接点击"设备"里的"生成架空标准段"，也会弹出提示框，不能进行新增。

（3）操作步骤。

1）打开架空标准段信息编辑界面，界面自上而下分为 3 个部分：基本信息、管理班组、扩展信息（见图 18-3-10）。

图 18-3-9　生成架空标准段

画面初期化时，基本信息里的地区代码、线路名称都会自动带入；运行电压默认为线路的运行电压；额定电压默认为空；初次投运日期和投运日期默认为系统日期；是否引线和是否公用默认为否；导线型号、档距、相位色标顺序、相位排列方式默认为空；经营方式、资金来源默认为线路里的设置。如果是从图形新增的情况，还会自动带入起点设备和终点设备的信息。扩展信息里的导线类型默认为绝缘导线；标准段状态默认为运行；回数默认为 1；资产所属单位默认为用户所属单位。管理班组信息默认为线路的管理班组。

2）画面中的必填项为运行电压、额定电压、架空标准段编号、档距、导线型号、初次投运日期、投运日期、相位色标顺序、相位排列方式、是否引线、是否公用、导线类型、回数、资产所属单位、标准段状态。如果必输字段未输入，点击"确定"按钮，系统会弹出提示框，要求用户将信息维护完整。

图 18-3-10 架空标准段信息编辑界面

3）架空标准段编号的生成规则。中压线路下的架空标准段：GXD+线路编号+前设备编号+…+后设备编号；低压线路下的架空标准段：DXD+线路编号+前设备编号+…+后设备编号。输入编号后，点击编号后面的"＜"按钮可以将刚刚填写的编号清空。

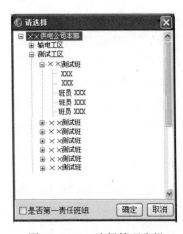

图 18-3-11 选择管理班组

4）标准段名称需要保证在同一单位/线路/同一组设备下都必须唯一。

5）额定电压可以从下拉框中选择，如果额定电压设定的和运行电压等级不同的话，会弹出"运行电压和额定电压不一致，确定要保存吗？"的提示，点击"是"按钮，还是可以继续保存。

6）管辖信息，即该架空标准段的管辖部门及负责人信息，点击管理班组右侧的"+"号，从弹出的部门人员树中选择管理班组（见图 18-3-11），也可以点击【 】号删除管辖部门，每条架空标准段下面必须有第一责任班组。点击"XL"，管理班组会继承该设备所在中压线路的管理班组和人员信息。还可以按照以上方法选择多个管理班组，但第一责任班组只能有一个。

功能按钮栏，点击"导入"按钮，可以导入既存的架空标准段的模板信息。点击"导出"按钮，可以把本条记录作为模板，供下次新增或修改台账信息时使用。点击"维护子设备"按钮，可以维护子设备的信息；点击"确定"按钮，保存架空标准段信息并关闭窗口。点击"应用"按钮，保存架空标准段信息但不关闭窗口。点击"取消"按钮，放弃保存并关闭窗口。

三、单线图的查看及输出

（一）单线图的查看

（1）功能：打开图纸。

（2）操作步骤：

1）选择并点击"文件"菜单下的"打开"菜单项（工具栏中的 📂 按钮与此菜单执行同样操作），弹出浏览图纸界面（见图18-3-12）。

图 18-3-12　浏览图纸界面

2）在界面左侧设备树上选择具体线路，界面右侧将显示该线路下图纸信息列表（见图18-3-13）。

3）从图纸信息列表中选择需要打开的图纸列，图纸状态必须是绘制中、稳定版本的图纸。点击"打开"按钮后，该图纸将在图形编辑器界面中显示。

4）如果选择了处于流程中的图纸，则提示不能打开（见图18-3-14）。

5）可以根据图纸的版本信息筛选前图纸名称列表中的图纸：从图纸类型下拉框中选择具体的图纸类型或在版本信息编辑框中输入版本信息后，点击 🔍 按钮查找。

图 18-3-13　图纸信息列表

图 18-3-14　提示处于流程中的图纸不能编辑

（二）打印

（1）功能：将当前图纸打印输出。

（2）操作步骤：

1）选择并点击"文件"菜单下的"打印"菜单项，弹出打印界面（见图 18-3-15）。

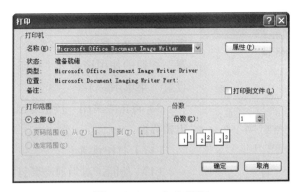

图 18-3-15　打印界面

2）在名称下拉列表中选择当前电脑所连接的打印机，在份数的数量中可以设置需要对当前图纸打印几份。

3）点击"确定"按钮进入打印状态，点击"取消"按钮则取消打印。

（三）打印预览

（1）功能：浏览当前需要打印的图纸，可对其进行缩放，打印设置。

（2）操作步骤：

1）选择并点击"文件"菜单下的"打印预览"菜单项，弹出含有当前图纸预览的打印预览界面（见图 18-3-16）。

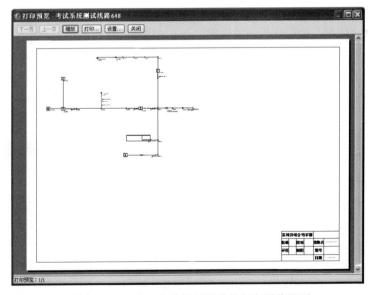

图 18-3-16　含有当前图纸预览的打印预览界面

图 18-3-17 打印设置界面

2）通过"缩放"按钮可以对当前图纸中的内容进行缩放（整体放大或缩小）。至于"打印""设置"按钮的使用请参见"打印"菜单项中"打印设置"菜单项。

3）点击"关闭"按钮退出界面，返回图形编辑器界面。

（四）打印设置

（1）功能：对当前需要打印图纸进行页眉页脚、图形位置、配色方案的设置。

（2）操作步骤：

1）点击"打印设置"菜单或者点击打印预览界面中的"设置"按钮，皆弹出打印设置界面（见图 18-3-17）。

2）点击"打印机"标签按钮，在界面上可以从选择打印机下拉列表中选择当前电脑连接的打印机，可以点击纸张设置文本框后的按钮选择打印的纸张。

3）点击"页眉页脚"标签按钮，在界面上可以设置打印的页眉页脚，如打印日期、打印文档名。

4）点击"图形位置"标签按钮，在界面上可以设置当图纸不能填满打印区域时的对齐模式。

5）点击"颜色方案"标签按钮，在界面上可以设置打印画面的背景。

6）点击"应用"按钮使用当前设置；点击"确定"按钮保存当前设置并退出当前界面；点击"取消"则取消当前设置。

（五）图形输出

（1）功能：将当前图纸内容保存到本地硬盘。

（2）操作步骤：

1）选择并点击"文件"菜单下的"图形输出"菜单项，弹出图形输出界面（见图 18-3-18）。

2）通过指定大小来设置输出图纸大小（一般采用系统默认设置），在图形输出同时可以通过放大倍数设置当前图元输出后的显示大小，点击路径文本框后面的按钮，选择".emf"图片输出路径。

3）可以点击"保存类型"的下拉框，来选择需要导出的文件类型，可选的文件类型包括"增强型元文件""压缩位图""位图文件"和"AutoCAD 文件"四种类型（见

图 18-3-18 图形输出界面

图 18-3-19）。

图 18-3-19 选择需要导出的文件类型

4）点击"确认"按钮，将图形导出。

四、单线图的编辑案例

（一）创建全新单线图

创建一个全新单线图的过程可以分为如下几个步骤：

1. 创建新配电线路

（1）当用户成功登录配电图形编辑系统，在主界面左侧设备树中可以展开各个设备层次；配电班组用户可以在某个变电站出线开关下创建一条中压线路。如在"110kV北郊变"的"北城 117 开关"下面，新建一条名为"中压线路_001"的 10kV 线路。操作过程如图 18-3-20 所示。

（2）直接选中"110kV 北郊变"的名为"北城 117 开关"的设备节点，并右击后执行其快捷菜单的"增加线路"选项，在出现的中压线路台账新增窗口中，输入相应的线路名称、线路编号、设计电流、运行电流、额定电压、运行电压等信息（见图 18-3-21）。

图 18-3-20 创建新配电线路操作过程

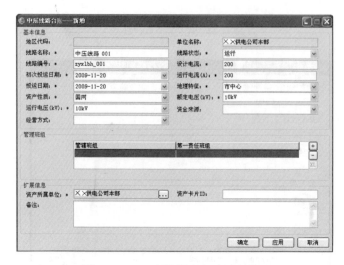

图 18-3-21 中压线路台账新增窗口

（3）输入必要的线路属性值，点击"确定"按钮，系统创建一条中压线路。在左侧设备树中双击该中压线路节点或右击选择"查看"按钮，查看其设备台账信息及内容（见图 18-3-22）。

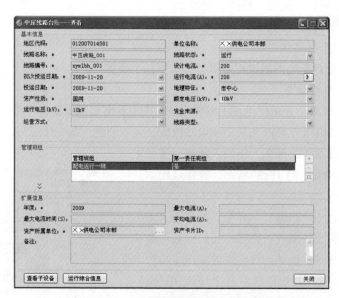

图 18-3-22 查看其设备台账信息及内容

2. 启动单线图编辑

在设备树上点击新增中压线路节点的"+"，展开线路下的设备，树形列表中包含了所有的主设备类型，如杆塔、杆上配电变压器、箱式变电站等。

点击鼠标右键，选择"编辑一次图"选项，系统打开"一次图编辑器"窗口，操作过程（见图 18-3-23）。

若该线路没有对应的图纸，则弹出提示框（见图 18-3-24）；若该线路已具有相对应的图纸，则直接进入图形编辑画面。

图 18-3-23　编辑一次图操作过程

图 18-3-24　弹出提示框

3. 选择典型图

在选择提示框界面单击"是（Y）"按钮，弹出画面属性设置界面；新建单线图图纸的时候，首先确认画面的名称，然后选择图纸模板（见图 18-3-25），如果选择后想放弃选择的典型图模板，就点击键盘上的 Esc 键来取消选择，也可以不选而直接打开空白画面进行编辑。

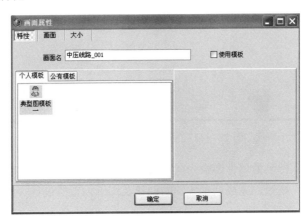

图 18-3-25　选择图纸模板

4. 设置单线图画面特性

点击画面属性界面上的"画面"按钮，可对画面大小、方向、边距进行设置，一般情况下保持画面属性参数为默认值（见图18-3-26）。

图 18-3-26 画面属性界面——画面

5. 设置图元及文字的大小

点击画面属性界面上的"大小"按钮，可设置图元及文字大小（见图18-3-27）。

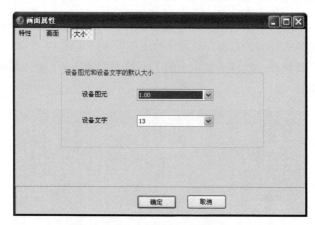

图 18-3-27 画面属性界面——大小

一般情况下保持画面属性参数为默认值。

点击"确定"按钮，完成新单线图的创建及图纸设置的过程。

（二）布局各类设备图元

若没有选择典型图，新创建的线路一次图是完全空白的，一般可以从电源起点开始布局设备图元。

1. 布局初始的设备图元

在中压线路图中，电源起点为变电站，变电站（电源起点）之后的设备图元包括配电出线点（出线开关）、电缆、主线首个杆塔。

变电站（电源起点）一般选择放置于图形边缘位置附近，本实例中将变电站放置于图形左下角边缘。

（1）布局变电站。首先从图元工具条中选择"子站类"的"变电站"图元，再选择点击图形编辑条中的"增加"按钮且保持选中状态，然后单击图形画面左下角边缘处某点。画面左下角边缘处显示增加的图元（见图18-3-28）。

其中四角橘色框表示该图元为绘制源点，将作为新增图元的拓扑关系延续源头。

（2）布局配电出线点（出线开关）。从图元工具条中选择"开断类"的"出线开关"图元，然后单击变电站附近某点。

系统自动在新图元（出线开关）和源点（变电站）之间添加连线并确保拓扑关系的正常延续；此时新图元（出线开关）自动成为新的源点且处于选中状态（见图18-3-29）。

（3）布局主线首个杆塔。按照以上方法继续增加主线首个杆塔，即从图元工具条中选择"杆塔类"的"耐张混凝土杆"图元，然后单击出线开关附近空白区域，操作结果见图18-3-30。

（4）通过点击文件条的"保存"按钮或功能菜单栏的"文件→保存"选项或快捷键"Ctrl+S"，可以保存绘制结果。

2. 布局主线

配电中压线路一般包含一条主线和若干条分支线。主线的首个杆塔图元已经在前述步骤中绘制完成。

（1）布局主线2号杆塔。首先选择点击图形编辑条中的"选源"按钮，随后点击主线首个杆塔图元（设置为源点）；然后从图元工具条中选择"杆塔类"的"直线混凝土杆"图元，随之单击主线首个杆塔图元右侧某点，操作结果见图18-3-31。

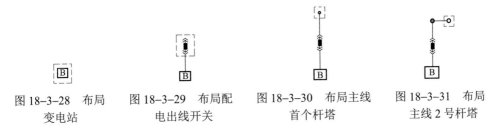

图18-3-28 布局　　图18-3-29 布局配　　图18-3-30 布局主线　　图18-3-31 布局
变电站　　　　　电出线开关　　　　　首个杆塔　　　　　主线2号杆塔

系统自动在新图元和源点（主线首个杆塔）之间添加连线，并确保拓扑关系的正常延续；此时新图元自动成为新的源点且处于选中状态。

（2）布局主线其余杆塔。若操作状态不做改变，可以通过不断单击主线新源点附近某点，产生若干的杆塔图元及其间的连线。操作结果见图 18-3-32。

若发现杆塔间的距离不合适，可以单击选中某个杆塔图元（或矩形框定选中几个杆塔图元），敲击上下左右键来移动和调整图元间的距离。后续"调整画面局部内容"将介绍更多更精确的调整方法。

（3）布局配电柱上开关。配电柱上开关和配电刀闸位于两杆塔之间。首先选择点击图形编辑条中的"插入"按钮并保持选中状态，然后从图元工具条中选择"开断类"的"刀闸"图元，随之单击两杆塔之间连线上某点。

配电柱上开关可以从图元工具条中选择"开断类"的"负荷开关"图元，其操作与刀闸完全相同。操作结果见图 18-3-33。

图 18-3-32　布局主线其余杆塔

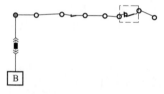

图 18-3-33　布局配电柱上开关

3. 布局分支线

配电线路的主线下一般再分为若干条分支线。

布局分支线的方法基本等同于布局主线。选择点击图形编辑条中的"选源"按钮，随后点击主线首个杆塔图元（设置为源点）。从主线的首个杆塔起，逐个布局主线杆塔所搭载的各个分支线。

如主线首个杆塔分支线布局完成后的结果见图 18-3-34。

所有的分支线及其包含的杆塔、开关、刀闸布局完成后的结果见图 18-3-35。

4. 调整画面局部内容

横平竖直：在绘制完全图后，需要对图纸进行规整操作。通过框选或者"Ctrl+A"，选中全图，然后使用"Ctrl+1"使全图的图元及连线横平竖直；对于一些需要调整方向的单个图元，可以选中该图元，然后使用"Ctrl+2"，对该图元的倾角进行调整。

进行画面调整操作后的结果见图 18-3-36。

5. 布局电缆分支箱和环网柜

配电线路的主线下可能包含若干的电缆分支箱和环网柜。本实例中包括 2 个电缆分支箱，1 个环网柜。

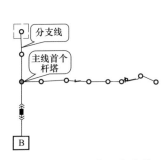

图 18-3-34　布局分支线

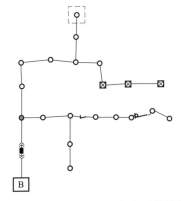

图 18-3-35　所有布局完成后的结果

一般从主线的首个杆塔起，逐个顺序布局主线杆塔所搭载的电缆分支箱和环网柜。

（1）首先要做的是把右边图元工具栏上方下拉框中默认选中的架空标准段改为电缆标准段。这样新增的图元和源点之间的连线就是电缆线了。

（2）布局主杆下的电缆分支箱。首先选择点击图形编辑条中的"选源"按钮，点击主线杆塔图元（设置为源点）；然后从图元工具条中选择"子站类"的"电缆分支箱"图元，随之单击主杆图元上方某点。

（3）布局其余的电缆分支箱和环网柜，操作结果见图 18-3-37。

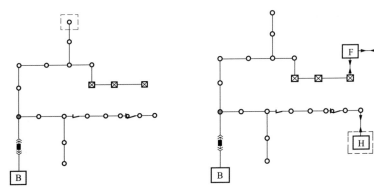

图 18-3-36　画面调整操作后的结果　　　图 18-3-37　布局电缆分支箱和环网柜

图元 F 代表电缆分支箱，图元 H 代表环网柜；从主杆到电缆分支箱及电缆分支箱之间以电缆相连接。

这些主设备内部结构及拓扑链接方式与一次图相关联，后续将介绍主设备子站图的绘制过程。

若遇到电缆分支箱或环网柜下再延伸出分支线的情况，仍然按照前述"布局分支线"内容中的类似方法处理；只是在操作前应先将对应的布局源头改为电缆分支箱或环网柜。

习惯上电缆头以尖头一端面向对侧设备图元；当选中电缆头图元后，可以通过"Ctrl+2"组合键来调整其倾角。

6. 布局公用区和高压用户

配电线路的主线下一般包含若干的公用区和高压用户，部分可能直接由主线搭载，大部分由分支线、电缆分支箱或环网柜搭载。

公用区一般包括配电变压器、10kV 变电站、箱式变电站；高压用户一般包括多电源用户、单电源用户。

一般从主线的首个杆塔起，按照"广度优先"规则，即先分支杆塔后次分支杆塔的顺序，逐个布局杆塔所搭载的公用区和高压用户；最后转到下一个主线杆塔。

遇到载有电缆分支箱或环网柜的主线杆塔，首先逐个布局这些主设备所搭载的公用区和高压用户；在布局由该主设备分载出的其余主设备或分支线上搭载的公用区和高压用户。

（1）布局主线首个杆塔下分支线的箱式变电站：首先选择点击图形编辑条中的"选源"按钮，随后点击主线首个主杆的分支线下的首个杆塔图元（设置为源点）；然后从图元工具条中选择"子站类"的"箱式变电站"图元，随之单击源点图元的附近位置，操作结果见图 18-3-38。

（2）其余的公用区和高压用户可以如法布局。最终的操作结果见图 18-3-39。图元 Ⓧ 代表箱式变电站，图元 Ⓑ 代表 10kV 变电站，图元 Ⓟ 代表配电所，图元 ⊖ 代表单电源用户，图元 ⦿ 代表多电源用户。

配电变压器中，图元 ⊖ 代表联络变压器，⊖ 代表公用变压器，Ⓓ 代表单相公用变压器，Ⓓ 代表单相专用变压器。

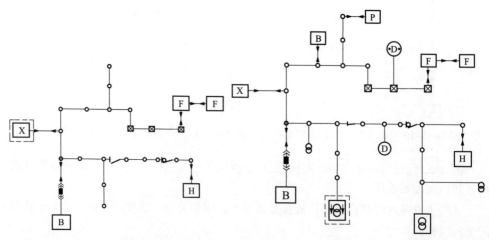

图 18-3-38　布局公用区和高压用户　　图 18-3-39　布局公用区和高压用户的最终结果

7. 导入子站图

（1）选中一个子站类图元，现在以电缆分支箱为例，鼠标右键点击该图元，在弹出的快捷菜单中选择"子站图导入"选项，打开浏览子站图画面（见图 18-3-40）。

图 18-3-40　导入子站图

（2）点击 按钮，打开设备树选择窗口，在此线路下选择一个已有归档站所图的电缆分支箱，双击该电缆分支箱，此电缆分支箱的站所图显示在浏览子站图画面中（见图 18-3-41）。

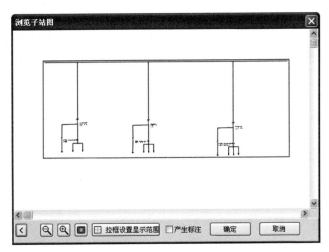

图 18-3-41　浏览子站图

（3）如果需要产生标注，就勾中产生标注选择框，然后点击"确定"按钮，该子站图被导入到单线图中（见图18-3-42）。可以通过拉动导入的子站图的边框对子站图的大小进行调整。

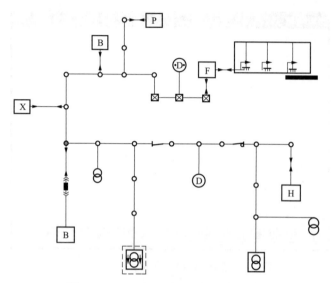

图 18-3-42　对子站图的大小进行调整

8. 添加交叉跨越物

（1）对于有些线路，存在交叉跨越物，在左侧工具栏中选中"交跨"，再在图中任意位置按住鼠标左键进行拖动，适当位置松开，则生成一条交叉跨越线。

（2）维护交叉跨越物台账，选中该图元点击鼠标右键，选择"新增设备台账"，弹出交叉跨越新增信息，其中的"被交叉物描述"如果维护（见图18-3-43），则会生成注记。

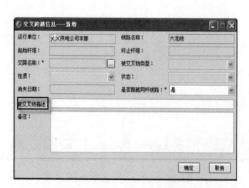

图 18-3-43　添加交叉跨越物

【思考与练习】

1. 简述新建单线图的操作过程。

2. 简述查看单线图操作过程。

第七部分

综合配网自动化技术标准和相关规程

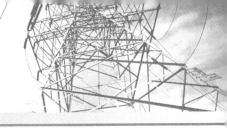

第十九章

配网自动化技术标准和规范

▲ 模块1　配电自动化技术导则

【模块描述】本模块着重介绍《配电自动化技术导则》（简称《导则》）遵循全面性、适用性、差异性和前瞻性的原则，在总结我国以往配电自动化实践经验的基础上，从国家电网有限公司生产运行部门的实际需求出发，对配电自动化及系统的定义和内容进行了规范，并对配电自动化及系统的规划、设计、建设、改造、验收和运行等环节的相关工作提出了原则性技术要求。

【正文】

《导则》作为国家电网有限公司（简称（公司））智能电网标准体系的重要组成部分，是公司系统各单位开展配电自动化相关工作的纲领性文件。配电自动化规划、设计、建设、改造、验收、运行等相关标准的制定均应依据《导则》。

一、范围

《导则》规定了国家电网有限公司管辖范围内中压配电网配电自动化及系统的主要技术要求和功能以及与相关应用系统信息交互应遵循的主要技术原则。

《导则》适用于国家电网有限公司所属各区域电网公司、省（自治区、直辖市）公司配电自动化及系统的规划、设计、建设、改造、验收和运行。

二、术语和定义

1. 配电自动化（distribution automation）

配电自动化以一次网架和设备为基础，以配电自动化系统为核心，综合利用多种通信方式，实现对配电系统的监测与控制，并通过与相关应用系统的信息集成，实现配电系统的科学管理。

2. 配电自动化系统（distribution automation system）

实现配电网的运行监视和控制的自动化系统，具备配电 SCADA（supervisory control and data acquisition）、馈线自动化、电网分析应用及与相关应用系统互连等功能，主要由配电主站、配电终端、配电子站（可选）和通信通道等部分组成。

3. 配电 SCADA（distribution SCADA）

也称为 DSCADA，指通过人机交互，实现配电网的运行监视和远方控制，为配电网的生产指挥和调度提供服务。

4. 配电主站（master station of distribution automation system）

配电主站是配电自动化系统的核心部分，主要实现配电网数据采集与监控等基本功能和电网分析应用等扩展功能。

5. 配电终端（remote terminal unit of distribution automation system）

安装于中压配电网现场的各种远方监测、控制单元的总称，主要包括配电开关监控终端馈线终端（feeder terminal unit，FTU）、配电变压器监测终端（transformer terminal unit，TTU，即配变终端）、开关站和公用及用户配电所的监控终端（distribution terminal unit，DTU，即站所终端）等。

6. 配电子站（slave station of distribution automation system）

为优化系统结构层次、提高信息传输效率、便于配电通信系统组网而设置的中间层，实现所辖范围内的信息汇集、处理或故障处理、通信监视等功能。

7. 馈线自动化（feeder automation）

利用自动化装置或系统，监视配电线路的运行状况，及时发现线路故障，迅速诊断出故障区间并将故障区间隔离，快速恢复对非故障区间的供电。

三、主要条款解读

1. 总体要求

（1）配电自动化应以提高供电可靠性、改善供电质量、提升电网运营效率和满足客户需求为目的，根据本地区配电网现状及发展需求分阶段、分步骤实施。

（2）配电自动化应纳入本地区配电网整体规划，在进行配电网的建设与改造时，应考虑实施配电自动化的需要。

（3）配电自动化建设与改造应统一规划、因地因网制宜，依据本地区经济发展、配电网网架结构、设备现状、负荷水平以及不同区域供电可靠性的实际需求进行规划设计，合理选择配电自动化实现方式，力求经济、实用、可靠。

2. 配电自动化系统的建设与改造原则

（1）配电自动化系统应以面向配电调度和配电网的生产指挥为应用主体进行建设，实现对配电网的监视和控制，满足与相关应用系统的信息交互、共享和综合应用需求。

（2）配电自动化系统应满足相关国际、行业、企业标准及相关技术规范要求。系统主站设计应满足系统通用性和扩展性要求，减少功能交叉和冗余。

（3）配电自动化系统应按照先进性、可靠性、经济性、实用性原则，充分利用已有设备资源，综合考虑多种通信方式并合理选用。

（4）配电自动化系统应满足电力二次系统安全防护有关规定。

（5）配电自动化系统应满足配网调控一体化技术支持系统的功能要求，并考虑配电网智能化扩展应用。

（6）配电调度功能应满足智能电网调度技术支持系统建设框架和总体设计的要求。

3. 配电自动化对一次网架和设备的要求

（1）一次网架和设备要求。配电自动化实施区域的网架结构应布局合理、成熟稳定，其接线方式应满足 Q/GDW 156《城市电力网规划设计导则》和 Q/GDW 370《城市配电网技术导则》等标准要求。

一次设备应满足遥测和（或）遥信要求，需要实现遥控功能的还应具备电动操动机构。

实施馈线自动化的线路应满足故障情况下负荷转移的要求，具备负荷转供路径和足够的备用容量。

（2）其他要求。配电自动化实施区域的站所应提供适用的配电终端工作电源。配电网电缆通道建设时，应考虑同步建设通信通道。

四、应用举例

1. 系统总体架构

配电自动化系统主要由配电主站、配电终端、配电子站（可选）和通信通道组成（见图 19-1-1）。其中，配电主站是数据处理，存储、人机联系和实现各种应用功能的核心；配电终端是安装在一次设备运行现场的自动化装置，根据具体应用对象选择不同的类型；配电子站是主站与终端的中间层设备，一般用于通信汇集，也可根据需要实现区域监控功能；通信通道是连接配电主站、配电终端和配电子站之间实现信息传输的通信网络。

配电自动化系统通过信息交互总线，与其他相关应用系统互连，实现更多应用功能。

2. 配电自动化系统与相关应用系统的信息交互

（1）从相关应用系统获取的信息。配电自动化系统从相关应用系统获取以下信息：

1）从上一级调度（一般指地区调度）自动化系统获取高压配电网（包括 35、110kV）的网络拓扑、相关设备参数、实时数据和历史数据等。

2）从生产管理系统（PMS）获取中压配电网（包括 10、20kV）的相关设备参数、配电网设备计划检修信息和计划停电信息等。

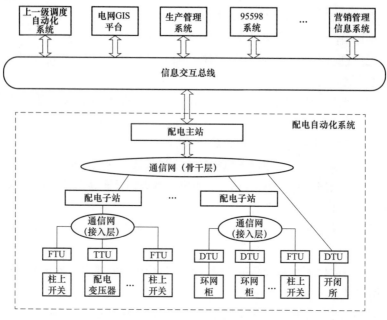

图 19-1-1　配电自动化系统构成

3）从生产管理系统（PMS）或电网 GIS 平台获取中压配电网（包括 10、20kV）的馈线电气单线图、网络拓扑等。

4）从营销管理信息系统或生产管理系统（PMS）获取低压配电网（380V/220V）的网络拓扑、相关设备参数和运行数据。

5）从 95598 系统或营销管理信息系统获取用户故障信息。

6）从营销管理信息系统获取低压公用变压器和专用变压器用户相关信息。

（2）向相关应用系统提供的信息。配电自动化系统向相关应用系统提供配电网图形（系统图、站内图等）、网络拓扑、实时数据、准实时数据、历史数据、分析结果等信息。

（3）信息交互的方式。信息交互宜采用面向服务架构（SOA），在实现各系统之间信息交换的基础上，对跨系统业务流程的综合应用提供服务和支持。接口标准宜遵循 IEC 61968-1 中信息交换模型（IEM）的要求。

（4）信息交互的一致性。配电自动化系统和相关应用系统在信息交互时应采用统一编码，确保各应用系统对同一个对象描述的一致性。电气图形、拓扑模型的来源（如上一级调度自动化系统、配电自动化系统、电网 GIS 平台、生产管理系统等）和维护应保证唯一性。配电自动化系统与相关应用系统的信息交互见图 19-1-2。

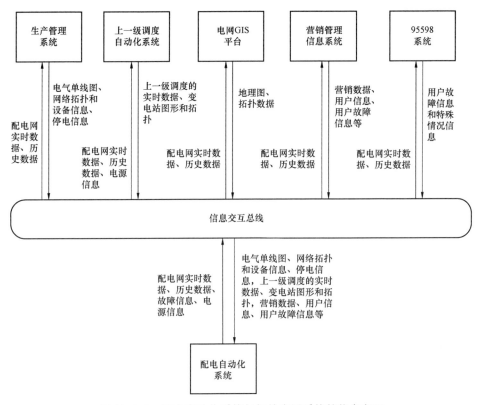

图 19-1-2　配电自动化系统与相关应用系统的信息交互

3. 多种配电通信方式综合应用

多种配电通信方式综合应用示意见图 19-1-3。通信系统由配网通信综合接入平台、骨干层通信网络、接入层通信网络以及配网通信综合网管系统等组成。

（1）配网通信综合接入平台。在配电主站端配置配网通信综合接入平台，实现多种通信方式统一接入、统一接口规范和统一管理，配电主站按照统一接口规范连接到配网通信综合接入平台。另外，配网通信综合接入平台也可以供其他配网业务系统使用，避免每个配网业务系统单独建设通信系统，有利于配电通信系统的管理与维护。

（2）骨干层通信网络。骨干层通信网络实现配电主站和配电子站之间的通信，一般采用光纤传输网方式，配电子站汇集的信息通过 IP 方式接入 SDH/MSTP 通信网络或直接承载在光纤网上。在满足有关信息安全标准前提下，可采用 IP 虚拟专网方式实现骨干层通信网络。

（3）接入层通信网络。接入层通信网络实现配电主站（子站）和配电终端之间的通信。

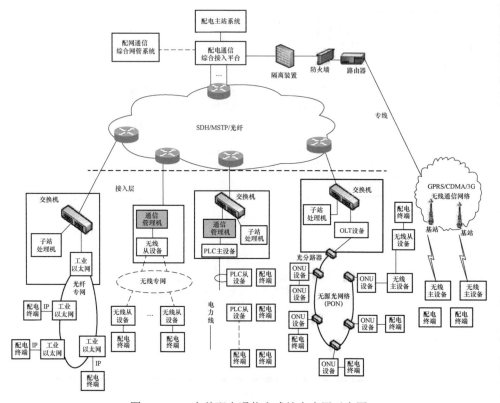

图 19-1-3 多种配电通信方式综合应用示意图

1）光纤专网（以太网无源光网络）。配电子站和配电终端的通信采用以太网无源光网络 EPON 技术组网，EPON 网络由 OLT、ODN 和 ONU 组成，ONU 设备配置在配电终端处，通过以太网接口或串口与配电终端连接；OLT 设备一般配置在变电站内，负责将所连接 EPON 网络的数据信息综合，并接入骨干层通信网络。

2）光纤专网（工业以太网）。配电子站和配电终端的通信采用工业以太网通信方式时，工业以太网从站设备和配电终端通过以太网接口连接；工业以太网主站设备一般配置在变电站内，负责收集工业以太网自愈环上所有站点数据，并接入骨干层通信网络。

3）配电线载波通信组网。按照 DL/T 790.32 规定，配电线载波通信组网采用一主多从组网方式，一台主载波机可带多台从载波机，组成一个逻辑载波网络，主载波机通过通信管理机将信息接入骨干层通信网络。通信管理机接入多台主载波机时，必须具备串口服务器基本功能和在线监控载波机工作状态的网管协议，同时支持多种配电自动化协议转换能力。

4）无线专网。采用无线专网通信方式时，一般将无线基站建设在变电站中，负责接入附近的配电终端信息；每台配电终端应配置相应的无线通信模块，实现与基站通信。变电站中通信管理机将无线基站的信息接入，进行协议转换，再接入至骨干层通信网络。

5）无线公网。采用无线公网方式时，每台配电终端均应配置 GPRS/CDMA/3G 无线通信模块，实现无线公网的接入。无线公网运营商通过专线将汇总的配电终端数据信息经路由器和防火墙接入配网通信综合接入平台。

（4）配网通信综合网管系统。在配电主站端配置的配网通信综合网管系统，可以实现对配网通信设备、通信通道、重要通信站点的工作状态统一监控和管理，包括通信系统的拓扑管理、故障管理、性能管理、配置管理、安全管理等。配网通信综合网管系统一般采用分层架构体系。

【思考与练习】

1. 简述配电自动化系统的概念与应用范围。
2. 简述配电自动化系统的建设与改造的基本原则。
3. 配电自动化系统从相关应用系统获取哪些主要信息？
4. 简述多种配电通信方式的现场应用。

模块 2　配电自动化建设与改造标准化设计技术规定

【模块描述】本模块着重介绍开展配电自动化建设与改造的总体原则、配电自动化实施基本条件、配电自动化设计技术原则、配电自动化系统信息交互以及对配电通信系统的要求等技术内容。

【正文】

一、范围

Q/GDW 625《配电自动化建设与改造标准化设计技术规定》规定了中压配电网配电自动化及系统的配置原则、功能规范、性能指标等主要技术要求。适用于国家电网公司系统开展配电自动化及系统的规划、设计、建设和改造工作。

二、主要条款解读

（一）配电自动化实施基本条件

1. 配电网网架

实施配电自动化建设与改造的区域，其配电网网架结构应布局合理、成熟稳定，且供电可靠性指标应已达到 99.9%以上。不满足供电可靠性要求的区域，配电自动化建设宜结合配电网建设改造实施。

实施馈线自动化的区域，配电网线路应满足供电安全 $N-1$ 准则要求。

配电网应根据区域类别、地区负荷密度、性质和地区发展规划，选择相应的接线方式。配电网的网架结构宜简洁，并尽量减少结构种类，以利于配电自动化的实施。

2. 配电设备

需要实现遥信功能的设备，应至少具备一组辅助触点；需要实现遥测功能的设备，应至少具备电流互感器，二次侧电流额定值宜采用 5A、1A；需要实现遥控功能的设备，应具备电动操作机构。

配电设备新建与改造前，应考虑配电终端所需的安装位置、电源、端子及接口等。

配电终端应具备可靠的供电方式，如配置电压互感器等，且容量满足配电终端运行以及开关操作等需求。

配电站（所）应配置专用后备电源，确保在主电源失电情况下后备电源能够维持配电终端运行一定时间及至少一次的开关分合闸操作。

（二）配电终端

1. 总体要求

（1）配电终端应采用模块化、可扩展、低功耗的产品，具有高可靠性和适应性。

（2）配电终端的通信规约支持 DL/T 634.5-101、DL/T 634.5-104 规约。

（3）配电终端的结构形式应满足现场安装的规范性和安全性要求。

（4）配电终端电源可采用系统供电和蓄电池（或其他储能方式）相结合的供电模式。

（5）配电终端应具有明显的装置运行、通信、遥信等状态指示。

2. 基本功能与指标

（1）采集交流电压、电流。其中：

电压输入标称值：100V/220V，50Hz。

电流输入标称值：5A/1A；或电压、电流传感器模式输入。

电压电流采样精度：0.5 级。

有功、无功采样精度：1.0 级。

在标称输入值时，每一回路的功率消耗小于 0.5VA；

短期过量交流输入电流施加标称值的 2000%（标称值为 5A/1A），持续时间小于 1s，配电终端应工作正常。

（2）状态量采集：开关动作、操作闭锁、储能到位等信息，软件防抖动时间 10、60、1000ms 可设，遥信分辨率不大于 10ms；

（3）采集直流量：直流电源电压、电流。

（4）应具备自诊断、自恢复功能，对各功能板件及重要芯片可以进行自诊断，故障时能传送报警信息，异常时能自动复位。

（5）应具有热插拔、当地及远方操作维护功能：可进行参数、定值的当地及远方修改整定；支持程序远程下载；提供当地调试软件或人机接口。

（6）应具有历史数据存储能力，包括不低于 256 条事件顺序记录、30 条远方和本地操作记录、10 条装置异常记录等信息。

（7）配电终端应具备通信接口，并具备通信通道监视的功能。

（8）具备后备电源或相应接口，当主电源故障时，能自动无缝投入。

（9）具备软硬件防误动措施，保证控制操作的可靠性，控制输出回路必须提供明显断开点，继电器触点额定功率：交流 250V/5A、直流 80V/2A 或直流 110V/0.5A 的纯电阻负载；触点寿命：通、断上述额定电流不少于 105 次。

（10）具备对时功能，接收主站或其他时间同步装置的对时命令，与系统时钟保持同步。

（三）馈线自动化主要技术指标（见表 19-2-1）

表 19-2-1　　　　　　　　　　　馈线自动化主要技术指标

馈线自动化	集中型	半自动方式	故障识别时间≤6min
		全自动方式	故障识别、隔离及恢复时间≤3min
	就地型	智能分布式	故障识别、隔离及恢复时间≤3min
		重合器方式	故障识别、隔离及恢复时间≤6min

半自动方式考虑无线或电力线载波的时延以及人工处理响应等因素，信号采集与传输延时约 1～2min，数据处理和人工响应不超过 5～6min，故障识别的总时间不大于 7min；全自动方式和智能分布式时，信号采集和传输时延约 1min，逻辑运算和发出指令耗时不超过 1min，控制指令输出与传输至一次设备约 1min，即故障识别、隔离及恢复的总时间不大于 3min；重合器方式考虑到开关的时序配合和一次设备的动作时间，小于 7min 比较合理。

重合器方式故障识别、隔离及恢复时间不大于 7min，故障的识别和隔离都需要和重合闸的配合，为了避开瞬时故障和保护配合，指标设计留足空间，以动作正确为主要目标。

（四）配电自动化系统信息交互设计

推荐通过信息交互总线方式，依据"源端数据唯一、全局信息共享"原则，实现配电自动化系统和其他应用系统的互联。互联的系统包括配电自动化系统、上一级调度自动化、生产管理系统、电网 GIS 平台、营销管理信息系统、95598 等，通过多系统之间的信息共享和功能整合，实现停电管理应用、用户互动、分布电源接入与控制等功能。若需实现省级部署系统与配电自动化系统信息交互，由信息交互总线负责实现穿越信息安全物理隔离装置和消息适配功能。

1. 基本要求

通过基于消息机制的总线方式完成配电自动化系统与其他应用系统之间的信息交换和服务共享。

遵循电气图形、拓扑模型和数据的来源及维护唯一性、设备编码统一性、描述一致性的原则。

在满足电力二次系统安全防护规定的前提下，信息交互总线应具有通过正/反向物理隔离装置穿越生产控制大区和管理信息大区实现信息交互的能力。

遵循 IEC 61968 标准，采用面向服务架构（SOA），实现相关模型、图形和数据的发布与订阅。

2. 对相关应用系统数据要求

配电主站可向相关应用系统提供配电网图形（配电网络图、电气接线图、电气单线图等）、网络拓扑、实时数据、准实时数据、历史数据、配电网分析结果等信息，也可从相关应用系统获取下列主要信息。

上一级调度自动化系统获取高压配电网（包括 35、110kV）的网络拓扑、变电站图形、相关设备参数、实时数据和历史数据等信息。

生产管理系统获取中压配电网（包括 10、20kV）的相关设备参数、配电网设备计划检修信息和计划停电信息以及配电网图形（配电网络图、电气接线图、电气单线图等）、网络拓扑等。

电网 GIS 平台获取中压配电网（包括 10、20kV）的配电网络图、电气接线图、单线图、地理图、线路地理沿布图、网络拓扑等。

营销管理信息系统获取低压配电网（380V/220V）的相关设备参数和低压公变、配变的设备参数、运行数据、用户信息等。

95598 系统获取用户呼叫信息、故障信息和特殊情况信息。

三、应用举例

1. 实用型配电自动化系统的实现模式

（1）应用范围：应用于通信通道具备基本条件，配电一次设备具备遥信和遥测（部分设备具备遥控）条件，但不具备实现集中型馈线自动化功能条件的地区，以配电 SCADA 监控为主要实现功能。

（2）系统功能：实用型模式是利用多种通信手段（如光纤、载波、无线公网/专网等），以实现遥信和遥测功能为主，并可对具备条件的配电一次设备进行单点遥控的实时监控系统。配电自动化系统具备基本的配电 SCADA 功能，实现配电线路、设备数据的采集和监测。实用型配电自动化系统结构见图 19-2-1。

根据配电终端数量或通信方式等条件，可增设配电子站。

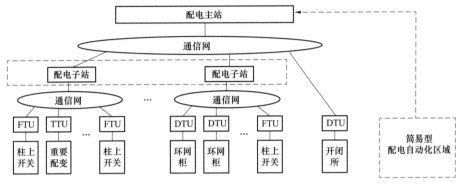

图 19-2-1　实用型配电自动化系统结构图

2. 标准型配电自动化系统的实现模式

（1）应用范围：应用于配电一次网架和设备比较完善，配电网自动化和信息化基础较好且具备实施集中型馈线自动化区域条件的供电企业。

（2）系统功能：标准型模式是在实用型的基础上实现完整的配电 SCADA 功能和集中型馈线自动化功能，能够通过配电主站和配电终端的配合，实现配电网故障区段的快速切除与自动恢复供电，并可通过与上级调度自动化系统、生产管理系统、电网 GIS 平台等其他应用系统的互连，建立完整的配网模型，实现基于配电网拓扑的各类应用功能，为配电网生产和调度提供较全面的服务。实施集中型馈线自动化的区域应具备可靠、高效的通信手段（如光传输网络等）。标准型配电自动化系统结构见图 19-2-2。

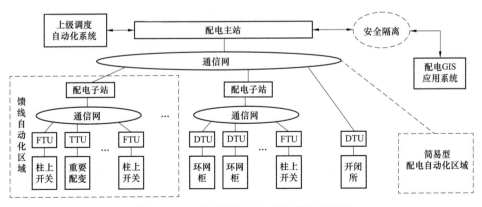

图 19-2-2　标准型配电自动化系统结构图

3. 集成型配电自动化系统的实现模式

（1）应用范围：应用于配电一次网架和设备条件比较成熟，配电自动化系统初具规模，各种相关应用系统运行经验较为丰富的供电企业。

（2）系统功能：集成型模式是在标准型的基础上，通过信息交互总线实现配电自动化系统与相关应用系统的互连，整合配电信息，外延业务流程，扩展和丰富配电自动化系统的应用功能，支持配电生产、调度、运行及用电等业务的闭环管理，为配电网安全和经济指标的综合分析以及辅助决策提供服务。集成型配电自动化系统结构见图 19-2-3。

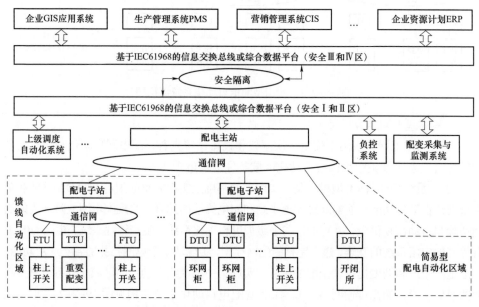

图 19-3-3 集成型配电自动化系统结构图

【思考与练习】

1. 简述配电自动化实施基本条件。

2. 具体对配电终端各部分的建设与改造进行了哪些规范与要求？

3. 简述馈线自动化技术指标。

4. 简述集成型配电自动化系统的实现模式。

◢ 模块 3　配电自动化主站终端子站系统功能规范

【模块描述】本模块着重介绍配电自动化主站终端子站系统的软硬件配置、基本功能、扩展功能、智能化应用。还涉及主要技术指标以及对配电终端通信接口和与其他相关系统的信息交互等相关要求。

【正文】

一、术语和定义

多态模型（multi-context model）

针对配电网在不同应用阶段和应用状态下的操作控制需要，建立的多场景配电网模型，一般可以分为实时态、研究态、未来态等。

二、主要条款解读

（一）配电主站功能

（1）支撑软件。支撑软件提供一个统一、标准、容错、高可用率的用户开发环境，主要包括但不限于：

1）关系数据库软件，存储电网静态模型及相关设备参数。

2）动态信息数据库软件，高效处理配网海量的实时、历史数据及其数据质量，为各项应用分析提供完整的运行方式变化轨迹。

（2）数据库管理。数据库管理具体要求包括但不限于：

1）数据库维护工具，具有完善的交互式环境的数据库录入、维护、检索工具和良好的用户界面，可进行数据库删除、清零、拷贝、备份、恢复、扩容等操作，并完备的数据修改日志。

2）数据库同步，具备全网数据同步功能，任一元件参数在整个系统中只输入一次，全网数据保持一致，数据和备份数据保持一致。

3）多数据集，可以建立多种数据集，用于各种场景，如训练、测试、计算等。

4）离线文件保存，支持将在线数据库保存为离线的文件和将离线的文件转化为在线数据库的功能。

5）带时标的实时数据处理，在全系统能够统一对时及规约支持的前提下，可以利用数采装置的时标而非主站时标来标识每一个变化的遥测和遥信，更加准确地反映现场的实际变化。

6）具备可恢复性，主站系统故障消失后，数据库能够迅速恢复到故障前的状态。

（3）数据备份与恢复。系统应对其中的数据提供安全的备份和恢复机制，保证数据的完整性和可恢复性。具体要求包括但不限于：

1）全数据备份，能够将数据库中所有信息备份。

2）模型数据备份，能够单独指定所需的模型数据进行备份。

3）历史数据备份，能够指定时间段对历史采样数据进行备份。

4）定时自动备份，能够设定自动备份周期，对数据库进行自动备份。

5）全库恢复，能够依据全数据库备份文件进行全库恢复。

6）模型数据恢复，能够依据模型数据备份文件进行模型数据恢复。

7）历史数据恢复，能够依据历史数据备份文件进行历史数据恢复。

（4）系统建模。具备图模库一体化的网络建模工具，根据站所图、单线图等构成配电网络的图形和相应的模型数据，自动生成全网的静态网络拓扑模型，具体要求包括但不限于：

1）遵循 IEC 61968 和 IEC 61970 建模标准，并进行合理扩充，形成配电自动化网络模型描述。

2）支持实时态、研究态和未来态模型统一建模和共享。

3）具备网络拓扑建模校验功能，对拓扑错误能够以图形化的方式提示用户进行拓扑修正。

4）提供网络拓扑管理工具，用户可以更加直观地管理和维护网络模型。

5）支持用户自定义设备图元和间隔模板，支持各类图元带模型属性的拷贝，提高建模效率。

6）具备外部系统信息导入建模工具，包括配电 GIS 或生产管理系统（PMS）导入中压配网模型，以及从调度自动化系统导入上级电网模型，并实现主配网的模型拼接，具体要求包括但不限于：① 数据交换格式遵循 IEC 61968 和 IEC 61970 规范；② 支持 SVG、G 语言、CIM 等格式的图模导入；③ 支持站所图、线路单线图、线路沿布图、系统联络图等图形的导入；④ 支持图模数据的校验、形成错误报告；⑤ 支持上级电网模型与配网模型的拼接，以及配电网多区域之间的模型拼接功能；⑥ 图模导入宜以馈线/站所为单位进行导入；⑦ 主配网模型拼接宜以中压母线出线开关为边界。

（5）多态多应用。多态多应用机制保证了配网应用功能对多场景的应用需求。具体要求包括但不限于：

1）系统具备实时态、研究态、未来态等应用场景。

2）各态下可灵活配置相关应用，同一种应用可在不同态下独立运行。

3）多态之间可相互切换。

（6）多态模型管理。应能满足对配电网动态变化管理的需要，反映配电网模型的动态变化过程，提供配电网各态模型的转换、比较、同步和维护功能。具体要求包括但不限于：

1）多态模型的切换，实时监控操作对应实时态模型，分析研究操作对应研究态模型，设备投退役、计划检修、网架改造对应未来态模型，各态之间可以切换，以满足对现实和未来模型的应用研究需要。

2）支持各态模型之间的转换、比较、同步和维护等。

3）支持多态模型的分区维护统一管理。

4）支持设备异动管理。

（7）权限管理。权限管理能根据不同的工作职能和工作性质赋予人员不同的权限和权限有效期，具体要求包括但不限于：

层次权限管理。系统的权限定义应采用层次管理的方式，具有角色、用户和组三种基本权限主体。

权限绑定。权限配置可与工作站节点相关，不同工作站节点可赋予不同的权限。

权限配置。权限配置可与岗位职责相关，不同岗位用户可赋予不同的操作权限。

（8）告警服务。告警服务应作为一种公共服务为各应用提供告警支持，具体要求包括但不限于：

1）告警动作。告警服务应具备丰富的告警动作，包括语音报警、音响报警、推画面报警、打印报警、中文短消息报警、需人工确认报警、上告警窗、登录告警库等。

2）告警分流。可以根据责任区及权限对报警信息进行分类、分流。

3）告警定义。可根据调度员责任及工作权限范围设置事项及告警内容，告警限值及告警死区均可设置和修改。

4）画面调用。可通过告警窗中的提示信息调用相应画面。

5）告警信息存储、打印。告警信息可长期保存并可按指定条件查询、打印。

（9）报表管理。报表管理为各应用提供制作各种统计报表，具体要求包括但不限于：

1）数据来源支持 DSCADA 及其他各种应用数据。

2）具备报表属性设置、报表参数设置、报表生成、报表发布、报表打印、报表修改、报表浏览等功能。

3）具有灵活的报表处理功能，可针对报表数据进行各种数学运算。

4）可按班、时、日、月、季、年生成各种类型报表。

5）具备定时统计生成报表功能。

（10）人机界面。配电网监控功能应提供丰富、友好的人机界面，供配电网运行人员对配电线路进行监视和控制，具体要求包括但不限于：

1）界面操作。提供方便、直观和快速的操作方法和方便多样的调图方式，满足菜单驱动、操作简单、屏幕显示信息准确等要求。

2）图形显示。实时监视画面应支持厂站图、线路单线图、配电网络图、地理沿布图和自动化系统运行工况图等。

3）交互操作画面。交互操作画面包括遥控、人工置位、报警确认、挂牌和临时跳接等各类操作执行画面等。

4）数据设置、过滤、闭锁。可根据需要设置、过滤、闭锁各种类型的数据。

5）支持多屏显示、图形多窗口、无级缩放、漫游、拖拽、分层分级显示等。

6）支持图模库一体化建模，包括图形编辑、数据库维护等功能。

7）支持设备快速查询和定位。

8）提供并支持国家标准一、二级字库汉字及矢量汉字。

（11）系统运行状态管理。系统运行状态管理能够对配电主站各服务器、工作站、应用软件及网络的运行状态进行管理和控制，具体要求包括但不限于：

1）节点状态监视，动态监视服务器 CPU 负载率、内存使用率、网络流量和硬盘剩余空间等信息。

2）软硬件功能管理，对整个主站系统中硬件设备、软件功能的运行状态等进行管理。

3）状态异常报警，对于硬件设备或软件功能运行异常的节点进行报警。

4）在线、离线诊断测试工具，提供完整的在线和离线诊断测试手段，以维护系统的完整性和可用性，提高系统运行效率。

5）提供冗余管理、应用管理、网络管理等功能。

（12）Web 发布。Web 发布功能主要包括但不限于：

1）网上发布，将实时监测数据以安全的方式进行网上发布。

2）报表浏览，能够在 Web 服务器提供各种报表，供相关人员进行浏览。

3）权限限制，在 Web 服务器进行严格的权限限制，限制不同人员的浏览范围，从而保证数据的安全性。

（二）配电子站

配电自动化子站（Slave station of distribution automation）是为优化系统结构层次、提高信息传输效率、便于配电通信系统组网而设置的中间层，实现所辖范围内的信息汇集、处理或故障处理、通信监视等功能，主要包括通信汇集型子站及监控功能型子站。其中：

（1）通信汇集型子站。汇集配电终端上传的信息并向配电主站转发，同时将从配电主站接收的控制命令下发至配电终端，上下行对时，当地及远方维护（包括参数配置、工况显示、系统诊断等）；软硬件自诊断及通信通道监视，异常时向配电主站或当地发出告警。

（2）监控功能型子站。具备通信汇集型子站的基本功能；在区域配电网拓扑分析的基础上，实现馈线的故障定位、隔离、恢复非故障区域供电，并同时将处理结果上报配电主站；人机交互、信息存储和系统安全管理等。

（三）配电终端

1. 基本功能与指标

（1）采集交流电压、电流。其中：

电压输入标称值：100V/220V，50Hz。

电流输入标称值：5A/1A；或电压、电流传感器模式输入。

电压电流采样精度：0.5 级。

有功、无功采样精度：1.0 级。

在标称输入值时，每一回路的功率消耗小于 0.5VA。

短期过量交流输入电流施加标称值的 2000%（标称值为 5A/1A），持续时间小于 1s，配电终端应工作正常。

（2）状态量采集：开关动作、操作闭锁、储能到位等信息，软件防抖动时间10、60、1000ms 可设，遥信分辨率不大于 10ms。

（3）采集直流量：直流电源电压、电流。

（4）应具备自诊断、自恢复功能，对各功能板件及重要芯片可以进行自诊断，故障时能传送报警信息，异常时能自动复位。

（5）应具有热插拔、当地及远方操作维护功能：可进行参数、定值的当地及远方修改整定；支持程序远程下载；提供当地调试软件或人机接口。

（6）应具有历史数据存储能力，包括不低于 256 条事件顺序记录、30 条远方和本地操作记录、10 条装置异常记录等信息。

（7）配电终端应具备通信接口，并具备通信通道监视的功能。

（8）具备后备电源或相应接口，当主电源故障时，能自动无缝投入。

（9）具备软硬件防误动措施，保证控制操作的可靠性，控制输出回路必须提供明显断开点，继电器触点额定功率：交流 250V/5A、直流 80V/2A 或直流 110V/O.5A 的纯电阻负载；触点寿命：通、断上述额定电流不少于 105 次。

（10）具备对时功能，接收主站或其他时间同步装置的对时命令，与系统时钟保持同步。

2. 馈线终端

（1）必备功能与指标。

1）具备配电终端基本功能。

2）应具备串行口或以太网通信接口。

3）具备当地/远方操作功能，配有当地/远方选择开关及控制出口压板。

4）具有故障检测及故障判别功能。

5）双位置遥信处理功能。

6）数据处理与转发功能。

7）工作电源工况监视及后备电源的运行监测和管理。提供后备电源电压监视。后备电源为蓄电池时，具备充放电管理、低压告警、欠压切除（交流电源恢复正常时，应具备自恢复功能）、人工/自动活化控制等功能。

8）提供通信设备的电源接口，后备电源为蓄电池供电方式时应保证停电后能分合闸操作三次，维持终端及通信模块至少运行 8h。

9）整机功耗不宜大于 20VA（不含通信模块）。

（2）选配功能。

1）具备同时监测控制同杆架设的两条配电线路及相应开关设备的能力。

2）可根据需求具备过电流、过负荷保护、重合闸功能，发生故障时能快速判别并切除故障。

3）具备单相接地检测功能。

4）与开关配套完成单相接地故障的检测和隔离功能，支持就地馈线自动化功能。

5）配电线路闭环运行和分布式电源接入情况下宜具备故障方向检测。

6）可以检测开关两侧相位及电压差，支持解合环功能。

7）支持 DL/T 860（即 IEC 61850）对配电自动化扩展的相关应用。

3. 站所终端

（1）必备功能与指标。

1）具备配电终端的基本功能。

2）应具备串行口和以太网通信接口。

3）具备当地/远方操作功能，配有当地/远方选择开关及控制出口压板。

4）具有故障检测及故障判别功能。

5）双位置遥信处理功能。

6）数据处理与转发功能。

7）工作电源工况监视及后备电源的运行监测和管理。提供后备电源电压监视，后备电源为蓄电池时，具备充放电管理、低电压告警、欠电压切除（交流电源恢复正常时，应具备自恢复功能）、人工自动活化控制等功能。

8）后备电源为蓄电池供电方式时应保证停电后能分合闸操作三次，维持终端及通信模块至少运行 8h。

9）整机功耗不宜大于 30VA（不含通信模块）。

（2）选配功能。

1）可根据需要配备过电流、过负荷保护功能，发生故障时能快速判别并切除故障。

2）具备单相接地检测功能。

3）支持就地馈线自动化功能。

4）配电线路闭环运行和分布式电源接入情况下宜具备故障方向检测功能。

5）可以检测开关两侧相位及电压差，支持解合环功能。

6）支持 DL/T 860（IEC 61850）对配电自动化扩展的相关应用。

4. 配变终端

（1）必备功能与指标。

1）具备配电终端的基本功能。

2）实现电压、电流、零序电压、零序电流、有功功率、无功功率、功率因数、频率的测量和计算。

3）具备整点数据上传、支持实时召唤以及越限信息实时上传等功能。

4）应具备串行口或以太网通信接口。

5）电源供电方式应采用低压三相四线供电方式，可缺相运行。

6）3～13 次谐波分量计算、三相不平衡度的分析计算。

7）提供通信设备的电源接口，如果采用无线通信方式，在终端失电情况下，后备电源可确保与主站进行不少于 3 次的信息传输。

8）整机功耗不宜大于 10VA（不含通信模块）。

9）RS485 通信接口防误接线功能，端子间应能承受 380V 的交流电 5min 不损坏。

10）抄收台区电能表的数据，并可对电量数据进行存储和远传。

11）具备越限、断相、失压、三相不平衡、停电等告警功能。

12）具有电压监测功能，统计电压合格率。

（2）选配功能。

1）可累积电能量。

2）可根据需要扩展采集高压侧的数据。

3）当需要对无功补偿设备进行控制时，终端应具备相应的投切触点或通信接口。可接受主站下发的命令进行无功补偿投切。

4）可支持有载调压功能。

三、应用举例

1. DAT 系列配电终端（见图 19-3-1）

分散式配电自动化终端：　　　　　　　DAT-2S

柱上电流型配电自动化终端：　　　　　DAT-2PA

柱上电压型配电自动化终端：　　　　　DAT-2PB

柱上分支线配电自动化终端：　　　　　DAT-2PC

环网柜配电自动化终端：　　　　　　　DAT-2LC

开闭所配电自动化终端：　　　　　　　DAT–2LA

配电站集中式配电自动化终端：　　　　DAT–2LB

配变配电自动化终端：　　　　　　　　DAT–2T

电力需求侧用户综合管理终端（四合一）：FKGA42–NARI3000

图 19–3–1　DAT 系列配电终端

2. 总控型配电子站（见图 19–3–2）

图 19–3–2　总控型配电子站　DAT–3S

3. 配电网自动化系统总体结构案例（见图 19-3-3）

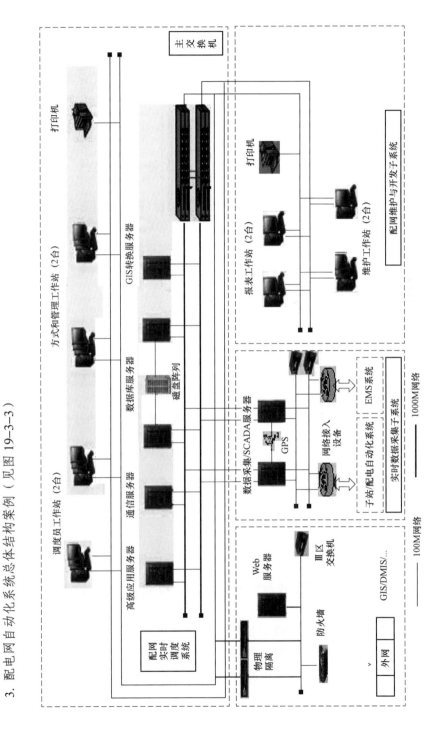

图 19-3-3　配电网自动化系统总体结构案例

【思考与练习】

1. 对配电主站功能与技术指标等内容提出了哪些原则性的规范化要求？
2. 对配电子站功能与技术指标等内容提出了哪些原则性的规范化要求？
3. 对配电终端功能与技术指标等内容提出了哪些原则性的规范化要求？
4. 简述配电终端的主要现场应用范围与使用分类。

▲ 模块 4　配电自动化终端设备检测规程

【模块描述】 本模块着重介绍结合当前配电自动化终端的应用需求和运行环境，依据 Q/GDW 514《配电自动化终端/子站功能规范》等标准，规范开展配电自动化终端设备实验室检测及现场检验的检测条件、检测方法和检测项目。

【正文】

一、检测种类

检测种类分为实验室检测和现场检验。

1. 实验室检测

实验室检测包括型式检验和批次验收检验。

（1）型式检验：新产品或老产品恢复生产以及设计和工艺有重大改进时，应进行型式检验。

（2）批次验收检验：批量生产或连续生产的设备在验收时，应进行批次验收检验。

2. 现场检验

现场检验包括交接检验和后续检验。

（1）交接检验：新安装的配电终端在投入运行前应进行交接检验。

（2）后续检验：根据配电自动化系统或配电终端运行工况，可安排进行配电终端现场检验。

二、主要条款解读

（一）实验室检测

型式检验和批次验收检验的检测条件、检测方法相同，检测项目不同。

1. 检测条件

（1）检测系统。配电终端的检测系统由测试计算机、三相标准表、程控三相功率源、直流标准表、直流信号源、状态量模拟器、控制执行指示器、被测样品等构成。

（2）气候环境条件。除静电放电抗扰度试验相对湿度应在 30%～60%外，其他各项试验均在以下大气条件下进行，即：

1）温度为+15～+35℃。

2）相对湿度为 25%～75%。

3）大气压力为 86～108kPa。

4）在每一项目的试验期间，大气环境条件应相对稳定。

（3）电源条件。试验时电源条件应满足：

1）频率为 50Hz，允许偏差−2%～+12%。

2）电压为 220V，允许偏差±5%。

3）在每一项目的试验期间，电源条件应相对稳定。

（4）测量仪表准确度等级要求。所有标准表的基本误差应不大于被测量准确度等级的 1/4，推荐标准表的基本误差应不大于被测量准确度等级的 1/10；

标准仪表应有一定的标度分辨率，使所取得的数值等于或高于被测量准确度等级的 1/5。

2. 检测项目

型式检验和批次验收检验项目见表 19-4-1。

表 19-4-1　　　　　　　　　型式检验和批次验收检验项目

建议顺序	检验大项	检验小项	型式检验	批次验收检验	不合格类别
1		外观一般检查试验	√	√	B
2		电气间隙和爬电距离试验	√	√	B
3	外观和结构试验	外壳和端子着火试验	√		B
4		防尘试验	√		B
5		防水试验	√		B
6		与上级站通信正确性试验	√	√	A
7	基本功能和主要性能试验	信息响应时间试验	√	√	A
8		交流输入模拟量基本误差试验	√	√	A
9		交流模拟量输入的影响量试验	√	√	A
10		工频交流输入量的其他试验	√	√	A
11		直流模拟量模数转换总误差试验	√	√	A
12	基本功能和主要性能试验	状态量输入试验	√	√	A
13		远方控制试验	√	√	A
14		故障处理试验	√	√	A
15		安全防护试验	√	√	A
16	连续通电稳定性试验	连续通电稳定性试验	√	√	A

续表

建议顺序	检验大项	检验小项	型式检验	批次验收检验	不合格类别
17	电源影响试验	电源断相试验	√	√	B
18		电源电压变化试验	√	√	B
19		后备电源试验	√	√	B
20		功率消耗试验	√	√	B
21		数据和时钟保持试验	√	√	B
22	环境影响试验	低温试验	√	√	A
23		高温试验	√	√	A
24		湿热试验	√		B
25	绝缘性能试验	绝缘电阻试验	√	√	A
26		绝缘强度试验	√	√	A
27		冲击电压试验	√		A
28	电磁兼容性试验	电压暂降和短时中断试验	√		A
29		工频磁场抗扰度试验	√		A
30		射频电磁场辐射抗扰度试验	√		A
31		静电放电抗扰度试验	√		A
32		电快速瞬变脉冲群抗扰度试验	√		A
33		阻尼振荡波抗扰度试验	√		A
34		浪涌抗扰度试验	√		A
35	机械振动试验	机械振动试验	√		B

注 "√"为检验项目。

(二)现场检验

交接检验和后续检验的检验条件、检验方法及检验项目相同。

1. 检验条件

(1)检验系统。现场检验试验系统示意图见 19-4-1。

(2)仪器、仪表要求及配置。

1)配电终端检验所使用的仪器、仪表必须经过检验合格。

2)至少配备多功能电压表、电流表、钳形电流表、万用表、综合测试仪、三相功率源及独立的试验电源等设备。

(3)现场检验前准备工作。

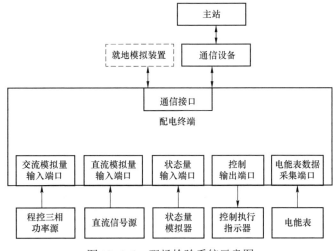

图 19-4-1 现场检验系统示意图

1）现场检验前，应详细了解配电终端及相关设备的运行情况，据此制定在检验工作过程中确保系统安全稳定运行的技术措施。

2）应配备与配电终端实际工作情况相符的图纸、上次检验的记录、标准化作业指导书、合格的仪器仪表、备品备件、工具和连接导线等，熟悉系统图纸，了解相关参数定义，核对主站信息。

3）进行现场检验时，不允许把规定有接地端的测试仪表直接接入直流电源回路中，以防止发生直流电源接地的现象。

4）对新安装配电终端的交接检验，应了解配电终端的接线情况及投入运行方案；检查配电终端的接线原理图、二次回路安装图、电缆敷设图、电缆编号图、电流互感器端子箱图、配电终端技术说明书、电流互感器的出厂试验报告等，确保资料齐全、正确；根据设计图纸，在现场核对配电终端的安装和接线是否正确。

5）检查核对电流互感器的变比值是否与现场实际情况符合。

6）检验现场应提供安全可靠的独立试验电源，禁止从运行设备上接取试验电源。

7）确认配电终端和通信设备室内的所有金属结构及设备外壳均应连接于等电位地网，配电终端和配电终端屏柜下部接地铜排已可靠接地。

8）检查通信信道是否处于良好状态。

9）检查配电终端的状态信号是否与主站显示相对应，检查主站的控制对象和现场实际开关是否相符。

10）确认配电终端的各种控制参数、告警信息、状态信息是否正确、完整。

11）按相关安全生产管理规定办理工作许可手续。

2. 检验方法

（1）通信。

1）与上级主站通信。主站发召唤遥信、遥测和遥控命令后，配电终端应正确响应，主站应显示遥信状态、召测到遥测数据，配电终端应正确执行遥控操作。

2）校时。主站发校时命令，配电终端显示的时钟应与主站时钟一致。

（2）状态量采集。将配电终端的状态量输入端连接到实际开关信号回路，主站显示的各开关的开、合状态应与实际开关的开、合状态一一对应。

（3）模拟量采集。

1）通过程控三相功率源向配电终端输出电压、电流，主站显示的电压、电流、有功功率、无功功率、功率因数的准确度等级应满足 Q/GDW514 的要求。

2）配电终端的电压、电流输入端口直接连接到二次 TV/TA 回路时，主站显示的电压、电流值应与实际电压、电流值一致。

（4）控制功能。

1）就地向配电终端发开/合控制命令，控制执行指示应与选择的控制对象一致，选择/返校过程正确，实际开关应正确执行合闸/跳闸。

2）主站向配电终端发开/合控制命令，控制执行指示应与选择的控制对象一致，选择/返校过程正确，实际开关应正确执行合闸/跳闸。

（5）维护功能。

1）当地参数设置。配电终端应能当地设置限值、整定值等参数。

2）远方参数设置。主站通过通信设备向配电终端发限值、整定值等参数后，配电终端的限值、整定值等参数应与主站设置值一致。

3）远程程序下载。主站通过通信设备将新版本程序下发，配电终端程序的版本应与新版本一致。

（6）当地功能。配电终端在进行上述试验时，运行、通信、遥信等状态指示应正确。

（7）其他功能。

1）馈线故障检测和记录。配电终端设置好故障电流整定值后，用三相功率源输出大于故障电流整定值的模拟故障电流，配电终端应产生相应的事件记录，并将该事件记录立即上报给主站，主站应有正确的故障告警显示和相应的事件记录。

2）事件顺序记录。状态量变位后，主站应能收到配电终端产生的事件顺序记录。

3）三相不平衡告警及记录。用三相程控功率源向配电终端输出三相不平衡电流，配电终端应产生相应的三相不平衡告警及记录，主站召测后应显示告警状态、发生时间及相应的三相不平衡电流值。

三、应用举例

1. 现场检验项目（见表 19-4-2）

表 19-4-2　　　　　　　　　　现 场 检 验 项 目

序号	检验项目		站所终端	馈线终端	配变终端
1	通信	与上级站通信	√	√	√
2		校时	√	√	√
3		电能表数据转发			√
4	状态量采集	开关分合状态	√	√	√
5	模拟量采集	电压	√	√	√
6		电流	√	√	√
7		有功功率	√	√	√
8		无功功率	√	√	√
9	控制功能	开关分合闸	√	√	
10	维护功能	当地参数设置	√	√	√
11		远方参数设置	√	√	√
12		程序远程下载	√	√	√
13	当地功能	运行、通信、遥信等状态指示	√	√	√
14	其他功能	馈线故障检测及记录	√	√	
15		事件顺序记录	√	√	√
16		三相不平衡告警及记录			√

注　"√"为检验项目。

2. 装置投运前检查

（1）检查二次接线是否正确。

（2）现场工作结束后，工作人员应检查试验记录有无漏试项目，核对控制参数、告警信息、状态信息是否与预定值相符，试验数据、试验结论是否完整正确。将配电终端恢复到正常工作状态。

（3）拆除在检验时使用的试验设备、仪表及一切连接线，清扫现场，所有被拆动的或临时接入的连接线应全部恢复到试验前状态，所有信号装置应全部复归。

（4）清除试验过程中的故障记录、告警记录等所有信息。

（5）做好相关记录，说明运行注意事项，保存所有资料。

上述检验合格方可投入运行。

【思考与练习】

1. 简述配电自动化终端设备检测分类。
2. 简述实验室检测配电自动化终端设备的项目、方法和指标。
3. 简述现场检测配电自动化终端设备的项目、方法和指标。
4. 简述配电自动化设备装置投运前应注意检查的事项。

模块 5　配电自动化系统验收技术规范

【模块描述】本模块着重介绍配电自动化系统验收内容、验收步骤、验收方法、考核指标、验收资料文件等方面，具体的验收功能与《配电自动化主站系统功能规范》和《配电自动化终端/子站功能规范》基本一致，考核的部分指标略有放宽。

【正文】

一、术语和定义

1. 工厂验收（Factory Acceptance Test，FAT）

工厂验收是指配电主站、配电终端/子站、配电通信设备或系统出厂前由验收方组织的验收检验，在工厂模拟测试环境下测试是否满足项目合同、联络会纪要等技术文件的具体要求。

2. 现场验收（Site Acceptance Test，SAT）

现场验收是指配电自动化系统在现场安装调试完成，并达到现场试运行条件后所进行的验收。

3. 缺陷（Defect）

缺陷是指在验收测试过程中发现的不满足合同、联络会纪要等技术文件或相关技术规范所列基本功能和主要性能指标、影响系统稳定运行的差异。

4. 偏差（Deviation）

偏差是指在验收测试过程中发现的不满足合同、联络会纪要等技术文件、相关技术规范所列的具体功能和性能指标、不影响系统稳定运行、可通过简易修改补充得以纠正的差异。

5. 黑盒测试（Black-box Testing）

黑盒测试也称功能测试，它是通过测试来检测每个功能是否都能正常使用。在测试中，把程序看作一个不能打开的黑盒子，在完全不考虑程序内部结构和内部特性的情况下，在程序接口进行测试，它只检查程序功能是否按照需求规格说明书的规定正常使用，程序是否能适当地接收输入数据而产生正确的输出信息。黑盒测试着眼于程序外部结构，不考虑内部逻辑结构，主要针对软件界面和软件功能进行测试。

二、主要条款解读

（一）工厂验收

1. 工厂验收内容

主要包括系统硬件检查，基础平台、系统功能和性能指标测试等内容。

2. 工厂验收应具备的条件

（1）被验收方已提交工厂验收申请报告。

（2）被验收方已搭建了模拟测试环境，提供专业的测试设备和测试工具，并完成相关技术资料的编写。

（3）配电主站、配电终端/子站、配电通信应通过有资质的检测机构的测试，应提供检测报告。

（4）新建配电自动化系统需在仿真模拟实验平台上进行配电自动化功能的仿真验证。

（5）被验收方已编写工厂验收大纲，并经工厂验收工作组审核确认后，形成正式文本。

3. 工厂验收流程

（1）工厂验收条件具备后，按验收大纲进行工厂验收。

（2）严格按审核确认后的验收大纲所列测试内容进行逐项测试，形成逐项记录表。

（3）测试中发现的缺陷和偏差，允许被验收方进行修改完善，但修改后必须对所有相关项目重新测试，形成偏差、缺陷索引表及偏差、缺陷记录报告。

（4）若测试结果证明某一设备、软件功能或性能不合格，被验收方必须更换不合格的设备或修改不合格的软件，对于第三方提供的设备或软件，同样适用。设备更换或软件修改完成后，与该设备及软件关联的功能及性能测试项目必须重新测试。

（5）测试完成后形成验收报告，工厂验收通过后方可出厂。

4. 工厂验收评价标准

（1）被验收方所提供的系统说明书及各功能使用手册等技术文档必须完整，并符合实际工程项目要求。

（2）所有软件、硬件设备型号、数量、配置均符合项目合同、设计联络会纪要、技术规范书要求。

（3）配电终端的工厂验收为验收方以随机抽取方式对每一型号、批次设备进行验收测试（配电终端的制造厂商出厂测试为每台设备，并为每台设备提供合格证），配电子站的工厂验收为验收方以全检方式对被验收方进行验收。

（4）工厂验收结果无缺陷项目，偏差项目数不得超过被验收项目总数的 5%。

（5）扩建与改造的配电终端/子站的工厂验收可单独进行。

5. 工厂验收质量文件

（1）配电主站、配电终端/子站及通信系统的工厂验收质量文件分别编制，统一归档。

（2）工厂验收结束后，由验收工作组和被验收方共同签署工厂验收报告；被验收方和验收方汇编工厂验收质量文件。

（3）工厂验收质量文件应包含以下内容：

1）工厂验收申请文件：① 工厂验收测试大纲；② 工厂预验收测试报告；③ 工厂验收申请报告。

2）工厂验收技术文件：① 系统硬件清单；② 出厂合格证书；③ 设备型式试验报告；④ 主站系统的第三方测试报告；⑤ 项目招标技术文件；⑥ 项目投标技术应答书；⑦ 合同技术协议书；⑧ 技术联络会纪要及备忘录；⑨ 设计变更说明文件。

3）工厂验收报告，包括且不限于以下三项内容：① 工厂验收测试记录；② 工厂验收偏差、缺陷汇总；③ 工厂验收测试统计及分析；④ 工厂验收结论。

（二）现场验收

1. 现场验收内容

主要包括系统各部件的外观、安装工艺检查，基础平台、系统功能和性能指标测试以及二次回路校验等内容。

2. 现场验收应具备的条件

（1）配电终端已完成现场安装、调试并已接入配电主站或配电子站。

（2）配电子站已完成现场安装、调试并已接入配电主站。

（3）主站硬件设备和软件系统已在现场安装、调试完成，具备接入条件的配电子站、配电终端已接入系统，系统的各项功能正常。

（4）通信系统已完成现场安装、调试。

（5）相关的辅助设备（电源、接地、防雷等）已安装调试完毕。

（6）被验收方已提交上述环节与现场安装一致的图纸，资料和调试报告，并经验收方审核确认。

（7）被验收方依照项目技术文件及本规范进行自查核实，并提交现场验收申请报告。

（8）验收方和被验收方共同完成现场验收大纲编制。

3. 现场验收流程

（1）现场验收条件具备后，验收方启动现场验收程序。

（2）现场验收工作小组按现场验收大纲所列测试内容进行逐项测试，形成逐项记录表。

（3）在测试过程中发现的缺陷、偏差等问题，允许被验收方进行修改完善，但修改后必须对所有相关项目重新测试，形成偏差、缺陷索引表及偏差、缺陷记录报告。

（4）现场进行72h连续运行测试。验收测试结果证明某一设备、软件功能或性能不合格，被验收方必须更换不合格的设备或修改不合格的软件，对于第三方提供的设备或软件，同样适用。设备更换或软件修改完成后，与该设备及软件关联的功能及性能测试项目必须重新测试，包括72h连续运行测试。

（5）现场验收测试结束后，现场验收工作小组编制现场验收测试报告、偏差及缺陷报告、设备及文件资料核查报告，现场验收组织单位主持召开现场验收会，对测试结果和项目阶段建设成果进行评价，形成现场验收结论。

（6）对缺陷项目进行核查并限期整改，整改后需重新进行验收。

（7）现场验收通过后，进入验收试运行考核期。

4. 现场验收评价标准

（1）硬件设备型号、数量、配置、性能符合项目合同要求，各设备的出厂编号与工厂验收记录一致。

（2）被验收方提交的技术手册、使用手册和维护手册为根据系统实际情况修编后的最新版本，且正确有效；项目建设文档及相关资料齐全。

（3）系统在现场传动测试过程中状态和数据正确。

（4）硬件设备和软件系统测试运行正常，功能、性能测试及核对均应在人机界面上进行，不得使用命令行方式。

（5）现场验收测试结果满足技术合同、项目技术文件和本规范要求，无缺陷，偏差项汇总数不得超过测试项目总数的2%。

5. 现场验收质量文件

（1）配电主站、配电终端、配电子站和通信系统的现场验收质量文件分别编制，统一归档。

（2）现场验收结束后，形成现场验收报告，汇编现场验收质量文件。

（3）现场验收质量文件应包括以下内容：

1）现场验收申请文件：① 现场验收测试大纲；② 现场安装调试报告；③ 现场验收申请报告。

2）现场验收技术文件：① 工厂验收文件资料及现场核查报告（附工厂验收清单和文件资料清单）；② 与现场安装一致的图纸，资料；③ 系统联调报告。

3）现场验收报告，包括且不限于以下内容：① 现场验收测试记录；② 现场验收偏差、缺陷汇总；③ 现场验收测试统计及分析；④ 现场验收结论。

（三）应用举例

1. 验收测试大纲编制应用

配电自动化系统各阶段验收大纲分别编制。在各阶段验收测试前，验收大纲应根据本规范和项目合同技术文件编制，作为验收测试依据；各阶段验收大纲经相关单位审查修改后应形成正式文本，经验收工作组审批后实施。当正式文本的内容与本规范条文发生冲突时，以本规范条文为准。

配电自动化系统验收大纲参考下列格式和内容编写：

（1）目录

（2）概述

配电自动化系统简要说明、验收目的、验收大纲编写依据等内容。

（3）测试环境和条件

1）系统硬件构成环境，每一台设备的型号及配置、用途、出厂编号（序列号）和安装机柜及地点（工厂验收可不予说明）。

2）系统软件构成环境，各服务器及工作站的操作系统型号和版本号；系统支撑平台的各进程或程序名称、功能及版本号；应用软件构成的进程或程序名称、功能及版本号；各服务器及工作站上已安装运行支撑平台和应用软件的进程或程序名称、功能，以表格方式编制。

3）系统配置图。

4）终端接入数量、系统支持的远动通信协议和验收方实际使用的远动通信协议。

5）数据库设计容量及实际使用容量（包括各类量测信息最大记录数和实际记录数，厂站、线路、间隔、设备等配电网模型的最大记录数和当前记录数）。

6）测试工具（仪器及设备）。

（4）测试内容

对于每一项缺陷和偏差需分别填写缺陷记录索引表、缺陷记录报告和偏差记录索引表、偏差记录报告。

2. 终端测试评价项目及要求（见表 19-5-1）

表 19-5-1　　　　　　　　　　　终端测试评价项目表

项目	评价项目及要求	测试实际状态（值）	查证方法
模拟量	遥测综合误差<1%		查资料、记录，现场验证
	遥测越限由终端传递到子站/主站：光纤通信方式<2s 载波通信方式<30s 无线通信方式<60s		查资料、记录，进行现场抽测
	遥测越限由子站传递到主站<5s		查资料、记录，进行现场抽测

续表

项目	评价项目及要求	测试实际状态（值）	查证方法
状态量	遥信正确率≥99.9%		查资料、记录，进行现场抽测
	站内事件分辨率＜10ms		查资料、记录，进行现场抽测
	遥信变位由终端传递到子站/主站：光纤通信方式＜2s 载波通信方式＜30s 无线通信方式＜60s		查资料、记录，进行现场抽测
遥控	遥控正确率100%		查资料、记录，现场验证
	遥控命令选择、执行或撤销传输时间＜10s		查资料、记录，现场验证
设置	设置定值及其他参数；当地、远方操作设置；时间设置、远方对时		在主站设置下载或在当地通过维护口设置
其他	子站、远方终端平均无故障时间≥26 000h		查资料、记录，现场验证
	系统可用率≥99.9%		查资料、记录，现场验证
	配电自动化设备的耐压强度、抗电磁干扰、抗振动、防雷等满足 DL/T 721 要求		查资料、记录，现场验证
	户外终端的工作环境温度（-40～70℃）		查资料、记录，现场验证
	室内终端的工作环境温度（-25～65℃）		查资料、记录，现场验证
	户外终端的防护等级 IP65		查资料、记录，现场验证
	室内终端的防护等级 IP32		查资料、记录，现场验证

【思考与练习】

1. 简述工厂验收的验收内容、应具备的条件、验收流程、评价标准、验收质量文件以及验收测试方法。

2. 简述现场验收的验收内容、应具备的条件、验收流程、评价标准、验收质量文件以及验收测试方法。

3. 编制应用配电终端验收测试大纲。

4. 现场配电终端测试项目与查证方法。

参 考 文 献

[1] 王立新. 配电自动化基础实训. 北京：中国电力出版社，2019.

[2] 龚静. 配电网综合自动化技术（第3版）. 北京：机械工业出版社，2019.

[3] 国家电网有限公司运维检修部. 配电自动化运维技术. 北京：中国电力出版社，2018.

[4] 郭谋发. 配电网自动化技术（第2版）. 北京：机械工业出版社，2018.

[5] 黄欣. 配电自动化终端现场施工及验收作业手册. 北京：中国电力出版社，2018.

[6] 徐丙垠，等. 配电网继电保护与自动化. 北京：中国电力出版社，2017.

[7] 国家能源局. 20kV及以下配电网工程预算定额（2016年版）第五册通信及自动化工程. 北京：中国电力出版社，2017.

[8] 郑毅，刘天琪. 配电自动化工程技术与应用. 北京：中国电力出版社，2016.

[9] 陈彬，张功林，黄建业. 配电自动化系统实用技术. 北京：机械工业出版社，2015.

[10] 汪永华，刘军生. 配电线路自动化实用新技术. 北京：中国电力出版社，2015.

[11] 刘健. 配电自动化系统测试技术. 北京：水利水电出版社，2015.

[12] 常湧，杨龙. 配电网及其自动化技术. 北京：中国电力出版社，2014.

[13] 董张卓，王清亮，黄国兵. 配电网和配电自动化系统. 北京：机械工业出版社，2014.

[14] 杨武盖. 配电网自动化技术. 北京：中国电力出版社，2014.

[15] 刘健，沈兵兵，赵江河，陈勇，徐丙垠，等. 现代配电自动化系统. 北京：水利水电出版社，2013.

[16] 余兆荣. 配电自动化. 北京：中国电力出版社，2011.

[17] 黄汉棠. 地区配电自动化佳实践模式. 北京：中国电力出版社，2011.

[18] 王亚非. 电力自动化实用技术问答. 北京：电子工业出版社，2011.

[19] 林永军，施玉杰. 配电网自动化实用技术. 北京：水利水电出版社，2008.

[20] 王益民. 实用型配电自动化技术. 北京：中国电力出版社，2008.

[21] 冯庆东，毛为民. 配电网自动化技术与工程实例分析. 北京：中国电力出版社，2007.

[22] 苑舜. 配电网自动化开关设备. 北京：中国电力出版社，2007.

[23] 袁钦成. 配电系统故障处理自动化技术. 北京：中国电力出版社，2007.

[24] 吴国良，张宪法. 配电网自动化系统应用技术问答. 北京：中国电力出版社，2005.

[25] 刘东. 配电自动化系统试验. 北京：中国电力出版社，2004.

[26] 刘健. 配电网自动化新技术. 北京：水利水电出版社，2004.

[27] 刘健. 配电自动化系统. 北京：水利水电出版社，2003.

[28] 方富淇. 配电网自动化. 北京：中国电力出版社，2000.

[29] 徐腊元. 配电网自动化设备优选指南. 北京：水利水电出版社，1999.

[30] 罗毅. 配电网自动化实用技术. 北京：中国电力出版社，1999.

[31] 王明俊. 配电系统自动化及其发展. 北京：中国电力出版社，1998.

[32] 陈堂，赵祖康，等. 配电系统及其自动化技术. 北京：中国电力出版社，2003.

[33] 王士政. 电力系统控制与调度自动化（第二版）. 北京：中国电力出版社，2016.

[34] 戴梅萼，史嘉权. 微型机原理与技术（第二版）. 北京：清华大学出版社，2009.

[35] 李文海. 数据通信与网络. 北京：电子工业出版社，2008.

[36] 王正风，胡晓飞. 安徽电网广域测量系统的建设与应用 [J]. 中国电力，2008，41（7）：20–24.

[37] 刘取，刘宪林. 21 世纪电力系统的先进技术 [J]. 电力自动化设备，2010，30（7）：1–14.

[38] 杨鹏，杨以涵，司冬梅，等. 配电网单相接地故障定位技术实验研究 [J]，电力系统自动化，2010：32（9）：104–107.

[39] 杜刚，刘迅，苏高峰. 基于 FTU 和 "S" 信号注入法的配电网接地故障定位技术的研究[J]. 电力系统保护与控制，2010，38（12）：73–76.

[40] 孙波，孙同景，薛永端，等. 基于暂态信息的小电流接地故障区段定位 [J]. 电力系统自动化，2008，32（3）：52–55.

[41] 李罗，杨永明，徐志，等. 对大型发电机在线监测的无线传感器网络时间同步设计 [J]. 传感技术学报，2009，22（12）：1818–1822.

[42] 张继勇. 基于 ZigBee 无线传感网络时钟同步算法的研究 [D] 天津：南开大学，2010.

[43] 郭谋发，杨振中，杨耿杰，等. 基于 ZigBee Pro 技术的配电线路无线网络化监控系统[J]. 电力自动化设备，2010，30（9）：105–110.

[44] 黎洪光，番禺供电局配电网自动化建设和应用 [J]. 广东电力，2010. 23（9）：86–88.

[45] 翁之浩，刘东，柳劲松，等，基于并行计算的馈线自动化仿真测试环境 [J]. 电力系统自动化，2009，33（7）：43–46.

[46] 刘健，负保记，崔琪，等，一种快速自愈的分布智能馈线自动化系统 [J]. 电力系统自动化，2010，34（10）：62–66.

[47] 国家电网公司第一批配电自动化试点工程工作总结报告 [R]. 北京：国家电网公司，2011.

[48] 配电自动化现状分析及技术发展研究 [R]. 北京：国家电网公司，2009.

[49] 刘东，智能配电网的特征及实施基础分析[J]. 电力科学与技术学报，2011，26（1）：82–85.

[50] 李建芳，盛万兴，孟晓丽，等，智能配电网技术框架研究 [J]. 能源技术经济，2011，23（3）：31–34.

[51] 徐丙垠，李天友，薛永端，智能配电网与配电自动化 [J]. 电力系统自动化，2009，33

(17)：38–41.

[52] 王成山,李鹏,分布式发电、微网与智能配电网的发展与挑战[J].电力系统自动化,2010.34
(2)：10–14.

[53] 沈兵兵,配电自动化标准制定和试点工程建设［C］//第二届配电自动化新技术及其应用
高峰论坛论文集，2011 年 10 月 19–21 日，深圳.